안전교육 내비게이션

안전교육 내비게이션

양애경 · 김진국 · 양윤이 · 김경희 · 김주섭

KNOWLEDGE COMMUNITY 공동체

머리말

사람들이 가장 원하는 것은 안전한 나라에서 행복하게 오래 사는 것이다. 이를 위해 공동체들은 안전한 사회를 만들기 위해 다양한 노력을 하고 있다. 여기에는 개인적인 노력도 있지만 국가나 사회 구성원이 힘을 모아야 하는 것도 있어 둘이 합쳐져야 안전하고 행복한 사회를 이루는 시너지 효과를 낼 수 있다. 어느 한쪽의 노력만으로는 안전한 나라로 갈 수 없다.

국가는 국민들이 행복한 삶을 살 수 있도록 법을 제정하고 제도를 정비하는 동시에 국민들의 관심을 촉구하며 안전관리에도 힘을 기울이고 있다. 하지만 안전사고는 끊임없이 발생하고 있다. 사고 발생 후 원인을 살펴보면 대부분이 인재이다. 사람이 조금만 주의를 했다면 발생하지 않았을 사고이다. 교통사고가 나면 교통 관련법, 재해가 나면 재해 관련법, 화재가 나면 화재 관련법을 만드는 등 처벌을 강화하고 있지만 여전히 사고는 발생하고 있다. 조사에 의하면 국민 50% 이상이 우리나라가 안전하지 않다고 대답했다고 한다.

안전한 국가로 가기 위해서는 새로운 법을 제정하여 벌칙을 강화한다고 되는 것이 아니라 국민들의 생각을 바꾸기 위한 교육과 실천이 우선되어야 한다. 그러나 국민들의 의식을 바꾸는 것은 하루아침에 이루어지는 것이 아니므로 계속적인 교육이 필요하다. 시중에는 안전 관련 교육을 할 수 있는 많은 책이 출간되어 판매되고 있다. 이런 점을 감안하여 안전교육 내비게이션은 기존의 책들과 차별화를 통해 국민 모두가 쉽게 접하고 각종 연수나 학습교재로 활용할 수 있도록 영역을 12장으로 나누어 쉬우면서도 깊이 있는 교육을 할 수 있도록 하였다.

1장 안전에 대한 일반적 개념을 시작으로 2장에서는 가짜뉴스와 진짜뉴스 판별로 안전한 미디어 교육, 3장에서는 스마트폰 및 SNS 중독 예방으로 청소년들의 행복한 삶을 담았다. 4장에서는 질병으로부터 안전한 삶, 5장에서는 웰빙(well-being)과 요즈음 문제가 되고 있는 정신건강, 6장에서는 식품과 약물로부터 안전한 위생안전에 대해서 기술하였다. 7장에서는 각종 폭력으로부터 안전한 사회 만들기, 8장에서는 아동학대 예방법, 9장에서는 재난안전, 10장에서는 우리들의 재산과 안전을 위협하는 화재안전으로부터 안전한 사회를 만들기 위한 대책, 11장에서는 올바른 교통안전으로부터 우리 모두를 지켜낼 수 있는 방법을 교통사고 관련법을 예로 들면서 설명하였다. 마지막 12장에서는 위험한 상황에서 귀중한 생명을 구하는 누구나 실천 가능한 응급처치법을 담았다.

집필과정에서 집필진은 본 책을 통해 안전한 사회를 만들기 위한 내용을 많이 제공하려고 노력하였으나 보완할 내용이나 법이 개정되어 수정이 필요한 부분은 앞으로 계속 보완할 것을 약속한다. 바람은 본 책이 안전한 대한민국으로 가는 첫걸음이 되어 모두가 행복한 대한민국 국민들의 행복한 삶을 이루는 데 작은 보탬이 되었으면 한다. 덧붙여서 본 책이 출간될 수 있도록 협조해 주신 공동체 임직원 여러분께 감사드린다.

2022년 8월
집필진 일동

차례

제1장
지킬수록 편안하다. 안전교육

사람은 누구나 사고 없는 안전한 환경에서 행복하게 살기를 원한다. 그러나 우리의 염원과는 달리 거의 매일 발생하는 각종 안전사고로 많은 사상자가 발생하고, 재산상의 피해도 적지 않다. 안전사고 내용이 보도될 때마다 사람들은 '내 주변은 안전할까?' 하는 불안한 마음을 갖게 된다. 실제로 우리 국민들을 대상으로 '우리나라는 안전한가?'를 물었더니 반수 이상이 불안하다고 답했다고 한다.

요즈음 발생하는 사고 원인은 안전 관련 법령의 미비, 고용자나 피고용자의 안전 의식 결여, 안전 점검 소홀, 안전교육 부실, 법령 미준수 등 다양한 원인 때문이다. 우리 기억에 아직도 생생한 대형 사고들도 조금만 주의했더라면 일어나지 않았을 사고이다. 1994년 10월 21일 32명의 사망자와 17명의 부상자가 발생한 성수대교 붕괴 사고, 1995년 6월 29일 502명의 사망자를 낸 삼풍백화점 붕괴 사고, 2014년 4월 16일 수학여행을 떠나던 학생과 일반인 304명의 사망자를 낸 세월호 침몰 사건, 2020년 4월 29일 38명의 사망자와 10명의 부상자가 발생한 이천 물류창고 화재 사건과 같은 크고 작은 안전사고가 계속 발생하고 있어 사회적 불안을 야기하는 것 등(매일노동뉴스, 2022. 3. 10)이 대표적인 예이다.

사고 원인은 대부분 안전 규칙을 준수했더라면 충분히 막을 수 있는 사고들이다. 조사에 의하면 안전사고의 원인은 인재가 88%라고 하니 사고의 대부분은 사람의 잘못으로 일어나고 있다는 것을 알 수 있고, 사람이 주의하면 대부분의 사고를 막을 수 있다는 결론에 도달한다. 막상 사고가 나면 법을 강화한다는 등의 조치를 취하지만 시간이 흐르면 똑같은 사건이 다시 발생하는 것을 보면 안타까울 뿐이다. 따라서 안전사고를 막는 방법은 법적 제재도 중요하지만 모든 국민이 안전을 생활화하는 것이 가장 중요하다. 매슬로우는 인간의 욕구 5단계를 제시하면서 안전의 욕구를 생리적 욕구 다음으로 중요한 욕구라고

했다. 안전이 인간의 행복한 삶을 결정하기 때문이다.

이에 본 장에서는 안전에 관한 개념 정의, 선진국의 안전교육 실태를 살펴 우리에게 시사하는 점을 살펴보고, 각종 사고로부터 안전한 삶을 위한 생활 속 안전 실천 방안을 알아보고자 한다.

1. 얼마나 중요한지 알아? 안전

1) 안전이 뭐냐고?

우리는 언제 어느 때 발생할지 모르는 잠재된 위험 상황에 노출되어 있지만 예방하여 안락한 삶을 누리려고 노력하고 있다. 사고로부터 자유로워지는 지름길은 사전에 예방하는 것이지만 사고는 끊임없이 발생하고 있다. 그만큼 사고 없는 안전한 사회로 가기가 어렵다는 것이다.

안전(安全)의 사전적 의미는 위험이 생기거나 피해를 당할 위험이 없는 상태 또는 그런 상태라고 되어있다. 한자 안(安)은 편안 안으로 편안함을, 전(全)은 온전할 전으로 온전하다, 순수하다, 무사하다는 뜻이다. 한자 뜻을 그대로 이어보면 편안하고 온전한 상태다. 영어로는 safety, security, safe, secure이다. 이 외에도 정진우(2018)는 안전의 의미를 사고·재해가 발생하지 않은 현상을 가리키는 것이 아니라 그와 같은 상황을 초래하는 요인이 억제되어 있는 상태를 의미한다고 했고, 국제표준기구에서는 안전은 받아들일 수 없는 위험성이 존재하지 않는 상태(임경헌, 2018)라고 했다. 또 사람이 상해를 당하지 않고, 사물도 손상이나 손해를 입지 않으며, 더욱이 그러한 위해를 당할 염려가 없는 상태이며, 사건(incident)이나 사고(accident)가 없음은 물론 위험성(hazard)조차 없는 상태(임현교, 2011)라고 정의하고 있다. 세계보건기구(WHO : World Health Organization)는 내적으로는 심리적 평온성과 외적으로는 신체적·환경적 온전성을 지키는 상태/ 위험 또는 사고가 없어 심리적 평온 또는 인적·물적 온전함을 유지하는 상태(차우규·표석환, 2016)로 정의하고 있다. 교육부(2020)에서는 안전을 모든 사람이 일상생활이나 근로 중 피해를 받지 않도록 개인과 지역 사회의 건강과 안녕을 유지하기 위해 신체적, 정신적 또는 물질적인 해를 유발하는 조건이나 위험요인을 통제한 상태를 의미한다고 정의했다. 이를 종합해 보면 안전은 사람들이 생활하는 데 피해를 입을 위협 요인이 없는 상태라고 정의해 볼 수 있다.

2) 안전의 필요성

해외여행 중 만난 한 가이드(guide)는 자신이 이민을 오게 된 첫 번째 이유가 '안전이 담보되지 않는 나라에 살아야 할까?'를 고민하다가 한국을 떠나오게 되었다고 하였다. 그는 1994년 성수대교 붕괴 사고가 발생하기 전까지는 직장에 다니며 행복한 삶을 살고 있었는데, 자신의 눈앞에서 벌어진 다리 붕괴 사고로 사상자가 발생하는 처참한 광경을 보고 더 이상 이 나라에서 살 수 없겠다 생각하여 고국을 떠나 타국에서 살아간다는 것이다.

성수대교 붕괴는 건설회사가 더 많은 이익을 남기기 위하여 부실시공을 함으로 인해 발생했으며, 이로 인해 시민들이 목숨을 잃거나 부상을 당했고, 가이드와 같이 전혀 다른 삶을 살도록 만드는 등 여러 가정의 행복한 삶이 파괴됐다. 이런 사고는 위험이 예상되는데도 제도의 허점을 교묘하게 이용하거나 '나는 괜찮겠지' 하는 안전에 대한 불감증, 안전교육의 부재로 인하여 발생하고 있다. 사고가 발생하면 원인을 제공한 당사자나 피해를 당한 사람 모두 신체적 · 정신적 · 재산상의 피해로 고통을 수반한 삶을 살게 된다.

고용노동부의 2020년 산업 재해 사고 사망 통계 자료에 의하면 사고 사망자는 882명으로 전년 대비 27명 증가했고, 사고 사망률은 0.46%로 전년과 동일했다. 업종별로 보면 건설업이 전년 대비 사망자 수가 30명 증가하여 51.9%(458명)로 가장 많았다. 제조업은 22.8%(201명)로 5명 감소하였으며, 50인 미만 사업장에서 81%(714명)가 발생했고, 5~49인에서 45.6%(402명), 5인 미만이 35.4%(312명)를 차지하였다. 재해유형별로는 '떨어짐' 37.2%(328명), '끼임' 11.1%(98명)이 큰 비중을 차지하고 있으며, 인적 특성은 사고 사망자의 39.3%(347명)가 60세 이상이며, 외국인은 10.7%(94명)인 것으로 나타났다(고용노동부 보도자료, 2021. 4. 15). 이를 그림으로 정리해 보면 다음과 같다.

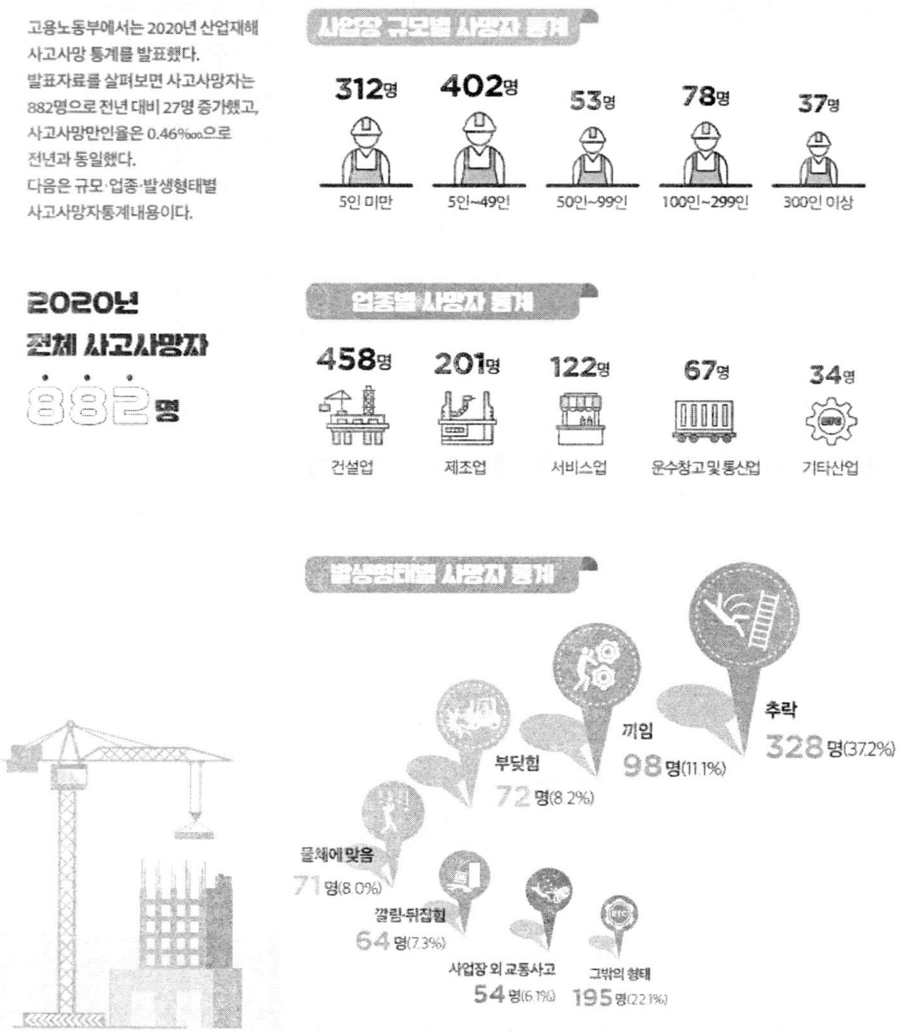

|그림 1-1| 2020년 산업재해 사망사고 현황

출처 : 고용노동부(2021). 보도자료.

특히 인명피해가 많았던 주요 3대 사망자 업종별·발생형태별 사망자 통계를 살펴보면 다음과 같다.

|그림 1-2| 주요 3대 업종별·발생형태별 사망자 통계

3) 안전한 생활에 영향을 주는 요인

우리는 언제 어떤 사고가 발생할지 모르는 불안감 속에 살고 있다. 어떻게 하면 사고 없이 살 수 있을까? 그 해결책은 법적·제도적 장치를 마련하는 것도 중요하지만 국민 모두가 안전을 생활화하는 것이다. 즉, 안전에 영향을 주는 요인을 알고 행동하여야 안전사고로 자신을 최대한 보호할 수 있다.

첫째, 자신의 몸은 자신이 보호하는 것이다. 어떤 활동을 시작하기 전에 위험요소가 없는지 살펴보고 미리 예방하여 안전사고가 발생하지 않도록 주의하며, 사고 발생 시 대처 요령을 알아야 한다. 다만, 어린이들은 스스로 자신을 보호할 수 없으므로 어른들의 도움을 받아야 하고, 보호자는 돌봄을 소홀히 하지 않아야 한다.

둘째, 개인의 불충분한 기술이나 능력이 미달하면 사고의 원인이 되기 때문에 이를 감안한 행동을 해야 한다. 자신의 능력을 고려하지 않은 무리한 운동이나 등산으로 안전사고가 발생하는 경우를 주변에서 많이 볼 수 있다. 자신을 과신하여 얻어지는 불행이다.

셋째, 환경적 요인에 따라 행동 요인을 결정하여 움직여야 한다. 환경적 요인으로는 눈, 비, 먼지, 얼음 등과 같이 인간이 마음대로 제어할 수 없는 것이고, 인공적인 것은 본인의 신체적 또는 지식의 부족에서 나타나는 영향으로 본인의 노력으로 극복할 수 있는 특성이 있다.

넷째, 인간은 생리·심리적 요인에 의해 크게 영향을 받고 끊임없이 변한다. 자기의 능력보다 욕심이 많아지면 사고가 발생한다. 개인의 경우와 같이 기업이나 사회도 마찬가지이다. 기업이 존재하기 위해서는 일정한 이윤을 추구해야 하고 이를 위해 새로운 제품을 개발하고 생산하여 판매해야 한다. 그 과정에서 불행하게도 일하는 근로자가 건강을 해치거나 신체적 부상 또는 생명을 잃는 산업재해가 발생한다. 재해가 발생하면 회사뿐만 아니라 당사자 가족에게는 매우 큰 충격으로 다가온다. 특히 사망의 경우에는 가족의 모든 것을 잃는 것이 된다. 따라서 기업의 사회적 책임이라는 관점에서 종업원의 안전과 건강 확보는 매우 중요한 사항이다. 요즈음은 재해가 발생한 기업에 대한 책임 추궁이 점점 엄격해지고 있으며, 안전의 확보는 '기업 내'에서 '사회적' 차원으로 중요성이 높아지고 있다. 따라서 자율적인 안전 활동 추진은 기업의 사회적 신용을 높일 수 있는 것이 되고 있다.

간혹 회사 앞 또는 공사 현장을 지나다 보면 '안전제일'이라는 푯말이 붙어 있는 것을 볼 수 있다. 이 말의 유래는 미국 US Steels 사에서 산업재해가 자주 발생하여 생산성이 떨어짐에 따라 회사가 어려움을 당하게 되자 이에 1906년 새로 부임한 게리 회장이 경영 타개책으로 "품질제일, 생산제이"의 경영방침을 "안전제일, 품질제이, 생산제삼"으로 하여 안전을 최우선으로 전환, 산업재해가 급감하고 품질과 생산성이 향상되어 회사가 다시 일어서게 된 것에서 유래되었다(m.blog.naver.com). 안전이 회사의 흥망성쇠를 좌우함을 보여주는 좋은 사례이다. 물론 표어 하나를 갈았다고 회사가 달라졌겠느냐는 의문도 들지만 안전에 대한 관심과 실천이 중요함을 인식하는 계기가 되어 가능했다고 보며, 이로 보아 이 시기에도 안전에 대한 관심이 컸음을 알 수 있다.

2. 안전사고 예방은 교육으로부터

1) 안전교육의 의미와 특성

안전교육이란 안전에 영향을 주는 가치, 신념, 비전, 목적, 정책, 목표 및 지도력 등 안전관리를 책임지고 이끌어 가는 조직문화와 구성원 모두가 생활 전반에 걸쳐 안전태도와 안전 관행이 체질화되어 가치관으로 정착되는 개인문화를 모두 포함하며, 조직 전체에 걸친 개방적인 의사소통과 상호협력은 자발적인 안전문화 형성을 지원하는 것(교통안전공단, 2012), 또는 사회의 구성원이 위험을 지각하고 그 위험을 수용 가능한 수준으로 예방하고 대처하는 능력 또는 습관의 총체이다(윤종현, 2015).

안전교육은 교육으로 일상생활에서 발생하는 개인 및 집단의 사고를 미연에 방지하고, 사고가 발생했을 때 생명을 지키기 위해서 가져야 할 태도, 지식, 기능 등을 익혀 다른 사람의 생명을 존중하며 심신 양면의 항동을 길러주기 위하여 실시하는 교육이다. 즉, 안전교육은 교통사고, 가정 내 사고, 화재, 실험 · 실습 사고, 수학여행이나 레크리에이션 진행 중 사고, 유희나 완구에 의한 사고, 체육경기의 사고, 그리고 지진 · 풍수해와 같은 자연재해가 발생했을 때에 대비한 행동 지침이다(류영아 · 김대욱, 2014). 실제로 교육이 사고발생 시 도움이 되려면 학교나 기타 교육기관에서 인명존중의 정신을 구체적인 행동을 통해 표현하는 것에 대해 이해하고 훈련을 하도록 해야 하며 국민 생활 전반에 걸쳐 안전교육이 철저히 시행되어야 한다. 또한 국가는 제도를 정비하고 기업이나 공공단체 등은 안전관리를 위해서 더욱 많은 투자를 해야 할 필요가 있다(두산백과).

플로리오(Florio)의 정의에 따른 세 가지 안전교육은 다음과 같다(김창현, 2014).

① 일상생활의 전 영역에서 안전을 위해 필요한 사항 등에 관하여 이해시키고, 안전의 규칙을 지키며, 안전하게 행동할 수 있는 능력을 기르는 것이다.
② 일상생활 속에 잠재해 있는 위험을 예측해서 항상 안전상의 위험을 확인하고, 정확한 판단으로 안전하게 행동할 수 있는 태도와 능력을 기르는 것이다.
③ 자신이나 타인의 안전 생활을 존중하고 학교, 가정, 직장, 지역사회 등에서 안전하게 역할을 수행할 수 있는 태도와 능력을 기르는 것이다.

안전사고는 여러 요인이 복합적으로 작용하여 발생한다. 미국의 보험회사 직원이었던 하인리히는 사고의 88%는 인적 요인, 10%는 물적 요인, 2%는 불가항력적인 요인이라고 하였다. 하인리히가 밝힌 것과 같이 안전사고의 대부분은 인적 요인에 의하여 발생하므로 꾸준한 교육과 실천을 통하여 안전을 생활화한다면 많은 사고를 줄일 수 있으며 재산과 생명의 피해도 막을 수 있다.

2) 다른 나라들은 안전교육을 어떻게 실시하고 있을까?

안전한 나라를 만들기 위해 다른 나라들은 안전교육을 어떻게 하고 있는가를 살펴보고 시사점을 통해 우리나라 안전교육의 방향을 찾아보고자 한다(교육부 공식 블로그, http//if-biog.tisrory.com).

(1) 미국의 초·중등학교 안전교육 현황

- 학생을 여러 위험으로부터 보호하기 위해 대응 방법과 절차를 마련하고 있으며, 학생과 교사를 대상으로 안전교육을 실시하고 있다.
- 교육 내용은 화재, 교통, 총기사고, 마약, 자연재해 등이지만 최근에는 학교 폭력과 왕따 문제 등에도 관심을 갖기 시작하였다.
- 미국은 주에 따라 학교안전에 관한 법령 및 규정이 달라 안전교육을 법령으로 의무화한 주도 있고 학교구에 위임하는 주도 있다.
- 학교 수업 시간에 외부인의 학교 출입을 막고 있으며, 학부모도 학교를 방문하려면 교무실에서 반드시 신원을 확인한다. 최근에는 전일제 경찰 혹은 시간제 경찰을 학교에 배치하는 학교도 늘어나고 있다.
- 학교 안전의 규정과 지침, 내용과 범위는 학교 위치와 규모에 따라 다르다.
- 교육은 저학년을 대상으로 교통 및 화재, 학교 폭력, 총기 사고 등이 학교에서 일어났을 때를 가상하여 대응 요령을 가르친다. 예를 들면, 학교 비상벨이 울렸을 때 대처하는 방법과 사건 사고 목격 시 신고 절차 등을 중심으로 실습하고 배운다. 안전교육은 안전사고 발생 시 학생들이 무엇을 해야 하고 어디에 도움을 청해야 하는지를 가르쳐 주는 데 할애하고 있다.
- 미국 안전교육은 획일적인 교육이 아니라 학교와 지역 특색에 맞는 안전교육을 실시하고 있다.
- 학교 응급 상황 발생 시에는 문자와 이메일로 학생과 학부모에게 상황을 통보해 대처하도록 하고 있다.

(2) 독일의 초·중등학교 안전교육

- 안전교육에 관한 법, 규정, 지침이 세부적이며, 교육이 단계별로 실질적으로 이루어지고 있고, 유관기관들이 협력하여 교육을 실시하고 있다.
- 모든 학교가 사고보험에 가입되어 있다.
- 부모의 동의가 없으면 학교 외부 출입이 금지되고, 현장학습 시에도 교사의

동행 없이는 개인 활동을 금지하여 학생들이 안전한 학교생활을 할 수 있도록 감독하고 있다.

- 바이에른 주는 1955년 주 의회에서 교통 관련 수업과 교육을 학교의 보편적 과제로 삼도록 했으며, 1964년에는 교통교육을 모든 학교 1~6학년 교과과정의 한 부분으로 확립하고 ADAC(독일 자동차 협회)와 협력하여 다양한 프로그램을 실시하고 있다. 1972년에는 상설 연방 주 교육부 장관회(이하, 'KMK')에서도 학생교통과 안전교육을 학교의 필수 교육과제로 확립하여 지속적으로 개선 및 보완해 오고 있다. KMK(상설 연방 주 교육부 장관 회의)는 1972년 학교 교통교육 지침을 마련하였으며, 1994년과 2012년에 개정하여 교통안전교육을 위한 교과과정과 교사교육의 기본 지침으로 활용하도록 하였고 교사연수도 지속적으로 실시하고 있다.
- KMK는 학교에서 안전교육을 실시할 때 단계별로 교육하도록 다음과 같이 지침을 제시하였다. 1학년과 4학년은 매년 20시간, 2학년과 3학년은 매년 10시간, 5학년과 9학년은 매년 20시간, 6, 7, 8, 10학년은 매년 10시간 교통과 안전교육을 실시하고 있다. 안전교육은 통학, 자전거 교육, 체육과 수영, 자연과학 분야 수업, 교통 수단 및 교통체계, 응급조치, 소방대처, 건강예방 등 안전교육 전반에 걸쳐 다양하게 이루어지고 있으며 정규 교과수업 및 프로젝트, 수학여행, 각종 대회참여 형태로 실시되고 있다.
- 여러 기관과 협력하여 다양한 현장에서 교육이 이루어지고 있다. 따라서 단위학교가 학교와 지역사회의 여건을 고려하여 자기 책임적, 자율적으로 여러 프로그램을 실시하고 있다. 초등학교는 안전과 관련하여 수영과 자전거 교육이 필수적으로 실시되고 있어 초등학교에 다닌 아이들은 모두 기본적인 수영능력을 갖추고 있다.
- 교내 안전교육 책임자는 학교장이며 교사 중에 안전 관리자를 두어 학교장을 돕고 동료교사들에게 안전교육 관련 정보를 제공하도록 하고 있다.
- 안전교육을 타인을 배려하는 사회성 교육 및 환경교육까지 포괄하는 개념으로 실시하고 있다.

(3) 영국의 초·중등학교 안전교육

- 영국의 안전교육은 교육활동의 안전성을 강조하면서 동시에 안전에 대한 인식을 고양시키는 교육이다.
- 안전교육이 경험을 통한 교육이 되도록 하기 위하여 위험한 상황을 판단하고 적절하게 대처하는 방안 학습을 포함하고 있다.
- 영국의 학교 보건 및 안전 교육활동은 「근로현장 내 보건 및 안전법 1974(Health and Safety at Work etc Act 1974)」에 의거해 지역청 및 학교경영자는 교직원과 학생의 안전 및 보건을 책임질 의무가 있으며 교직원은 자신의 안전상황을 판단하여 적절히 행동해야 한다.
- 영국의 안전교육은 안전한 교육, 안전교육 등으로 구별한다.

안전한 교육이란 안전한 교육을 위해 일선 교사는 기본적인 응급조치 훈련을 받아야 하고 학교는 「보건 및 안전(응급조치에 관한) 법령 1981{Health and Safety (First-Aid) Regulations 1981}」에 따라 응급조치를 위한 장비 및 시설을 구비해야 한다. 응급조치 능력은 교사의 직무 사항이 아니기 때문에 응급조치 교육은 자원자에 한하여 실시하며, 응급조치 훈련과정은 보건 및 안전 전담반(HSE : Health and Safety Executive)이 제공한다. 안전한 교육의 측면에서 각종 안전 관련 가이드라인을 개발하여 학교의 안전한 교육을 돕고 있다.

안전교육은 '개인, 사회, 건강 및 경제교육과정(PSHEE : Personal, Social, Health and Economic Education)'에서 핵심 교육내용이다. 교육단계 1, 2에서는 도로안전 및 가정 내 안전, 교육단계 3, 4에서는 음주교육 및 운전교육 등과 연계되어 개인의 안전 및 도로안전을 학습한다.

- 학교평가 요소 중 하나로 학교시설 안전평가뿐 아니라 학생의 안전교육 의식을 포함하고 있으며 교육내용은 도로안전, 가정활동 내 안전, 음주, 마약, 흡연과 관계된 일신의 안전 등이 있다.
- 법제적 보호 아래, RoSPA 및 HSE 등의 적절한 보조기구를 통하여 교육내

용 개발 및 교육활동 운영을 지원받고 있는 것이다.

- 대학교육에 앞서 1년 정도 Gap Year를 가지는 편인데, 이때 학생들은 운전면허 취득, 국내외 여행 등을 하며 자유로운 시간을 가진다. KBYG는 젊은 학생들이 타지에서도 안전에 대한 의식을 갖출 수 있도록 돕고 있다.

(4) 일본 학교에서의 안전교육[1)]

- 일본은 재해 발생 시 신속하고 체계적으로 대처하기 위하여 「일본해구・치시마해구 주변 해구형 지진과 관련된 지진방재대책의 추진에 관한 특별조치법」 외에 여러 법을 제정 또는 개정해 오고 있다.
  특히 「학교보건안전법」은 학생의 안전을 위해 제・개정되었고, 학교안전계획 책정・실시 및 위기관리 매뉴얼, 관계기관 등과의 제휴 등 학교안전에 대해 학교가 대처해야 할 사항 등을 규정하고 있다.
- 학교는 법률을 바탕으로 생활안전, 교통안전, 재해안전(방재) 등에 대해 안전관리 대책을 지속적으로 추진하고 있으며 피난훈련을 포함한 안전 관련 지도, 교직원 및 교사에 대한 연수 및 훈련 실시 등의 학교안전계획 수립을 의무화하고 있다.
- 학교는 보호자, 경찰서 등 관계기관이나 단체와 연계하고, 학교장은 학교환경 안전을 확보하는 데 필요한 조치를 강구하도록 규정하고 있다.
- 안전 확보를 위해 주요 관계부처에 방재 및 학교안전을 전담하는 기구와 위원회를 구성하고, 신규 사업의 개설 및 전문 인력을 양성할 수 있도록 추진하고 있다. 동일본대지진 발생 직후에는 ① 재해에 강한 학교 만들기 추진, ② 학교 카운슬러의 파견, ③ 피해지역에 교직원을 파견하기 위한 공립학교 교직원 체제 정비, ④ 재해의 영향으로 스트레스를 받고 있는 아동을 위한 '리프레시 캠프' 실시, ⑤ 재해 피해 가정의 학생에 대한 경제적 지원, ⑥ 방재교육 자료 개발 및 보급, ⑦ 학교방재교육에 관한 지도자(교직원 중

---

1) https://ckkimssy.tistory.com 일본학교에서의 안전교육동향과 시사점. 이덕난

지도적 역할 수행자) 연수 등을 실시하고 있다. 그리고 국토교통청 등 다른 정부부처도 연계 협력을 위한 구체적인 조치를 취하고 있다.

- 큰 재해를 겪으면서 방재교육을 중시하는 학교 안전교육을 마련하였고, 교육의 방향은 위협에 대비한 방재교육으로부터 지식과 자세를 갖추는 방재교육으로 방향을 전환했다.
- 방재교육은 피해를 예방하거나 응급 대응이 아니라, 스스로 재난에 적절히 대응해 피해를 경감할 수 있게 하는 소위 '재해 감소'를 위한 지식을 갖추고 판단하고 행동하는 능력을 키우는 교육이다.

(5) 우리나라의 안전교육

- 우리나라는 안전교육을 위해 생애주기를 ① 영유아기는 안전교육 의존기 → ② 아동기는 안전교육 준비기 → ③ 청소년기는 안전교육 성숙기 → ④ 청년기는 안전교육 독립기 → ⑤ 성인기는 안전교육 확대기 · 성찰기 → ⑥ 노년기는 안전교육 유지기 6단계로 구분하여 시기별로 알아야 할 안전지식을 개발하여 활용하고 있다.
- 생애주기별 안전교육은 성장단계별 특성에 따라 안전역량을 충족할 수 있도록 효과적인 안전교육을 통해 안전역량을 향상시키기 위해 노력하고 있다.

특히 자기방어가 어려운 취약계층, 영유아, 아동, 노인, 장애인 등을 위하여 단계별 안전교육 지도 외에 보호자를 위한 안전교육 지도 내용을 추가적으로 제시하여 국민의 안전역량을 향상시키려 하고 있다(교육부, 2020).

현행 제도에 따른 우리나라 학생안전교육이 직면한 문제는 다음과 같다(김경희 외, 2020).

- 다른 많은 범교과수업을 실시해야만 하는 상황에서 안전교육 7대 표준안에 따른 51차시 안전교육을 체험중심으로 실시한다는 것이 현실적으로 어렵다. 하지만 안전교육이 잘 이루어지고 있는 것으로 담당교사가 보고하고 있다.

- 학교 안전교육 7대 표준안에 따른 안전교육이 학생들이 달성해야 할 지식, 기술, 태도를 명확히 설정하지 않고 있어 교육과정의 하나로 인정받기 어렵다.
- 학교 안전교육 7대 영역별 안전수칙이 대상에 따른 교육이 되지 못해 직면할 수 있는 다양한 위험 상황에 대한 위험인식(risk awareness)과 대처능력이 부족할 수밖에 없다.
- 학교별로 문제가 되는 재난과 안전사고 발생의 위험환경을 고려하지 않은 표준화된 안전교육을 실시하고 있어 학교별 직면할 수 있는 위험과 위협에 대처할 수 있는 역량개발이 미흡하다.
- 3년마다 실시하도록 되어있는 교사연수는 7대 표준안의 내용을 각 단계별로 배치하여 학생안전교육의 내용이 교사연수과정에서 누락되는 문제가 발생하고 있다.

여러 나라의 안전교육이 우리에게 시사하는 점은 다음과 같다.

- 안전교육은 참여형 체험중심 교육으로 실시해야 한다.
- 학생, 교직원을 대상으로 안전역량을 함양하기 위한 연수 및 교육과정 운영도 체험 및 훈련 중심 교육을 실시해야 한다.
- 지식, 기능, 태도 중심의 이해 중심의 안전교육에서 의사결정, 행동실천, 안전가치 등을 포함한 안전교육으로 방향을 수정하여야 한다.
- 어려서부터 안전교육이 이루어져야 하며 아동 발달단계에 따른 안전교육이 실시되어야 한다.
- 학교와 지역 특색에 맞는 안전교육이 실시되어야 한다.
- 학교 평가에 안전 관련 내용을 포함하여 평가하고 안전사고의 영역을 확대해야 한다.
- 재난 시 활용이 가능하도록 생존 관련 교육이 이루어져야 한다(수영 등).

3. 안전관리

1) 안전관리(Safety Management)의 의미

기업의 생산성 향상과 재해로부터의 손실을 최소화하기 위한 기업경영의 한 기법으로 재해의 원인과 그 규명 그리고 재해예방대책의 강구 및 추진 등 일련의 계통적인 관리로 정의할 수 있다(장성록 외, 2019). 재난 및 안전관리기본법에서 안전관리란 재난이나 그 밖의 각종 사고로부터 사람의 생명, 신체 및 재산의 안전을 확보하기 위한 모든 활동을 말하며, 국어사전에서는 재난관리를 재난의 예방, 대비, 대응 및 복구를 위하여 하는 모든 활동이라고 했다. 이런 의미에서 재난관리는 각종 사고로부터 사람의 생명과 재산을 보호하기 위하여 예방하거나 사고 직후 대응 및 복구를 관리하는 모든 활동이라 할 수 있다.

안전관리 예방과 원칙은 ① 사고의 원인에 대한 답은 현장에 있으므로 문제에 대한 답은 현장에서 찾아야 한다. ② 위험요소가 될 수 있는 곳은 미리 확인하여 대처하는 것이 가장 중요하다. ③ 근로자가 불편을 호소하면 즉시 현장을 확인하고 대처하여야 한다. ④ 모든 작업을 모니터링하는 것이 중요하다. 현장 책임자는 이 원칙에 의거하여 모든 작업을 꼼꼼하게 모니터링하여 대처한다면 대부분 사고를 예방할 수 있다고 본다. 현장에서 작성하는 작업일지도 사실대로 작성하여 확인과 신속한 대처에 활용할 수 있도록 해야 한다.

안전관리를 철저히 하여 양적 성장을 이룬 발렉스서비스의 예를 보면 다음과 같다. 이 회사는 2010년 설립하여 2020년 임직원이 약 5,100명, 매출액 약 2,200억 원인 기업이다. 이 회사는 "존경받는 기업"이라는 소중한 가치 아래 "사람존중", "고객존중", "사회존중"이 경영이념인 회사로 2019년 위험을 사전에 예방·관리하는 시스템을 갖춘 기업에게 부여하는 'ISO 45001인증'을 업계 최초로 획득하면서 안전보건 활동의 우수성을 국내외로 인정받았다. 본사의 안전에 대한 신념은 발렉스서비스 청주 장비CM 팀에도 그대로 이어져 청주 장비CM 팀은 SK하이닉스가 주관하는 협력업체 위험성평가 우수사례 발표대회에서 매년 최우수업체 선정의 기록을 이어가고 있다.

2) 하인리히(H. W. Heinrich) 법칙과 재난관리

미국의 보험회사 직원이었던 하인리히는 수많은 사고 통계를 통해 산업재해가 일어나는 현상에 대한 통계적인 법칙을 발견하였다. 산업재해로 사망자 1명이 발생하면 앞에 같은 원인으로 경상자가 29명이 발생했고, 부상을 입었을 뻔한 잠재적 부상자가 300명이 있었다는 사실이다. 사망자 한 명이 나오기 전에 발생하는 경미한 사고를 바탕으로 재난에 미리 대응한다면 대형사고 발생을 막을 수 있지만 대처하지 않으면 많은 피해가 발생할 수 있다는 것이다. 즉, 하인리히 법칙은 큰 사고가 발생하기 전에는 다양한 징후가 있다는 것을 밝힌 법칙으로 사고의 건수에 따라 1:29:300 법칙이라고도 부른다.

3) 재해예방 4원칙

재해예방 4원칙은 예방가능의 원칙, 손실우연의 법칙, 원인계기의 원칙, 대책 선정의 원칙이다(electric.tistory.com, 2021).

(1) 예방가능의 원칙

사람의 잘못으로 인한 인재는 예방하면 미연에 사고를 방지할 수 있다는 것이다. 예방을 위해서는 과거 발생한 재해의 원인과 문제점을 분석하여 재해발생을 예방할 수 있는 대책을 수립하는 것이 필요하다.

(2) 손실우연의 원칙

하인리히 법칙에 의하면 사고는 우연히 일어나지 않는다. 현재 일어난 사고로 인한 손실이 극히 적거나 또는 큰 손실이 없을지라도 추후 큰 재해에 이르는 경우가 있음을 간과해서는 안 된다. 이 원칙은 재해방지 사고의 발생을 미리 방지하여 손실이 없게 하는 것을 말한다.

(3) 원인계기의 원칙

사고는 원인이 있어야 발생하고 사고와 손실과의 관계는 우연적인 데 비해 사고와 원인의 관계는 필연적이다. 또한 재해는 연쇄적인 관계를 가지고 진행되므로 어느 한 가지 원인을 제거하여 사고를 방지하는 것이다. 적절한 방지대책 수립을 위해서는 정확한 원인 분석이 있어야 한다.

(4) 대책선정의 원칙

사고 원인 중에는 기술적 원인, 교육적 원인, 관리적 원인 3원칙이 가장 중요한 사고원인이며 이들 원인에 대한 대책으로는 기술적 대책, 교육적 대책, 규제적 대책이 있는데 이를 결합하여 잘 활용해야 한다.

4) 안전기준

기준은 행동이나 가치판단의 근거가 되는 것이나 수치 또는 무언가를 비교할 때 쓰이는 용어이다. 안전기준은 어떤 유해한 환경 조건이 어느 한계까지만 안전할 때 그 한계가 되는 값을 말한다(표준국어사전, 2021). 안전기준은 안전관리의 지침이 되며 각종 시설 및 물질 등의 제작, 유지관리 과정에서 안전을 확보할 수 있도록 기술적 기준을 체계화한 것을 말한다. 고용노동부는 산재사고가 집중되는 작업과 관련하여 산업안전보건법과 「산업안전보건 기준에 관한 규칙」을 개정하여 시행하고 있다. 산업안전보건법은 산업안전 및 보건에 관한 기준 확립으로 책임소재를 명확하게 하여 산업재해를 예방하고, 쾌적한 작업환경을 조성함으로써 노무를 제공하는 사람의 안전 및 보건을 유지·증진함을 목적으로 만들어졌다. 안전기준 분야, 범위 등에 관하여 안전기준 분야별 안전기준 범위는 다음과 같다(정성록, 2019).

〈표 1-1〉 안전기준의 분야 및 범위

안전기준의 분야	안전기준의 범위
건축시설 분야	다중이용업소, 문화재시설, 유해물질 제작, 공급시설 등 관련구조나 설비의 유지·관리 및 소방 관련 안전기준
생활 및 여가 분야	생활이나 여가활동에 사용하는 기구, 놀이시설 및 각종 외부활동과 관련된 안전기준
환경 및 에너지 분야	대기환경, 토양환경, 수질환경, 인체에 위험을 유발하는 유해성 물질과 시설, 발전시설 운영과 관련된 안전기준
교통 및 교통시설 분야	육상교통, 해상교통, 항공교통 등과 관련된 안전 부대시설, 시설의 이용자 및 운영자 등과 관련된 안전기준
산업 및 공사장 분야	각종 공사장 및 산업현장에서의 주변 시설물과 그 시설의 사용자 또는 관리자 등의 안전부주의 등과 관련된 안전기준(공장시설 포함)
정보통신 분야 사이버안전 분야 제외	정보통신매체 및 관련시설과 정보 보호에 관한 안전기준
보건식품 분야	의료·감염·보건복지·축산·수산·식품 위생 관련시설 및 물질 관련 안전기준
그 밖의 분야	제1호부터 제7호까지에서 정한 사항 외에 안전기준심의회에서 안전관리를 위하여 필요하다고 정한 사항과 관련된 안전기준

위 표에서 규정한 안전기준 분야, 범위 등에 관한 세부적인 사항은 행정안전부장관이 정한다.

5) 안전문화

안전문화라는 용어는 1986년 체르노빌 원자력 누출사고에 따른 국제원자력안전자문단(insag)의 보고서에서 처음 사용했다(blog.naver.com). 최근 대형사고의 재발방지 대책에는 '안전문화의 조성'이라는 말이 자주 거론된다. 종래의 안전문화 의미는 조직과 개인의 자세와 품성이 결집된 것으로 모든 개인의 헌신과 책임이 요구되는 것으로 정의하고 있으나 요즈음은 안전을 실천하는 의식, 안전을 유도하는 제도, 안전을 가능하게 하는 인프라가 결합해 만들어 내는 사회적·문화적

산물이라는 안전의 개념에 의지할 수밖에 없다(Segal et al., 2006). '안전문화는 안전을 모든 것에 우선하여 생각하고 실천한다'는 점에서 이제까지 100년 이상 계속되어 온 '안전제일'의 이념과 통한다. 즉, 안전제일의 이념은 '안전문화'로 계승되어 진화하고 있다. 안전문화는 최고 경영자부터 제일선의 작업자까지 기업 전체의 행동원리로 확립해 가야 한다. 안전문화는 한마디로 '지키는 것', '의식하는 것', '전하는 것', '바꾸는 것'의 네 가지 요소로 집약할 수 있다(houfu.tistory.com). 먼저 '규칙'을 지키는 문화가 정착되어야 한다. 두 번째로 이상함이나 위험함을 '의식'하는 감수성이 전원에게 가득 차 있어야 한다. 세 번째로 '전하는' 것이 습관화되어야 한다. 네 번째로 '변한다'고 하는 적극적이고 유연한 분위기이다. 결국 안전문화가 조성되어 있는 상태란 모든 구성원이 항상 안전이 제일이라고 생각하고 그 판단을 실천하는 습관이 생활화되어 있는 상태를 말한다(정진우, 2018).

학교는 교육부령이 정하는 바에 따라 학생 및 교직원에게 실시하는 학교안전사고 예방 등에 관한 「학교안전사고 예방 및 보상에 관한 법률」의 수단을 통하여 일상생활에서 개인 및 집단의 안전에 필요한 지식, 기능, 태도 등을 이해시키고 자신과 타인의 생명을 존중하며 안전하고 건강한 생활을 영위할 수 있는 습관을 형성하는 것이다(곽은복, 2006). 또는 학생들이 안전한 생활에 필요한 지식과 이해(인지적 측면), 안전한 행동을 실천하는 데 요구되는 기능 및 능력(행동적 측면) 그리고 안전한 삶을 잘 영위하려는 가치관과 태도 및 실천 의지(정의적 측면)의 세 가지를 유기적 · 통합적으로 길러가도록 돕는 것, 즉 안전한 생활과 관련한 지식, 기능, 가치 · 태도의 세 요소를 통합적으로 갖추어 안전 생활 역량과 성향을 체득할 수 있도록 부단히 노력해 가는 교육적 활동이다(유병열, 2016). 교육부는 안전문화의 사고 및 위험을 방지하거나 그 가능성을 줄일 수 있도록 인간의 행동 및 태도를 바람직한 방향으로 변화시키는 교육적 노력(교육부, 2020)이라고 정의하고 있다.

안전문화란 안전제일의 가치관이 개인 또는 조직구성원 각자에 충만되어 개인의 생활이나 조직의 활동 속에서 의식, 관행이 안전으로 체질화된 상태르서 인간의 존엄과 가치의 구체적 실현을 위한 모든 행동양식이나 사고방식, 태도 등 총체적인 의미를 지칭한다(안전보건공단).

4. 생활안전과 건강

1) 생활안전교육 왜 필요한가?

사람은 자연과 떨어져 살 수 없다. 따라서 잘 가꾸고 적응하면서 살아가야 한다. 잘 가꾸지 못하고 적응하지 못하면 재난의 원인이 되고 피해를 당한다. 하루가 멀다 하고 크고 작은 사고로 희생자가 발생하는 것을 보며 안전생활의 중요성을 되새기게 된다. 인구가 적고, 인구의 이동이 적었을 때는 지금과 같은 대형사고가 거의 없었다. 그러나 급격하게 산업화, 도시화되며 일상생활 환경이 변함에 따라 끊임없이 우리의 삶은 안전사고의 위험에 노출되어 있다. 따라서 우리는 매 순간 발생할 수 있는 안전사고로부터 자신을 보호할 수 있도록 스스로 노력해야 함은 물론 안전한 생활실천이 이루어져야 한다. 또한 생활안전교육을 통하여 안전사고에 대응할 수 있는 지식, 기술, 태도를 익혀야 한다. 더 나아가 나 자신만이 아니라 타인의 건강과 안전을 고려하고 안전한 생활을 영위할 수 있도록 다양한 안전교육이 이루어져야 한다(한국아동청소년안전교육협회, 2016). 생활안전교육이란 이와 같이 우리의 일상생활 속에서 예기치 않게 일어날 수 있는 안전사고를 대비하여 실시하는 교육이다.

2) 집이 가장 안전해! 글쎄?

가정은 안전의 시작점이다. 가정은 삶의 보금자리로 가장 많이 머무는 곳이기도 하고 가장 안전한 곳으로 여겨지기도 한다. 그러나 한국소비자보호원에 의하면 안전사고가 가장 많은 곳이 가정이고 다음이 여가 및 놀이 문화시설, 교육시설의 순이다. 어느 안전사고나 마찬가지이지만 가정의 안전사고는 조금만 조심하면 예방이 가능하다. 그러나 예방을 위해서는 사고의 유형과 대처 방법을 알아야 한다.

가정에서 발생할 수 있는 안전사고는 떨어짐, 중독, 화상, 감전, 익사, 삼킴 사고 등이다. 특히 어린아이가 있는 가정에서는 잠깐의 부주의로 이러한 사고가 발생할 수 있으므로 각별히 주의를 해야 한다. 영유아는 자신이 처한 상황에 대한 인식능력이 부족하고 대처 능력 또한 미숙하기 때문에 사고 확률이 높다. 가정의 안전사고 10건 중 7건이 어린이 안전사고라는 사실이 이를 증명한다.

참고로 2011년부터 2020년까지 안전사고로 발생한 아동 사망률은 다음과 같다.

〈표 1-2〉 아동 안전사고 사망률(단위 : 명)

연 도	2011	2012	2013	2014	2015	2016	2017	2018	2019	2020
아동안전사고	4.1	4.2	3.8	2.9	3.1	2.8	2.9	2.4	2.6	2.4

출처 : 통계청(2021). 사망원인 통계 주민등록연안인구.

표에서 보는 바와 같이 사망자 수는 조금씩 줄어들고는 있으나 사망자 제로(zero)에 이르기까지는 아직도 부족하다.

다음으로 사고 장소별 현황을 보면 다음과 같다.

〈표 1-3〉 사고 발생 장소별 현황(단위 : 건, %)

구 분	침실/ 방	주 방	거 실	화장실 및 욕실	계 단	현 관	베란다 (발크니)	기 타	계
건수	4,970	3,431	3,405	1,836	357	310	214	7,903	22,426
비율	22.2	15.3	15.2	8.2	1.6	1.4	1.0	35.2	100.0

가정에서 일어난 안전사고 발생 장소를 보면 침실, 방이 제일 많고 다음은 주방과 거실인 것을 알 수 있다.

사고 발생 장소별 연령현황을 보면 다음과 같다.

〈표 1-4〉 사고 발생 장소별 연령 현황(단위 : 건, %)

구 분	10세 미만	10~ 19세	20~ 29세	30~ 39세	40~ 49세	50~ 59세	60세 이상	기 타	계
침실/ 방	2,657 (53.5)	262 (5.3)	414 (8.3)	341 (6.9)	265 (5.3)	208 (4.2)	392 (7.9)	431 (8.7)	4,970 (100.0)
주방	749 (21.8)	160 (4.7)	338 (9.9)	597 (17.4)	471 (13.7)	351 (10.2)	216 (6.3)	549 (16.0)	3,431 (100.0)
거실	2,470 (72.5)	147 (4.3)	113 (3.3)	157 (4.6)	150 (4.4)	148 (4.3)	207 (6.1)	13 (0.4)	3,405 (100.0)

구 분	10세 미만	10~19세	20~29세	30~39세	40~49세	50~59세	60세 이상	기 타	계
화장실 및 욕실	641 (34.9)	111 (6.0)	158 (8.6)	187 (10.2)	150 (8.2)	167 (9.1)	331 (18.0)	91 (5.0)	1,836 (100.0)
계단	104 (29.1)	23 (6.4)	39 (10.9)	35 (9.8)	43 (12.0)	38 (10.6)	74 (20.7)	1 (0.3)	357 (100.0)
현관	125 (40.3)	22 (7.1)	17 (5.5)	42 (13.5)	25 (8.1)	29 (9.4)	39 (12.6)	11 (3.5)	310 (100.0)
베란다 (발코니)	86 (40.2)	17 (7.9)	12 (5.6)	22 (10.3)	26 (12.1)	16 (7.5)	33 (15.4)	2 (0.9)	214 (100.0)
기타	2,279 (28.8)	324 (4.1)	620 (7.8)	963 (12.2)	726 (9.2)	526 (6.7)	397 (5.0)	2,068 (26.2)	7,903 (100.0)
계	9,111 (40.6)	1,066 (4.8)	1,711 (7.6)	2,344 (10.5)	1,856 (8.3)	1,483 (6.6)	1,689 (7.5)	3.166 (14.1)	22.426 (100.0)

출처 : 세이브타임즈(2020, www.safetimes.co).

위의 통계에 의하면 10세 미만은 거실에서 사고 빈도가 가장 높고 10~19세는 베란다, 20~29세는 계단, 30~39세, 40~49세는 주방, 50~59세는 주방과 계단에서의 사고 비율이 비슷하며 60세 이상은 계단에서의 사고 빈도가 높음을 알 수 있다. 따라서 이를 감안한 생활안전에 힘을 쓴다면 안전사고 예방에 큰 도움이 될 것으로 본다.

다음은 고령자들의 안전사고 장소별 현황이다.

〈표 1-5〉 고령자 안전사고 장소별 현황(단위 : 건, %)

구 분		2016년	2017년	2018년	2019년 9월	합 계
주택	침실・방	868(15.0)	1,025(18.1)	1,271(20.1)	1,027(21.0)	4,191(18.5)
	화장실・욕실	638(11.0)	703(12.4)	859(13.6)	570(11.7)	2,770(12.2)
	거실	487(8.4)	613(10.8)	786(12.4)	568(11.6)	2,454(10.8)
	기타	1,513(26.1)	1,228(21.8)	1,294(20.3)	928(19.0)	4,963(21.9)
	소계	3,506(60.5)	3,569(63.1)	4,210(66.4)	3,093(63.3)	14,378(63.4)
숙박 및 음식점		219(3.8)	344(6.1)	441(7.0)	295(6.0)	1,299(5.7)
도로 및 인도		246(4.2)	239(4.2)	209(3.3)	174(3.6)	868(3.8)
여가, 문화 및 놀이시설		135(2.3)	154(2.7)	162(2.5)	147(3.0)	598(2.7)
의료서비스 시설		174(3.0)	139(2.5)	165(2.6)	105(2.1)	583(2.6)
기타		1,515(26.2)	1.208(21.4)	1,153(18.2)	1,075(22.0)	4,951(21.8)

구 분	2016년	2017년	2018년	2019년 9월	합 계
합계	5,795(100.0)	5,653(100.0)	6,340(100.0)	4,889(100.0)	22,677(100.0)

출처 : 한국소비자 보호원(2011). 가정내 안전사고 위해 정보 분석.

위 표에 의하면 고령자들은 주택에서의 사고가 60% 이상으로 높으며 사고 비율이 줄지 않고 있음을 알 수 있다. 이는 고령자들의 활동 무대가 가정이 많은 비중을 차지하기 때문이라 생각되며, 이를 감안한 안전사고 대책이 마련되고 실천된다면 안전사고 비율이 줄어들 것으로 본다.

3) 우리 주변에서 일어나는 사회재난 사고 발생 시 어떻게 행동해야 할까?

(국민재난안전포털, https://www.safekorea.go.kr)

(1) 방사선 누출 사고

우리 생활에 원자력이 다양하게 이용되고 있고 이로 인한 피해도 발생하고 있다. 일본의 방사능 누출사고에서 보는 바와 같이 방사능 사고는 한번 발생하면 대형사고로 번지며 피해가 막대하므로 더욱 주의해야 한다.

〈표 1-6〉 X-선을 일시에 전신에 받았을 경우 발생하는 유효선량에 따른 증상

폭선량	증 상
0.25 Sv	임상적 증상이 거의 없음
0.5 Sv	백혈구(임파구) 일시 감소
1 Sv	구역질, 구토, 전신권태, 임파구 현저히 감소
2 Sv	5%의 사람이 사망
4 Sv	30일간 50%의 사람이 사망
6 Sv	14일간 90%의 사람이 사망
7 Sv	100%의 사람이 사망

출처 : 질병관리청(2021. 4. 15).

위와 같은 피해를 예방하기 위해서는 평상시 방사능 사고 예방법을 이해하여 사건이 발생하더라도 피해를 최소화할 수 있도록 해야 하는데 그 예방법은 다음과 같다.

① 실내에서 대피 통보 시

- 신속히 귀가하여 실내의 모든 문을 닫아야 하고 에어컨이나 환풍기는 즉시 끈다.
- 샤워를 하거나 젖은 천으로 노출된 신체를 닦고 옷을 갈아입는다.
- 음식물은 밀봉하고 세탁물은 집 안으로 들여와 방사능 노출을 막는다.
- 집으로 귀가가 어려우면 가까운 콘크리트 건물 안으로 대피한다.

② 안전지역으로 대피해야 할 경우

- 집 안의 문은 모두 닫고, 대피 시 필요한 간단한 생필품을 준비한다.
- 추가 사고 예방을 위해 전기, 가스, 수도 등을 차단하고 안전지역으로 이동한다.

(2) 화학물질 누출 사고

- 안내방송을 경청하고, 지정된 대피장소로 신속히 대피한다.
- 긴급재난문자(CBS) 안내사항을 숙지해야 한다.
- 방독면을 착용하되, 방독면이 없다면 우의나 비닐로 피부가 직접 노출되지 않도록 한다. 코와 입은 수건, 마스크 등을 이용하여 감싸고 최대한 멀리 대피한다.
- 독성 가스는 대부분 공기보다 무겁기 때문에 실외에 있는 경우 높은 곳으로 대피한다(위로 퍼지는 특성을 가진 경우는 제외).
- 바람이 불 때는 바람이 불어오는 방향으로 대피한다.
- 실내로 대피한 경우에는 문을 닫고 젖은 수건이나 테이프를 이용하여 공기

가 들어오지 않도록 밀봉하고, 외부 공기와 통하는 설비(에어컨, 환풍기 등)의 작동은 중단한다.

- 자동차를 타고 사고지역 주변을 지나게 된다면 창문을 닫고, 에어컨 등을 반드시 꺼 외부 공기가 차량 내부로 들어오지 않도록 해야 한다.

(3) 수질오염 발생 시

- 수질오염 지역에서는 물놀이를 하지 않는다.
- 오염된 지역의 물을 사용하지 않아야 하며 사용할 경우는 관계기관의 지도를 받아야 한다.
- 수질오염 발생 지역에서 어로·수렵행위를 해서는 안 된다.

(4) 물놀이 생활안전 행동요령

물놀이 사고로 해마다 아까운 생명을 잃는 경우가 많다. 대부분 물놀이할 때 지켜야 할 규칙을 지키지 않고 행동함으로 인해 사고를 당한다. 물놀이 사고를 막기 위해서는 다음과 같이 행동해야 한다.

- 충분한 준비운동을 하고 구명조끼 착용 후 들어간다.
- 어린이가 물놀이할 때는 반드시 보호자(어른)와 함께 한다.
- 해수욕장, 하천 등에서는 안전구역을 벗어나지 않도록 주의하고 음주 후에는 수영하지 않아야 한다.
- 안전요원의 안내에 따라야 한다.

※ 물놀이 사고 대처요령

- 사고가 발생하면 크게 소리쳐 주위에 알리되(즉시 119에 신고) 본인 스스로 구조하기 위해 물속에 뛰어들지 않아야 한다.
- 설령 수영에 자신이 있더라도 물놀이 현장에 비치된 안전장비(구명환, 구명조

끼, 구명 로프 등)를 활용하여 안전하게 구조한다.

- 인공호흡이나 심폐소생술 등 응급처치를 실시한다.

(5) 산행 안전

산행 인구가 늘어남에 따라 안전사고도 증가하고 있다. 산행 사고의 대부분은 본인의 부주의에서 발생하고 있으므로 다음 사항을 주의하여 산행을 하여야 한다.

- 등산로를 미리 파악하고 등산에 필요한 기본 장비를 휴대하며, 음주 후 혼자서 산행하지 않아야 한다.
- 아침에 일찍 시작하여 해 지기 한두 시간 전에 마친다.
- 산행 시간은 8시간 이하로 하며 단체로 산행을 할 경우에는 구성원 중에서 가장 약한 사람을 기준으로 실시한다.
- 배낭 무게는 가급적 가볍게 하고 등산화는 발에 맞는 것을 신어야 한다.
- 비상식량을 준비하고 산행 중 음식물은 조금씩 자주 먹는다.
- 등산로를 이용하여 산행하며, 길을 잘못 들었다고 판단되면 빨리 되돌아온다.
- 우천 시 계곡산행은 피하고 폭우로 계곡물이 불어나 급류로 바뀐 때에는 건너지 않는다.
- 경사진 곳과 바위벽 아래를 지날 때에는 낙석에 피해를 입지 않도록 주의한다.
- 산행 중 조난을 당하거나 또는 길을 잃었을 경우에는 가급적 계곡을 피하고 능선을 따라 이동한다.

(6) 승강기 안전

승강기를 이용하는 과정에서 갑자기 승강기가 멈추거나 문이 열리지 않으면 당황하게 되어 무리한 행동을 하게 되어 위험에 빠질 수 있다. 안전사고를 막기 위해서는 다음과 같이 침착하게 행동해야 한다.

- 승강기 안에서 뛰거나 출입문에 기대지 않는다.
- 승강기 안에 갇힌 경우 무리한 탈출은 위험하므로 구조가 될 때까지 침착하게 행동하며 기다려야 한다.
- 당황하지 말고 비상버튼을 눌러 구조요청을 하고 연결이 안 될 경우 119에 신고한다.
- 승강기에 갇혀도 질식의 위험은 없으므로 자세를 낮춘 뒤 안전손잡이를 잡고 침착하게 대기한다.
- 화재나 지진 발생 시에는 승강기를 타지 않고 계단을 이용하여 대피한다.
- 화재나 지진 시 승강기 안에 있을 경우, 모든 층의 버튼을 눌러 먼저 열리는 층에서 내려 계단을 이용한다.

(7) 어린이 놀이시설 안전

어린이 놀이터에서도 부주의로 인하여 사고가 발생한다. 어른들은 아이들과 동행하여 사고가 나지 않도록 해야 하며, 안전사고를 예방하기 위하여 다음 사항을 지켜야 한다.

- 내려오는 방향으로 올라가지 않는다.
- 위에 있는 사람의 발을 잡거나 흔들지 않는다.
- 내려올 때는 아래를 잘 살피며 내려온다.
- 젖어 있는 놀이 기구에서는 놀지 않는다.
- 그네는 양손으로 줄을 꼭 잡고 타며 움직이는 도중에 뛰어내리지 않는다.
- 미끄럼틀에서 배를 깔고 엎드리거나 서서 타지 않는다.
- 그네 사슬이나 줄을 꼬지 않는다.
- 다른 사람이 그네를 타고 있을 때 앞뒤로 지나가지 않는다.
- 미끄럼판으로 올라가지 말고 반드시 계단을 이용한다.
- 미끄럼틀은 앞사람이 올라간 다음 올라가고 한 사람씩 앉아서 내려온다.
- 내려온 뒤에는 다른 사람과 부딪치지 않도록 빨리 비켜준다.

(8) 억류 및 납치

억류 및 납치로 행동이 억제되었을 때는 당황하지 말고 다음과 같이 행동하여야 한다.

- 인질로 억류되었거나 납치 감금을 당하면 대항하지 말고 하라는 대로 하고 급작스러운 행동은 피해야 한다.
- 100% 탈출에 성공할 자신이 없으면 탈출을 시도하지 않는 것이 좋다.
- 납치된 사람이 많을 때는 납치범의 눈에 잘 띄지 않도록 하고, 납치범에게 위협적인 인상을 쓰는 것은 금물이며, 눈이 마주치는 것도 피해야 한다.
- 납치범이 무엇인가를 물을 때 답은 되도록 짧고 자연스러운 자세로 하고, 화를 내서는 안 된다.
- 납치범이 지시할 때는 공손하게 순응하고, 그들을 자극할 수 있는 행동을 삼가며, 육성녹음을 요구할 때는 응하도록 한다.
- 구출작전이 전개될 때는 즉시 엎드려야 한다.
- 주변의 소리, 냄새, 피랍로 경사와 거리, 범인 음성 등을 기억한다.
- 건강 유지를 위해 계속 운동하고, 주는 것은 모두 먹으며, 몸이 아플 때는 약을 요구하도록 한다.
- 납치범과 대화를 할 수 있다면 대화를 하는 것이 좋으며, 우호적 관계를 유지하도록 노력해야 한다.
- 석방 시기가 임박해도 자제력을 잃지 않도록 하고 갑작스럽게 태도 변화를 보여서도 안 된다.
- 자제력을 잃지 말고 절망감을 느껴서는 안 되며, 탈출로 등 자신이 유리하게 활용할 수 있는 여건을 파악해야 한다.

(9) 산불

요즈음은 대형 산불로 인하여 산림이 훼손되는 것은 물론 불이 주택가를 침범하여 재산상의 피해와 인명 피해를 야기하고 있다. 산불 발생 시 다음 사항을 주의하면 피해를 최소화할 수 있다.

- 산불을 발견하면 즉시 119에 신고한다.
- 작은 산불인 경우는 외투나 나뭇가지 등을 이용해 두드리거나 덮어서 불을 끈다.
- 불길을 등지고 바람이 불어오는 방향으로 빨리 대피한다.
- 대피할 여유가 없을 때는 낙엽이나 나뭇가지 등 연소물질이 없는 곳에서 얼굴 등을 가리고 불길이 지나갈 때까지 엎드려 있는다.
- 산행 전에 산림청 홈페이지를 통해 통제되지 않은 출입 가능한 등산로인지를 확인한다.
- 산에는 성냥, 라이터 등 화기물을 가져가지 않고 담배를 피우지 않는다.
- 산에서 취사, 야영을 하지 않는다.

(10) 항공기 사고 (비상상황 발생 시)예방

여행이 보편화됨에 따라 항공기 이용이 많아지고 이에 다라 사고도 증가하고 있다. 특히 항공기 사고는 발생하면 무엇보다 중요한 생명을 빼앗기는 경우가 많다. 이때를 대비하여 다음 행동 요령을 인지하면 도움을 받을 수 있다

- 승무원의 안내를 귀담아 듣고 위급상황 발생 때 승무원의 안내에 따라야 한다.
- 어린이나 노약자(환자)를 위한 별도의 비상장비가 있는지 승무원에게 확인한다.
- 비행 중 비상용 산소마스크가 내려올 때는 보호자가 먼저 마스크를 착용하고 어린이나 노약자를 도와준다.
- 비상탈출용 슬라이드 이용 시에는 굽이 높은 구두나 모서리가 날카로운 장신구와 소지품을 기내에 남겨두고 탈출해야 한다.
- 좌석 등받이를 앞으로 세우고 안전벨트를 착용한 흐 부상을 최소화할 수 있는 자세를 취한다.

5. 공유시대 GOGO-토론

[토론 1]

2020년 4월 29일 발생한 이천 물류창고 화재 참사는 2008년 1월 40명의 생명을 앗아간 이천 냉동창고 화재 참사의 판박이로 건물 안에 가득 차있던 유증기로 인해 작은 불씨에 큰 폭발을 일으켜 가연성이 높은 우레탄에 불길이 옮겨 붙었고 유독가스가 발생하여 일용직 근로자 38명의 아까운 생명을 잃었다. 안전사고가 발생하면 재발 방지책이 나오지만 안전사고는 그치지 않고 있다. 왜 같은 사고가 반복되는지를 생각해 보고 대책을 마련해 보자.

[토론 2]

최근 5년 동안 발생한 안전사고 중 한 사례를 대상으로 하여 문제점은 무엇이며 근본적인 대책은 무엇이 있는지 실천방안을 제시해 보자.

제2장
가짜뉴스 진짜뉴스, 잘 보아야 득이 된다!! 미디어 안전

최근 전 세계는 IT 지능정보화의 급속한 진전으로 사회 구조와 경제 시스템이 변화하는 패러다임의 전환기에 서있다. 4차 산업혁명 시대를 대표하는 AI(인공지능), IoT(사물인터넷), 빅데이터, SNS를 비롯하여 클라우드 컴퓨팅, 모바일 등은 친숙한 용어가 되었다. 또한 의료, 가정, 자동차, 도시, 공장 등 다양한 분야에 융합돼 우리 사회의 생산성·효율성을 획기적으로 높이는 역할을 하고 있다. 현대사회의 다양한 분야와 융합된 새로운 서비스는 인간 삶의 질을 높이고 가치 창출과 지식으로 새로운 기회를 제공할 것이라는 긍정적인 면도 있지만, 노동 대체, 자원의 양극화, 프라이버시 침해 등과 같은 부정적인 면도 있다.

우리 사회가 4차 산업혁명 시대에 안정적으로 정착하기 위해서는 기술이 아니라 인간이 개발의 주인공이 되어야 한다. 사람들이 서로 경계하며, 경쟁하는 '제로섬'보다는 협력하여 서로 좋은 영향을 받는 '플러스섬'과 같은 게임이 필요하고, 과한 경쟁을 완화할 뿐만 아니라 타인과의 협력을 통한 일의 진행, 여러 사람과 함께 유익함을 얻을 수 있는 대안이 필요하다. 이는 대인관계와 의사소통 능력의 성장을 통해 4차 산업혁명에서 인재가 될 수 있기 때문이다. 이와 더불어 우리 사회가 빠른 속도로 발전하고 있는 영역에서 미디어 수용자의 올바른 태도가 무엇인지 아는 것이 무엇보다도 중요하다. 따라서 우리는 시대 변화에 맞는 적절한 역량 중 미디어 안전 역량을 갖추어야 한다.

이에 본 장에서는 미디어의 특성과 발달과정, 가짜뉴스 구별법을 이해하고, 4차 산업혁명 시대에 적응하는 '미디어 안전'에 대해 살펴보고자 한다.

1. 미디어에 길을 묻다

요즘 사람들은 다양한 SNS로 자기의 행복을 과시하는데, 과시의 내용을 서로 다르게 표현한다. 페이스북에서는 '내가 이렇게 잘 살고 있다'를 강조하고 있고, 블로그(Blog)에서는 '전문성'에 관해 어필하고 있으며, 인스타그램에서는 '내가 이렇게 잘 먹고 있음'을 나타내고 있다. 싸이월드(cyworld)에서는 '내가 이렇게 감수성이 많다'를 표현하고 있고, 카카오스토리에서는 '내 아이가 이렇게 잘 크고 있다'라는 이야기가 넘쳐나고 있으며, 트위터(Twitter)에서는 '내가 이렇게 이상하다'라는 것을 타인에게 알리면서 자신을 과시하는 용도로 사용되고 있다(단비교육, 2016).

과거에는 학교 교실에서만 수업이 이루어졌다면 최근에는 미디어를 통해 효율적인 학습 방법과 토론 방법, 창의적이고 비판적으로 생각할 수 있는 능력을 배우게 된다. 선진국의 미디어 환경은 급속하게 변화하고 있다. 따라서 최근 디지털 미디어와 콘텐츠 환경에서 기존 미디어 패러다임의 변화 방향에 관한 이해가 필요하다. 미디어 콘텐츠 산업의 변화와 디지털 미디어를 다루는 산업, 문화적 환경, 법과 제도 등의 이해가 요구된다(kocw.net, 정보사회와 뉴미디어). 이러한 필요성과 요구에 부응할 수 있는 미디어리터러시 교육은 자신의 주관성이 형성되는 과정인 청소년 시기에 이루어질 필요가 있다. 우리나라도 미국처럼 공교육에서 미디어리터러시 교육을 다룬다면 미디어를 객관적으로 바라볼 수 있는 시민들이 많아질 것이다.

미디어의 어원은 '영향을 미치다(mediate)'에서 유래되었는데, '미디어=매체'라고 할 수 있으며, 어떤 작용을 어느 한 방향에서 다른 한 방향으로 전달하는 정보를 전송하는 역할을 의미한다. 우리말로 번역하면 매개체이며, 줄여서 매체라고 한다. 광고하는 정기적인 신문, 잡지, 자동차 카드, 우편, 카탈로그, 포스터, 벽보, 간판, 운송 간판, 영화 안내서, 라디오, 텔레비전, 스피커를 통한 연설, 비디오, 정기 간행물 등의 방송 매체 또는 고객들과의 거래(의사소통)가 그 사례이다.

오프라인 소통이 부재하고 지나치게 온라인에 의존하는 상황에서 학생들은 대인관계 능력과 의사소통 능력을 강화하기가 어렵다. 온라인보다는 오프라인으로 직접 사람들끼리 만나서 주기적으로 소통과 토론하며 서로 경청의 자세와 생각의 폭을 넓히는 활동을 한다면, 역량을 강화하기에 좋은 방법이다. 4차 산업혁명 시대는 생동감이 있고, 다양한 분야로 사업 확대가 편하며, 시장성이 높아 차세대 전략산업으로 주목받고 있다.

이처럼 우리는 미디어라는 '양날의 검'으로 필요한 정보를 손쉽게 얻을 수 있고 사회 구성원 간 활발한 소통이 가능해졌으며 새로운 직업군을 창출하기도 한다(경기일보, 2020. 6. 11) 하지만 개인정보의 노출과 해킹, 개인 사생활 침해, 잘못된 정보, 즉 가짜뉴스나 찌라시 등의 확산, 인터넷 중독은 미디어 발달로 인해 나타난 현대사회에서 해결해야 할 문제들이다. 많은 사람들이 인터넷에서 정보를 찾지만 무조건 옳은 정보만 있는 것은 아니다. 또한 미디어 산업 발달로 붐을 일으킨 인터넷 스트리머는 나이 제한이 없고, 간단하게 촬영을 할 수 있어 흥미를 유발하지만 조회수를 올리기 위해서 자극적인 콘텐츠를 사용하는 데에서 문제가 되고 있다.

이제 미디어는 우리 생활에 빼놓을 수 없는 도구가 되었다. 미디어를 안전하게 사용하기 위해서 어떻게 해야 할까?

2. 요즘은 뉴미디어가 대세! 너는 알아?

1) 미디어(Media)의 특성

미래학자 앨빈 토플러가 말한 것처럼 21세기 지식정보사회는 지식과 정보가 사회를 지배하는 원리와 힘이 되는 사회다(황현주, 2019). 이전까지 사회가 시스템과 산업구조에서 물질적 생산력과 군사력, 경제력이 핵심적 능력이었다면 미래 지능정보사회는 지식과 정보가 지배하는 사회가 된다는 의미이다(한국언론진흥재단, 2020).

미디어란 정보를 전송하는 매체로서, 우편, 전보, 가입전신(telex), 신문, 잡지 등을 말한다. 현대 정보화 사회는 여러 가지 뉴미디어가 출현하고 있으며 데이터통신, 텔레비전 전화, 전자우편, 캡틴 시스템, 케이블 텔레비전 등이 있다. 뉴미디어라고 불리는 미디어는 모두 정보의 전송이 전기통신을 이용하므로 망의 디지털화와 관련하여 양자의 정합(整合)이 중요하다(한국언론진흥재단, 2020).

미디어는 인간 사회에서 의사소통, 감정 또는 객관적 정보를 서로 주고받을 수 있도록 마련된 수단을 가리키는 말이다. 그러나 뉴미디어의 등장과 매스미디어의 보급으로 인해 현대사회에서의 미디어는 단순한 수단이 아니라 인간이 사는 사회 전체를 통괄하고 제어하는 기능도 담당하고 있다(네이버 지식백과).

마샬 맥루한은 이러한 미디어의 특성을 '미디어는 메시지다'라는 문장을 통해 확인시켜 준다. 맥루한은 모든 미디어가 우리 자신의 확장이며, 이 미디어의 개인적 및 사회적 영향은 새로운 테크놀로지 하나하나가 우리에게 도입되는 새로운 척도(尺度)로서 측정되어야 한다고 말한다. 즉, 현대사회에 있어 미디어는 인간의 상호 관계와 행동의 척도를 만들어 내고 제어하는 것으로서, 인간에게 심리적, 사회적 영향을 미치는 것으로서 존재한다(네이버 지식백과).

2) 미디어 발달과정

미디어에 관한 연구는 1950년대 이후 미국과 영국을 중심으로 발전되었다. 특히 TV와 영화 분야에서 학술적인 연구 성과는 영국에서 보다 더 두드러지게 나타난다. 미디어 연구는 미디어의 영향력 자체에 관한 관심에서 출발하여 점차 미디어 콘텐츠의 특성으로 옮겨지고, 각 특성의 요소들과 원인에 대한 조직적 배경에 관한 연구로까지 진행되고 있다. 출발할 때는 주로 뉴스를 중심으로 한 언론 분야에의 관심이 높았던 미디어 연구는 이후 드라마, 음악, 오락 등 언론 외적인 콘텐츠 생산까지 확대되었다(www.naver.com). 그러나 문학 연구자들은 뉴미디어의 보급이 문학의 위기를 초래하였다고 진단한다. 과거 문학이 담당했던 정보와 오락 기능을 뉴 미디어가 대신함으로써 '현대인들의 문학에 대한 외면이 시작되었다'고 보는 것이다. 또한 미디어의 보급과 그에 관한 연구의 진행은 문학 연구가 가진 견고한 정전(Canon)의 개념을 무너뜨리면서 문학 연구의 새로운 방향을 마련하였다.

최근 콘텐츠의 플랫폼으로 불리는 넷플릭스(Netflix)가 세계 미디어 시장을 뜨겁게 달구고 있다. 넷플릭스는 190여 개국에서 2억 9,000만 개의 유료 멤버십을 보유한 세계적인 엔터테인먼트 스트리밍 서비스이다. 인터넷에 연결되어 있으면 언제 어디서나 TV시리즈, 다큐멘터리, 장·단편영화 등 다양한 장르의 콘텐츠를 여러 언어로 즐길 수 있다. 특히 최근 넷플릭스(Netflix)의 '오징어게임'이 세계 시장을 강타하고 있다(blog.naver.com).

3) 실감미디어

실감미디어(realistic media)란 사용자 만족을 위해 몰입감과 현장감을 극대화할 수 있도록 현장의 모든 감각의 정보를 전달하는 매체를 의미하며 실감미디어 기술은 고품질의 시각, 청각 정보는 물론 촉감 등 다감각 정보의 생성, 처리 저장, 변환, 전송, 재편 등에 관한 기술로 정의할 수 있다(서웅찬·김기일·정준석, 2013).

무선 네트워크 기술의 발전과 스마트폰 시장의 급격한 성장에 따라 다양한 실감미디어 서비스들이 출현, 서비스되고 있어 실감미디어 산업은 국내뿐만 아니라 전 세계적으로 급격하게 성장하고 있다(서웅찬 외, 2013).

최근 미디어 서비스에 대한 사용자의 요구사항 변화는 단순 시청의 단계를 넘어 미디어 서비스의 부가 정보를 얻고자 하며 직접 미디어 서비스에 참여하기를 원한다. 특히 실감미디어 분야에서 2D 미디어에서도 3D 입체 미디어화가 급속도로 진행되고 있으며 3D 입체 미디어를 기반으로 실감 체험을 가능하게 하는 4D 미디어를 선호한다. 대표적인 사례가 2009년에 상영된 영화 '아바타'이다. 대한민국을 비롯하여 전 세계 흥행 2위를 기록하였다. 또한 3D 미디어 산업의 활성화에도 크게 기여했다는 평가를 받고 있다. '아바타 4D 영화'의 흥행이라고 볼 수 있다. 앞으로도 4D 미디어를 소화해 낸 사용자는 오감과 감성에 기반한 미디어를 지속적으로 요구할 것이며, 이러한 요구에 맞추어 실감미디어 산업의 빠른 변화가 진행되고 있다(서웅찬 외, 2013).

(1) 해외동향-실감미디어 사례

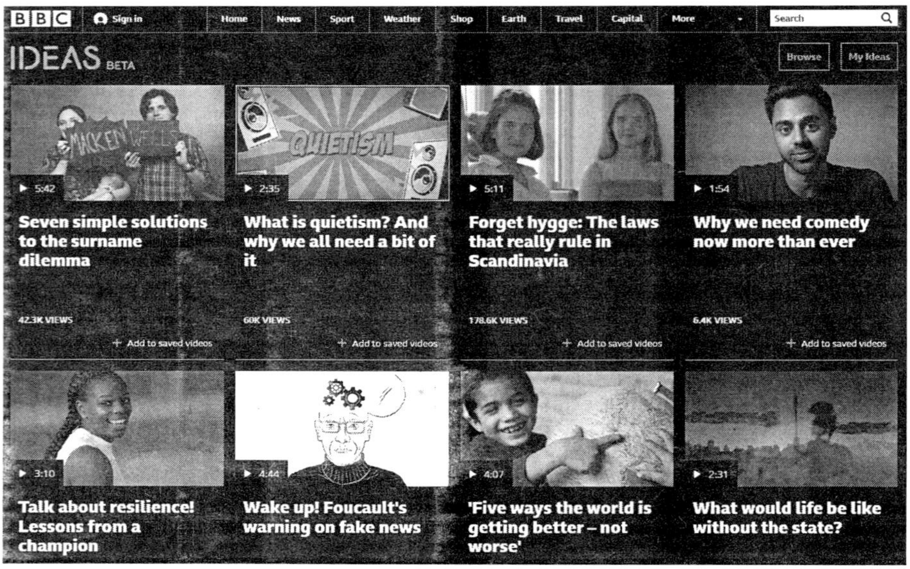

|그림 2-1| BBC 플랫폼(BBC의 인-하우스 동영상 플랫폼 Ideas)

BBC의 인-하우스 동영상 플랫폼 Ideas는 지난 6개월 동안 철학, 사회, 심리, 과학, 건강 등 다양한 주제로 250여 개의 영상을 제작하였다. 콘텐츠로는 소셜 채널 배포를 통한 높은 조회수와 트래픽 유입 전략, 이메일 뉴스레터 활용, 검색 최적화(SEO) 작업, BBC 플랫폼 활용 등이다(네이버 지식백과).

이런 상황에 언론사들이 재조명하고 있는 것은 '검색엔진 최적화'이다. 자사 뉴스를 구글 등 검색엔진에서 상위에 노출해 트래픽 유입을 높인다는 전략이다. 미국의 텍사스 트리뷴지는 검색엔진 최적화를 통해 60%의 트래픽을 발생시켰다(네이버 지식백과).

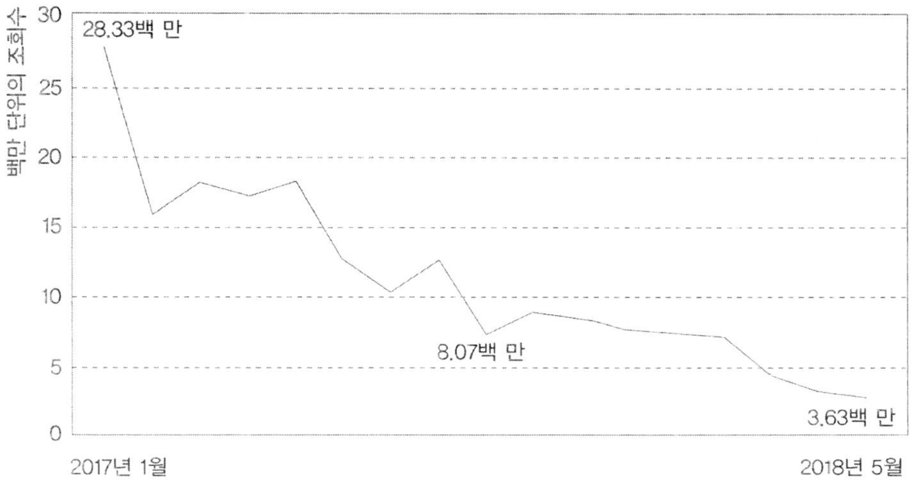

|그림 2-2| Facebook Referrals to Slate

출처 : 네이버 지식백과(terms.naver.com).

3. 가짜뉴스, 네가 왜 거기서 나와?

1) 가짜뉴스와 거짓정보의 차이

가짜뉴스는 지능정보사회의 조건이 되는 민주주의 사회의 기본적 전제를 훼손하고 뒤흔드는 결과를 가져온다는 점에서 피해가 크다. 거짓정보가 걸러지지 않고 소셜미디어상에서 유통되고 증폭되면서 현실적 영향력으로 이어지는 정보 생태계는 결국 사회 내에서 건전한 여론 생성과 의견 교환을 가로막고 사회의 갈등을 확대하는 결과로 이어진다. 가짜뉴스란 뉴스의 형태를 띠고 있지만, 실제 사실이 아닌 거짓된 뉴스로 어떠한 의도를 가지고 조작되거나 거짓정보를 유포한다는 특징이 있다(황현주, 2019).

특히 가짜뉴스는 정치적인 목적으로 사실이 아닌 내용을 퍼뜨리기 위해 뉴스가 아닌데도 뉴스의 형식을 하여 퍼뜨리는 거짓정보를 의미한다, 과거에는 '찌라

시'라는 속설로 사용되었고 현재는 통상적으로 '가짜뉴스' 또는 '사기성 뉴스', '허위날조 뉴스'로 불린다. 가짜뉴스의 현실적 영향력이 커진 현상을 설명하는 배경에는 디지털 활용능력의 격차가 있다(한국언론진흥재단, 2020).

즉, 인터넷과 소셜미디어 환경에서 정보 생산과 유통방식을 이해하고 자신의 경제적, 정치적 목적달성을 위해 악용하려는 세력의 격차다. 최근 가짜뉴스가 기존 사기성 거짓 정보와 다른 점은 사회의 주요 세력이 오히려 가짜뉴스를 활용하거나 부추긴다는 점이다. 가짜뉴스가 문제되는 상황은 현실적으로 영향력이 지대한 선거와 재판 등 가장 공적이고 중요한 사안을 겨냥해 가짜뉴스가 만들어지고 유통되는데, 그 업무와 관련된 사람들이 가짜뉴스에 빠져들거나 활용한다는 점이다(황현주, 2019).

한 예로 대통령 선거운동 과정에서 가짜뉴스의 유통과 확산은 광범위해졌다. 힐러리 클린턴과 도널드 트럼프가 맞붙었던 2016년 미국의 대통령 선거를 기점으로 크게 확산되었다는 시각이 지배적이다.

가짜뉴스는 뉴스형태 또는 인터넷 소셜미디어를 통해 전파되는 허위사실로 구성된 황색언론(yellow journalism) 또는 실제뉴스의 형식을 갖춘 정교하게 공표된 일종의 사기물, 선전물, 허위정보로 형식과 내용을 모두 기만하는 가짜정보 등을 말한다. 가짜뉴스는 탈진실 시대 도래에 결정적인 역할을 했다(네이버 지식백과).

거짓정보란 어떠한 의도를 가지고 사실인 것처럼 속이거나, 포장하거나 아예 없었던 일을 언론사 기사처럼 만들어 유포하는 것으로 '페이크 뉴스(Fake News)'라고도 한다(네이버 지식백과).

2010년대 이후로 인터넷이 발달하고 사회관계망 서비스가 급속히 확산되면서 언론사가 아닌 개인들이 사실이 아닌 내용을 진짜 뉴스처럼 퍼뜨리는 사태가 많이 일어나면서, 가짜뉴스가 사회 문제로 대두되고 있다. 특히 거짓정보 범위의 확산으로 여론을 호도하거나 선거에 영향을 미친다는 논란이 제기되면서 전 세계에서 거짓정보와 가짜뉴스를 타파하려는 움직임이 거세지고 있다(미래 2030 시리즈, 2019; 황현주, 2019).

우리나라에서는 거짓정보의 가짜뉴스가 온라인 커뮤니티를 중심으로 생성돼 소셜네트워크서비스(SNS)나 포털사이트 등을 통해 광범위하게 확산되는 경향을 보였다(네이버 지식백과; pmg 지식엔진연구소).

|그림 2-3| 거짓정보의 가짜뉴스

출처 : 네이버 지식백과. 코로나 19 가짜뉴스, 인포데믹.

다음은 전 세계를 혼란에 빠트린 코로나 19 가짜뉴스 인포데믹 사례이다. 인포데믹은 정보와 전염병의 합성어로 미디어나 인터넷 등을 통해 허위, 잘못된 정보가 전염병과 같이 급속하게 퍼져나가는 현상을 뜻한다(네이버 지식백과). 인포데믹은 단순한 소문을 넘어 미디어와 인터넷 등 공식매체에서부터 전화, 메시지, 메일 등 비공식 매체를 통해 전방위로 확산되며 전파속도가 매으 빠르다는 특징을 가지고 있다.

가짜뉴스의 사례를 제시하면 다음과 같다.

|그림 2-4| 저널리즘과 거짓정보

출처 : 네이버 지식백과. 코로나 19 가짜뉴스, 인포데믹.

가짜뉴스는 기사 형식으로 유포하는 거짓정보를 의미한다. 하지만 소셜미디어가 대중화되면서 소문 형태로 퍼지는 경우가 많아 학계에서도 명확한 정의를 정립하지 못했다. 인공지능 기술로 만든 '딥페이크 영상(가짜영상)'과 합성사진도 가짜뉴스의 일부다. 독일 나치가 1930년대 언론을 탄압하기 위해 사용한 거짓말쟁이 언론 '뤼겐프레세'라는 표현이 가짜뉴스의 시초가 됐다는 의견이 있다(김신영, 2020).

2) 가짜뉴스 구별법

최근 가짜뉴스가 과거의 경우와 구별되는 상황에는 두 가지 배경이 있다.

첫째, 가짜뉴스와 거짓 정보를 제도와 권력을 통해 차단하거나 금지하는 것이 매우 어렵다는 점이다. 역사상 사회를 불안하게 만드는 유언비어나 루머가 통용

될 시에는 정치권이나 국가 권력이 적극적으로 나서 이를 해결하거나 처벌하려는 시도가 있어 온 게 일반적이다. 그러나 최근의 가짜뉴스 현상은 미국에서 보듯 별다른 제재와 대응책 없이 광범위하게 확산되었고 현실적 영향력으로 이어졌다.

둘째, 여론을 주도하는 기성 언론의 역할 감소와 새로운 매체의 영향력 증대이다. 인터넷과 소셜미디어의 발달은 매스미디어가 뉴스와 정보 유통을 담당해 온 구조를 근본적으로 변화시켰다. 이제 언론사와 매스미디어로 사회적 인정을 받지 않은 개인도 누구나 손쉽게 미디어 발행인이 될 수 있는 부정적 측면을 가지고 있다. 가짜뉴스를 구별하는 방법을 일상생활에 적용해 올바른 정보만을 얻고 그로 인해 더욱 비판적으로 사고할 수 있는 능력을 키워야 한다.

네이버 지식백과에서 제시한 가짜뉴스 구별방법은 다음과 같다(terms.naver.com).

- 어떤 한 포털사이트에 올라오는 헤드라인이나 기사만 보고 그대로 믿지 않으며 주변에 함부로 이야기하지 않는다.
- 객관적 사실을 알고 싶은 사건이 있다면 여러 포털사이트에서 검색하여 반복되는 내용이나 출처가 명확한 내용만을 신뢰해야 한다.
- 믿을 만한 포털사이트를 찾아 그곳에서 정보를 입수하는 것도 좋은 방법이다.
- 출처가 확실하지 않은 정보는 무조건 수용하지 않아야 한다.
- 미디어가 제공한 정보를 보고 자신의 주관을 이용하여 상업적인 목적으로만 쓰였는지 구분해야 한다.
- 더욱더 많은 뉴스를 접해보며 가짜뉴스와 진짜뉴스를 구별하는 안목을 길러야 한다.
- 뉴스를 볼 때는 뉴스의 출처를 정확하게 파악하고, 뉴스의 작성자가 누구이고, 믿을 수 있으며, 신뢰할 수 있는지 검증한다.
- 뉴스에서 정보를 받아들일 때는 비판적인 시각을 가지고 사실과 거짓을 구분해야 한다.
- 어떠한 정보를 뉴스에서 습득할 때에는 정확한 출처가 있는 사실성 있는 정보를 습득하여야 한다.

- 자극적인 제목과 내용을 무조건 수용하는 것이 아니라 자신의 주관을 바탕으로 정보를 변별해서 수용해야 한다. 출처가 확실하지 않은 정보는 무조건 수용하지 않아야 한다.
- 한 가지의 뉴스를 볼 때도 같은 내용의 다른 기사도 찾아보며 비교해 본다.

페이스북과 영국의 비영리 팩트 체크 재단인 '풀팩트'(Full Fact)가 함께 개발한 '가짜뉴스 판별법 10가지'를 제시하면 다음과 같다(가짜뉴스 www.google.com; www.naver.com).

<가짜뉴스 판별법>

1. **제목 비판적으로 읽기**
제목이 선정적이고 극단적일수록 가짜뉴스이거나 부실한 뉴스일 확률이 높다.

2. **인터넷주소 점검하기**
가짜뉴스는 유명 언론사 사이트의 디자인을 베낀 경우가 많다. 인터넷주소(URL)를 자세히 보면 진짜 언론사의 웹주소인지 확인할 수 있다.

3. **뉴스의 출처 따져보기**
육하원칙에 비추어 신뢰할 만한 인물이 구체적 시간·장소에서 발언하거나 행동한 것인지를 확인하고, 해당 내용을 퍼뜨리는 사람이 누구인지 확인할 필요가 있다.

4. **문법적 오류 확인하기**
가짜뉴스에는 적절하지 않은 단어나 표현이 자주 등장한다. 문장의 주어·술어 호응이 어색하거나 오탈자 등의 맞춤법 오류가 있다면 의심부터 해야 한다.

5. **사진 면밀하게 살펴보기**
요즘은 사진·동영상 조작이 매우 쉽게 이루어진다. 사진이 있다고 무조건 믿는 대신 그 사진의 진위를 따져보는 것이 중요하다.

6. **날짜 확인하기**
가짜뉴스에는 날짜와 사건의 구체적인 발생 시간이 아예 없거나 조작한 경우가 많다.

7. **주장의 근거 따져보기**
통계가 표나 그래프로 제시되어도 무조건 신뢰하면 안 되고 무엇인가 의심스럽다는 생각이 들면 즉시 인터넷 검색으로 확인해 보는 습관이 필요하다.

8. **관련 보도 찾아보기**
들어 보지 못한 언론사나 사이트 한 곳에서만 주장하는 내용이라면 일단 의심해 볼 필요가 있으며 여러 언론기관에 비슷한 기사를 검색해서 검증해 본다.

9. **풍자·해학과 구분하기**
유머와 패러디를 가미한 기사는 풍자·해학일 수 있기 때문에 구분할 필요가 있다.

10. 의도적 가짜뉴스 의심하기
'역시 이럴 줄 알았어'라는 느낌이 드는 뉴스일수록 검색을 통해 검증해 보는 습관이 필요하다. 사람들은 기대하는 정보를 접할 때 만족감을 느끼게 마련인데, 가짜뉴스 제작자들도 이러한 인지적·심리적 성향을 주로 이용하는 사례가 많다.

3) 가짜뉴스와 미디어리터러시

21세기는 지식 정보산업사회로 인해 언론의 영향력이 크다. 따라서 가짜뉴스와 진짜뉴스를 스스로 구별할 수 있는 역량을 가지고 있어야 한다. 하지만 우리나라 정규 교육에서는 미디어리터러시를 배울 기회가 많지 않아 미디어리터러시의 이론뿐만 아니라 실제 활동을 통해서 직접 체험하는 것이 무엇보다 중요함에도 불구하고 미비한 실정이다. 4차 산업혁명에 적절히 대응할 수 있는 창의적인 인재가 되기 위해서는 미디어리터러시 교육을 통해 우리가 앞으로 맞이할 미래에 대응할 역량을 갖추어야 한다.

미디어리터러시에 대해 우리가 흔히 사용하고 있는 SNS에 정보를 올릴 때 책임감을 가지고, 개인이 올리려고 하는 정보가 올바른 사실(fact)인지, 누군가에게 피해를 주는 것은 아닌지 등을 고려하며 신중하게 올려야 한다. 자신의 의견과 다른 사람의 의견이 다른 경우가 많기 때문에 다양한 사고를 바탕으로 접근할 필요성이 있다. 이를 통해 다른 사람의 의견에 반박하는 것과 수용하는 능력을 갖추어야 한다.

가짜뉴스에 관한 내용이 주변 사람들의 SNS(단체 카카오톡, 페이스북, 블로그 등)를 통해 급속도로 번져나가고 있고 수많은 가짜뉴스가 진짜인 것처럼 회자되고 있다. 그러한 가짜뉴스를 구별하지 못하고 지인들에게 전파하는 것은 매우 위험하다. 그동안 우리는 자각 없이 무분별하게 정보를 받아들이고 이용해 온 것이 대부분이다. 따라서 미디어리터러시 교육을 바탕으로 분별 있게 정보를 받아들이는 자세가 필요하다.

4. 생활 속 실천사례

1) 가짜뉴스와 진짜뉴스 & 미디어리터러시

미디어는 검증되지 않거나 자극적인 내용으로 상업적인 측면만 추구하는 부분이 있어 대중들에게 잘못된 인식이나 정보를 주는 경우가 있다. 인터넷 미디어가 발달한 시대에서는 가짜뉴스와 진짜뉴스를 구분하기가 힘들어 가짜뉴스가 더욱 더 판을 친다. 가짜뉴스는 사실무근한 정보를 사회에 퍼뜨리며 사회에 불신을 심으면서 신뢰를 깨뜨린다. 최근에도 코로나 19 가짜뉴스로 많은 사람이 피해를 보았다. 가짜뉴스는 같은 생각을 하는 사람들끼리 정보 교류를 통해 더욱 극단적인 견해를 갖게 하는 집단 동일성을 강화하는 것에 사용된다. 특히 요즘 엄청난 정보의 양으로 진짜와 가짜 뉴스의 구분점이 흐려지고 있는 현실이다.

가짜뉴스의 사례를 살펴보면 다음과 같다.

혼자 운전 중에 심장마비 증상이 오면, 심호흡과 기침을 끊임없이 반복하라.

지난 10월 말, 한 유명배우가 교통사고로 사망할 당시 핸들을 가슴에 기댄 채 괴로운 표정을 짓고 있었다는 미확인 정보가 널리 알려진 후 사회관계망서비스(SNS)를 타고 급속도로 퍼진 '심장마비 시 대처법'이다. 7쪽짜리 카드뉴스로 제작된 파일의 출처는 국내 대형종합병원. 믿음이 갔다. '최대한 많은 친구나 동료들에게 이 자료를 보내주시기 바랍니다'라는 파일 마지막 당부의 말을 뿌리칠 이유가 없었다. 바로 다음 날, 출처로 알려진 대형종합병원이 "의학적 근거가 없을뿐더러 파일을 만들어 배포한 적이 없다"라고 밝힌 뉴스를 접하고 나서야 허술한 내용이 보였다.

출처 : 고양신문(2017. 12. 11). 미디어 비판적 읽기, 이젠 교육으로.

이런 일로 인하여 최근 미디어리터러시(literacy) 교육의 필요성이 증대되고 있다. 미디어리터러시란 미디어를 읽고 쓰는 능력, 즉 정보매체를 활용하는 능력을 말한다. 미디어리터러시 교육을 통해 가짜뉴스에 대응할 수 있는 역량을 길러야 한다. 즉, 미디어리터러시 교육의 핵심역량(교육부, 2016) 중 가짜뉴스 대응과 관련된 역량은 정보검색과 선택, 비판적 분석과 평가 역량이라 할 수 있다.

미디어 격차를 줄이기 위한 해결책으로 다양한 정책 방향을 제시하고 미디어리터러시의 필요성을 강조하고 있다. 여러 분야에서 미디어리터러시에 대한 언급이 늘어나고 미디어리터러시를 21세기 핵심역량으로 제시하며 교육의 활성화 필요성을 강조하고 있다.

2) 가짜뉴스 대응법

효과적인 가짜뉴스 대응법은 가짜뉴스의 생산과 유통, 메커니즘을 사회 전체가 제대로 이해하는 것뿐만 아니라 더 나아가 가짜뉴스 현상을 만들어 내는 정보기술 사회의 구조 일반과 디지털 정보의 속성에 대한 근원적인 차원의 접근과 이해가 요구된다. 디지털 시대에서 새로운 시민교육으로 미디어리터러시 교육이 진행되어야 하는 이유이다(한국언론진흥재단, 2020).

가짜뉴스에 대한 대책은 소셜미디어라는 서비스 플랫폼 차원의 기술적 조치와 함께 디지털 리터러시(정보 활용 능력) 차원에서 접근되어야 한다. 가짜뉴스의 피해를 법이나 규제로 차단하는 것은 한계가 있다. 왜냐하면 디지털 기술 환경에서 발생하는 현상이고 이용자의 자발적 선택에 의해 이루어지는 행위이기 때문이다.

가짜뉴스에 대응하기 위해서는 정보를 있는 그대로 받아들이는 것이 아니라 추가적인 정보를 적극적으로 찾아보는 자세를 가져야 한다. 뉴스가 가짜뉴스인지 진짜뉴스인지 구별할 수 있어야 하며, 정확하다고 할 수 없는 내용의 뉴스를 인터넷에 공유하거나 다른 사람에게 말하지 않아야 한다. 미디어의 상업성을 알고 자신의 주관을 바탕으로 의도를 변별하는 합리적인 관점이 필요하다. 인터넷에 정보가 올라와도 필요한 것과 확실한 정보 습득 능력이 필요하며 지인들에게 바로 공유하지 말고 충분한 검증과 분석으로 합리적 판단의 절차가 필요하다(한국언론진흥재단, 2020).

21세기는 정보산업 사회인만큼 언론의 영향력이 크다. 따라서 가짜뉴스와 진짜뉴스를 스스로 구별할 수 있는 역량이 있어야 한다. 하지만 우리나라는 정규교육에서는 미디어리터러시를 배울 기회가 많지 않아 직접 체화시켜 보는 교육이 필요하다. 미디어리터러시 교육을 통해 앞으로 미래에는 어떤 능력을 가진 인재가 필요한지 알 수 있고 그에 맞춰 계획을 설정해 실천해 나갈 수 있다. 미디어를 접하는 방법 및 자세, 다각적으로 문제에 다가가는 방법, 문제를 한층 더 크게 보는 방법, 문제를 다각적으로 보는 방법, 검색엔진 활용법이 그 예이다(한국언론진흥재단, 2020).

미디어리터러시 교육 활성화 방안에 대해 살펴보면 다음과 같다.

- 미디어의 편향성과 상업성을 이해하고 자신의 주관을 바탕으로 정보의 사실 여부와 의도, 편향성 등을 변별하는 합리적인 관점이 필요함
- 미디어의 정보와 문화에 대해 '비판적 분석과 평가'를 바탕으로 수용하는 능력과 태도가 필요함
- 자신의 목적에 적합하게 효율적으로 미디어에 접근하여 필요한 '정보검색과 선택', '비판적 분석과 평가'를 할 수 있는 능력은 지식 정보 처리를 위해 중요한 역량이다. 정보평가와 관리능력의 요소는 다음과 같다(네이버 지식백과). ① 비판적 분석 · 검증능력 ② 선별, 여과, 축출, 정제, 체계화능력 ③ 멀티 태스킹 능력 ④ 실시간 정보 처리 능력이다.

3) 비판적 사고, 올바른 활용

미디어리터러시란 미디어 콘텐츠를 비판적으로 받아들이고 올바르게 활용하는 능력을 말한다. 정보 과잉시대에 신뢰할 수 있는 정보(뉴스)를 선별해 내는 데 그치지 않고 창조적이고 책임감 있게 콘텐츠 생산 · 유통에도 참여할 수 있도록 하는 데 교육 목표를 둔다. 핀란드, 영국, 미국, 호주 등 해외 주요 국가들은 이미 오래전부터 청소년 미디어리터러시 교육에 힘쓰고 있다(네이버 지식백과).

미디어 시대에서 사람들 사이에 분란을 조장하기 쉬운 가짜뉴스를 구별하기 위해선 비판적인 사고를 지니고, 출처를 명확하게 확인하는 습관을 길러야 한다.

정보화 사회라고 부르는 오늘날, 우리는 다양한 미디어를 통해 쏟아지는 수많은 정보를 접하고 있다. 이러한 수많은 정보 중에는 거짓된 정보도 포함되어 있다. 흔히 말하는 가짜뉴스에 대응하기 위해 미디어리터러시 교육을 통해 정보의 바다에서 올바른 정보를 판별할 수 있는 능력과 정보에 대한 비판적 분석 능력을

길러 정보매체를 효율적으로 활용할 수 있게 한다.

5. 공유시대 GOGO-토론

[토론 1]

선거에서 가짜뉴스가 어떤 영향력을 끼쳤는지 사례를 들어 토론해 봅시다.

[토론 2]

다음 토론 예시자료를 보고 내가 생각하는 가짜뉴스 대응법에 대해 서로 토론해 봅시다. 가짜뉴스 대응법에는 무엇이 있나요?

- 인터넷 미디어가 발달한 시대에서는 가짜뉴스와 진짜뉴스를 구분하기가 힘들어 가짜뉴스가 더욱더 판을 친다.
- 가짜 뉴스에 대응하기 위해서는 정보를 있는 그대로 받아들이는 게 아니라 추가적인 정보를 적극적으로 찾아보는 자세를 가져야 한다.

〈참고 - 가짜뉴스 대응법 관련 토론 예시자료〉

① Ideas (생각)	② Facts (이미 알고 있는 사실)	③ Learning Issues (학습과제)	④ Action Plans (학습계획)
• 뉴스가 가짜뉴스인지 진짜뉴스인지 구별할 수 있어야 하며 정확하다고 할 수 없는 내용의 뉴스를 인터넷에 공유하거나 다른 사람에게 말하지 않는다. • 가짜뉴스에 대응하기 위해서는 정보를 있는 그대로 받아들이는 게 아니라 추가적인 정보를 적극적으로 찾아보는 자세를 가져야 한다. • 모든 정보를 스펀지처럼 흡수하지 않고 뜰채처럼 필요한 것과 확실한 정보만 습득하는 능력이 필요하다. • 미디어의 상업성을 알고 자신의 주관을 바탕으로 의도를 변별하는 합리적인 관점이 필요하다. • 인터넷에 정보가 올라와도 섣불리 판단하여 바로 신뢰하거나 공유해서는 안 된다.	• 가짜뉴스는 사실무근한 정보를 사회에 퍼뜨리며 사회에 불신을 심으면서 신뢰를 깨뜨린다. 최근에도 코로나 19 가짜뉴스로 인해 많은 사람들이 피해를 입었다. • 가짜뉴스는 같은 생각을 하는 사람들끼리 정보 교류를 통해 더욱 극단적인 견해를 갖게 하는 집단 동일성을 강화하는 데 사용된다. • 요즈음 엄청난 정보의 양으로 진짜와 가짜의 구분점이 흐려지고 있는 현실이다. • 미디어는 검증되지 않거나 자극적인 내용으로 상업적인 측면만 추구하는 부분이 있어 대중들에게 잘못된 인식이나 정보를 가져다주는 경우가 있다. • 인터넷 미디어가 발달한 시대에서는 가짜뉴스와 진짜뉴스를 구분하기가 힘들어 가짜 뉴스가 더욱 판을 친다.	• 뉴스를 볼 때에는 뉴스의 출처를 정확하게 파악하고, 뉴스의 작성자가 누구이고, 믿을 수 있는지를 알아야 한다. • 우리는 뉴스에서 정보를 받아들일 때 비판적인 시각을 가지고 사실과 거짓을 구분해야 한다. • 어떠한 정보를 뉴스에서 습득할 때에는 정확한 출처가 있는 사실성 있는 정보를 습득하여야 한다. • 자극적인 제목과 내용을 무조건 수용하는 것이 아니라 자신의 주관을 바탕으로 정보를 변별해서 수용해야 한다. 출처가 확실하지 않은 정보는 무조건 수용하지 않아야 한다. • 한 가지의 뉴스를 볼 때도 같은 내용의 다른 기사도 찾아보고 비교한다. • 더욱더 많은 뉴스를 접해보며 가짜뉴스와 진짜뉴스를 구별하는 안목을 기른다.	• 가짜뉴스를 구별하기 위해 여러 개의 언론 매체를 좀 더 찾아본다. • 현재 보고 있는 정보가 신뢰할 수 있는 다른 기관에서도 다루었던 정보인지 확인해 봐야 하고, 그 기관에 질문하거나 비교해 봐도 동일한 내용을 확인할 수 있는지 점검해야 한다. • 가짜뉴스 판단법 - 어떤 한 포털사이트에 올라오는 헤드라인이나 기사만 보고 그대로 믿지 않으며 주변에 함부로 이야기하지 않는다. - 객관적 사실을 알고 싶은 사건이 있다면 여러 포털사이트를 서치하여 반복되는 내용이나 출처가 명확한 내용만을 신뢰해야 한다. - 믿을 만한 포털사이트를 찾아 그곳에서 정보를 입수하는 것도 좋은 방법이다. • 출처가 확실하지 않은 정보는 무조건 수용하지 않아야 한다. 미디어가 제공한 정보를 보고 자신의 주관을 이용하여 상업적인 목적으로만 쓰였는지 구분해야 한다.

종합결과 솔루션

미디어 시대에서 사람들 사이에 분란을 조정하기 쉬운 가짜뉴스를 구별하기 위해서는 비판적인 사고를 가지고 출처를 명확하게 확인하는 습관을 길러야 한다.

제3장
SNS가 만능은 아니다!! 스마트폰 중독 예방

지구촌 곳곳에서는 4차 산업혁명의 새로운 물결이 일고 있다. 4차 산업혁명 시대 소통의 변화는 첫째, 웹 2.0으로서 진화하며, 둘째는 소셜네트워크 서비스(Social Network Services) 정보기술(IT)의 발전으로 사회의 여러 분야를 빠르게 변화시킨다는 점이다. 또한 정보사회의 등장은 단순한 기술문명의 진보를 비롯하여 사회 전반에 걸쳐 새로운 세계와 방식, 그리고 고유의 운동법칙을 가능하게 하는 사이버 현상을 드러내고 있다. 무엇보다도 IT와 인터넷은 인간과 정치, 경제, 사회, 문화적 차원에서의 근본적 변화를 이끌고 있다. 특히, 인터넷은 기술-진화에 따른 사회적인 수렴 조건에 따라 재구성되면서 다양한 소통방식으로 정보를 공유하고 있다.

드림 소사이어티(Dream Society : 꿈을 현실화하는 사회)라고 부르는 오늘날, 우리는 다양한 미디어를 통해 쏟아지는 많은 정보를 접하고 있다. 유용한 정보도 많지만 거짓된 정보도 포함되어 있다. 뿐만 아니라 우리도 모르는 사이에 스마트폰 없이는 아무것도 할 수 없는 스마트폰 중독, SNS 중독, 생활 속 사이버 중독에 빠질 때가 종종 있다.

이 장 'SNS가 만능은 아니다! 스마트폰 중독 예방'에서는 SNS의 개념과 특성을 이해하고 스마트폰의 발달과정과 특징을 살펴보며, 4차 산업혁명 시대에 대응하는 생활 속에 숨어있는 스마트폰 중독과 예방에 대해 알아보고자 한다.

1. 지금은 MZ세대가 대세?

1) MZ세대의 시대가 열리다

최근 뉴미디어의 발달로 인해 어디에서든 MZ세대라는 이야기가 화두가 되고 있다. 새로운 세대가 등장하면 언제나 이슈가 있다. 이러한 이슈가 있는 지금이 바로 MZ세대의 시대이다. MZ세대는 M세대와 Z세대를 함께 아우르는 말이다. M세대란, 밀레니얼(Millennial) 세대를 의미하며, Z세대는 예전의 X세대처럼 Z세대를 의미한다. 좀 더 구체적으로 설명하면, 1981~1995년생인 밀레니얼 세대와 1996년 이후 세대인 Z세대를 통칭하여 부르는데, 사회의 20대~40대를 칭하는 신조어이다. 또한 대한민국 인구의 약 30%를 차지하고, 인구수도 1,700만 명에 이르며, 현재 소비의 주체이자 대한민국 발전의 근간이 되는 가장 중요하고 '핫한 핵심세대'라고 볼 수 있다(daum.net).

MZ세대의 가장 중요한 특징은 인터넷과 디지털 문화에 친숙한 뉴미디어 세대라는 것이다. 밀레니얼 세대는 1980년 초반~2000년대 초반에 태어난 세대로 아날로그와 디지털을 모두 능숙하게 다룬다는 특징이 있다. 왜냐하면 인터넷이 없던 시절과 인터넷의 보급과 스마트폰의 등장을 모두 겪었기 때문이다. 특히 밀레니얼 세대 중 1990년대 이후 출생한 이들의 가장 큰 특징은 스마트폰을 어린 나이에 접하였기 때문에 그 숙련도가 높다는 점이다.

Z세대는 1990년 중반에서 2000년대 초반에 태어난 세대로 Z에 특별한 의미는 없으며, 단지 X세대, Y세대 다음의 세대라서 Z세대라고 불린다. Z세대의 가장 큰 특징은 태어나면서부터 인터넷과 모바일을 접했다는 점이다. 이러한 세대를 '디지털 네이티브 세대'라고 하는데, 태어날 때부터 온라인이 연결되어 있는 세대라는 뜻이다. 이들은 디지털, 모바일 문화에 매우 익숙하고 인터넷 환경에 익숙한 세대이므로 인스타그램, 유튜브, 블로그, 틱톡, 페이스북 등의 다양한 SNS를 기반으로 한 소통을 통해 정보를 취득한다.

현대사회는 4차 산업혁명 시대로 IT 기반의 초연결사회이다. 초연결사회(hyperconnected society)는 '사람과 사람, 사람과 사물, 사람과 사회'가 인터넷, 스마트폰, 컴퓨터를 통해 네트워크로 연결되어 실시간 정보를 주고받고 의사소통하는 세상을 말한다. 초연결 네트워크는 연결 대상의 확대, 상호작용, 풍부한 데이터 정보, 상시 기록보관 등을 가능하게 함으로써 사람과 사물, 자연, 사이버세계 등이 네트워크를 통해 밀접하게 연결된 생활환경이라 할 수 있다(최경기, 2021).

사물인터넷(IoT), 만물인터넷(IoE) 등의 기술은 더 이상 미래의 기술이 아니라, 지금 우리의 삶 속에 생활의 한 부분이 되어가고 있다. 스마트폰, 태블릿 등 모바일 기기의 보급이 확대되면서 스마트 시계, 스마트 안경, 스마트 TV, 스마트 카, 스마트 홈은 물론이거니와 스마트 금융, 스마트 헬스 등으로 스마트화되고 있다. 또한 대상이 확대되어 인간은 보다 시야를 넓혀 각종 사물들이 인터넷에 연결되고 스마트화하는 환경을 만들어 가고 있다. 이러한 초연결 사회는 전 세계를 사이버라는 하나의 공간을 통해 연결함으로써 시간과 공간을 초월하는 글로벌 경쟁력을 요구하는 시대가 되었다.

2) 뉴미디어와 중독

현재 인터넷 사용은 우리 생활 속에 정착하여 삶의 일부분이 되었다. 뉴 미디어는 우리 생활 속에 정착하였다. 이 때문에 우리는 미디어의 무분별한 사용으로 중독에 빠지거나, 미디어가 제공하는 거짓 정보에 혼동되기도 한다.

과학기술정보통신부에서 발표한 '2020년 인터넷 이용실태조사' 요약보고서에 의하면 우리나라 인구의 약 92%가 인터넷을 이용하고 있는 것으로 나타났다. 특히 10대부터 50대는 약 99.8%에서 최대 100%의 인구가 인터넷을 사용하고 있다(과학기술정보통신부, 2020).

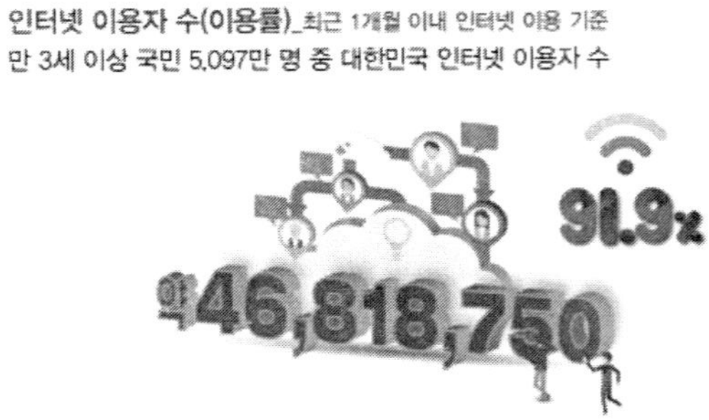

|그림 3-1| 2020년 인터넷 이용자수(이용률)
출처 : 과학기술정보통신부(2020). 인터넷 이용실태 조사 요약보고서.

우리는 편리함과 재미가 더해져 현대 문명의 발명품인 휴대폰을 사용하였는데 '아차' 하는 순간 인터넷 중독이 되기 쉬운 세상에 살고 있다. 휴대가 간편한 핸드폰의 보급으로 인해 인터넷 사용이 더욱 용이해지면서 자신이 인터넷 중독은 아닌가 하고 걱정하는 사람들이 꽤 많아졌다(박성은 · 임선아, 2016). 또한 우리는 미디어의 무분별한 사용으로 중독에 빠지거나, 미디어가 제공하는 거짓 정보에 혼동되기도 한다.

뉴미디어의 보급 및 정보, 통신 기술의 발달로 지금까지 독립적으로 기능해 온 여러 가지 미디어가 디지털화하여 복합적 기능을 갖게 된 것, 주로 일렉트로닉스에 의존한 음성과 문자의 다중방송, 위성으로부터의 직접 방송, 비디오디스크, 대화형 방송 매체 등 다채로운 뉴미디어 시장이 등장하였다(blog.naver.com). 인간 확장을 실현하는 뉴미디어 세계가 열린 것이다. 그럼에도 불구하고 최근 인터넷 활용이 급격히 증가하면서 부작용, 즉 인터넷 이용에 대한 조절 및 통제가 불가능하며 정상적으로 사회 생활을 못하는 사례가 언론에 발표되면서 '인터넷 중독'이라는 신조어가 등장하게 되었고, 사회문제로도 대두되고 있다.

골드버그(Goldberg, 1996)는 인터넷 중독 장애를 특정하는 주요 진단 준거를 제시하였다. 이 준거는 지난 12개월 중 어느 때든지 부적절한 인터넷 이용 패턴으로 인한 내성, 금단, 접속 시간 증가, 사용 중단 시도 실패, 인터넷과 관련된 활동에 많은 시간을 보낼 때 등이다. 특히 중요한 사회적, 직업적 상실, 여가활동의 상실,

인터넷 이용으로 인해 발생하거나 악화되는 신체적, 사회적, 직업적, 심리적 문제들이 지속될 때도 인터넷 중독 장애로 본다. 또한 인터넷을 계속 사용하게 되는 것들 중 3항목 이상에서 임상적으로 유의한 손상이나 스트레스가 나타날 때 진단을 내리게 된다.

|그림 3-2| SNS와 소셜미디어

출처 : 네이버 블로그 메타플래닛.

3) 팝콘 브레인

팝콘 브레인은 '자극이 있어야 반응하는 뇌'를 의미한다. 그러나 뉴미디어의 등장과 매스미디어의 보급으로 인해 현대사회에서의 미디어는 단순한 수단이 아니라 인간이 사는 사회 전체를 컨트롤하고 제어하는 기능도 담당하고 있다.

팝콘 브레인이란 뇌가 팝콘이 튀겨질 때처럼 강한 자극에만 반응하는 것을 의미한다(김지나, 2017). 예를 들면, 밋밋하고 평범한 일상 자극에는 반응하지 않으며, 무감각해져서 자극 추구형 뇌로 변하게 되는 것을 말한다. 팝콘 브레인은 이처럼 강한 자극만 추구하기 때문에 집중력이 저하되고 기억력이 약해지는 부작용을 낳는다. 따라서 아동은 강한 자극이 주어지지 않으면 금세 싫증을 내고 안절부절 못하게 되어 감정을 통제하는 힘이 약하게 된다(신의진, 2013; 김지나, 2017).

다양한 미디어 매체들은 빠르게 다양한 정보를 접할 수 있다는 장점과 편리함이 있다. 하지만 사회적인 이슈를 정확하게 파악하는 것이 아니라 스마트폰, SNS를 통해 일부 근거 없거나, 자극적인 짧은 영상을 접하게 되어 사건을 올바르게 판단하는 능력이 떨어지고 있다. 특히 어린이들의 스마트폰 사용도 많아져서 스마트폰 중독 문제, 무방비한 미디어의 노출은 사회 문제의 뜨거운 감자로 대두되고 있다.

또한 청소년들은 과도한 스마트폰 사용으로 인해 가정 및 대인관계, 학업에서 부정적인 영향을 미치고 있고, 가상공간과 현실을 구분하지 못하게 되는 등의 심각한 문제를 야기하고 있다. 이러한 이유로 스마트폰 사용에 과도하게 노출된 아동이나 청소년들은 강한 자극이 주어지지 않는 다른 놀이나 활동에는 관심을 두지 않는 '팝콘 브레인'이 되고 있다(김지나, 2017).

|그림 3-3| 생활 속 미디어

출처 : 생활속 미디어(유튜브, 미디어는 왜?), 삼성화재 NEWS(마음치유).

이와 같이 다양한 미디어 발달로 편리함과 다양한 정보를 접할 수 있는 반면 미디어의 단점은 '사건을 올바르게 판단하는 능력을 낮춘다'는 점이다. 아이, 어른 할 것 없이 근거 없는 정보들을 카카오톡, 유튜브 등과 같은 매체를 통해 쉽게 접한다. 이처럼 스마트폰 중독, 무방비한 미디어 노출은 사회적인 문제이다.

청소년뿐만 아니라 성인들도 스마트폰 중독으로 인한 목 디스크, 거북목, 수면장애 등 많은 질병을 겪기 때문에 사용 시간을 줄이고, 다른 취미활동을 하도록 해야 한다. 특히 스마트폰으로 인한 가족 대화 단절 문제가 심각하므로 사용 시간을 줄이고 가족과 많은 소통을 하도록 노력해야 한다. 이러한 조치들이 본인 의지로 실행하기 힘든 경우, 상담사나 전문의와 상담하는 것도 올바른 방법이다.

한편 제한적이나 스마트폰 중독의 연구를 살펴보면 스마트폰 중독 정도가 높은 집단이 그렇지 않은 집단에 비해 대인관계가 사회성이 낮은 것으로 나타났다(김병년, 2013; 이태영 · 송병호, 2017; 정명순, 2014). 이러한 결과는 인터넷 중독과 스마트폰 중독이 청소년의 사회성 발달에 부정적인 영향을 미칠 수 있음을 시사한다(김병년, 2013).

2. SNS 중독과 소셜미디어

1) SNS 중독

SNS(Social Network Service)는 우리가 많이 사용하는 카카오톡, 블로그, 페이스북, 트위터 등의 요소들을 의미한다. 우리나라 20~30대 젊은 층의 SNS 이용률이 90%가 넘는다고 한다. 페이스북은 매분 510,000개의 코멘트가 포스팅되고 약 300,000가지의 상태가 업데이트되며 136,000개의 사진이 올라온다. 2010년에 등장한 인스타그램은 출시 6년 만에 사용자가 5억 명에 이르렀다. 최근 10여 년간 SNS 사용자가 기하급수적으로 늘어났다. SNS 중독이 심각하며 10대 41.5%가 '하루 3시간 이상' 투자한다고 한다(네이버 지식백과).

SNS가 폭발적인 인기를 끌면서 일부 사람들은 강박적으로 SNS에 매달리는 중독 증상이 나타나고 있다. 중독은 뇌의 문제, 쾌락중추 장애로 조절 능력의 상실을 의미한다. 중독성 약물 오남용이 사회적 이슈로 부각되고 있다. 중독(의존)은 단순히 개인의 일탈적 습관이나 성향의 문제가 아닌 치료가 필요한 뇌질환이다.

우리 뇌에 있는 쾌락 중추에서는 기분을 좋게 만드는 도파민을 분비하는데 SNS는 마약처럼 쾌락 중추를 자극해 도파민 분비량을 증가시키는 작용을 한다. 여기에서 문제는 자극이 반복되면서 점점 강한 자극에 익숙해진다는 것이다. 웬 만한 자극에는 반응하지 않고 점점 자극의 강도가 높아지는 현상이 나타난다. 따라서 자극을 멈추고 일상으로 돌아오면 지루하고 답답한 기분이 들어 현실에 무감각해지고 사회생활에도 부적응의 문제가 발생할 소지가 있다. SNS를 지나치게 사용하다 보면 사람들을 직접 만나고 대화하는 것이 부담스럽다. 반면 SNS는 훨씬 부담이 적으면서 즉각적이고 다양한 만족감과 즐거움을 주기 때문에 현실에서의 관계를 등한시하는 등 사회적 문제를 악화시킬 수 있다(네이버 지식백과).

SNS 중독은 스트레스가 많고 우울함과 불안감이 높을수록 더 쉽게 빠진다고 한다. 이미 우리나라의 많은 청소년은 스마트폰을 손에 달고 살며, 온라인상에서는 SNS 등을 통해 친구들과 의사소통과 관계 형성을 하는 것이 일상화되었다(김지나, 2017). 스마트폰을 사용하는 친구 및 지인들과 SNS를 통해서 직접 만나지 않고도 동질감을 느끼며 스마트폰으로 대화 소재를 찾고 공감함으로써 상대방과 친하게 지낼 수 있다. 현재 SNS는 일상의 일부분이 되었고, 그만큼 스마트폰에 중독된 아동은 SNS에 몰입하고 있다는 것을 의미한다(한국아동청소년심리상담센터 홈페이지).

2) 소셜미디어

아르바이트 O2O 플랫폼 알바콜이 온라인 설문조사 플랫폼 두잇 서베이와 공동으로 진행한 SNS 사용실태에 대한 설문조사 결과, 다음과 같은 결과가 나왔다고 밝혔다(네이버 지식백과).

성인남녀 4,381명이 참여한 이번 조사에서 전 연령대를 통틀어 가장 많이 사용하는 SNS는 59.1%를 차지한 페이스북이었으며, 유튜브(55.5%)와 인스타그램(54.9%)이 근소한 차이로 2, 3위에 올랐다. 교차분석 결과 남성은 페이스북(20.1%), 여성은 인스타그램(18.4%) 이용도가 높았다(데일리 뉴시스, 2019. 4). 10대가 가장 많이 이용하는 SNS는 유튜브(28.1%), 20대와 30대는 인스타그램(각 22.7%, 19.0%), 40대는 페이스북(16.0%) 그리고 50대 이상은 페이스북과 카카오스토리(각 17.6%)로 확인되었다.

|그림 3-4| 통계자료로 알아본 SNS 중독

출처 : SNS 이용 통계자료(2019. 4. 19. 게시기사/ O2O플랫폼 알바콜-설문조사 플랫폼 두잇서베이).

전체 응답자들의 평균 SNS 이용 시간은 하루 30분~1시간 이내라는 답변이 29.2%로 가장 많았으나 10대 중 무려 41.5%가 '하루 3시간보다 많이'라는 답을 적었다. 이는 전체 평균 시간보다 3배나 많은 것이다(SNS 중독 심각, 10대 41.5% "하루 3시간 이상 투자", www.naver.com).

심리적인 제반 문제가 있는 경우, 충동성과 같은 성격 요인이 높은 경우, 자존감과 자기 통제력이 낮은 경우 인터넷 중독으로 이어질 가능성이 높은 것으로 나타났다(박성은 · 임선아, 2016). SNS 중독은 스트레스가 많은 외로움이나 우울함을 느끼는 사람들에게서 더 쉽게 일어날 수 있다. 특히 여성의 경우, 불안감과 우울감이 높을수록 SNS 중독에 쉽게 빠진다고 한다.

3. 에고 서핑에 빠져버리다

1) 인터넷 중독에 미쳐버리다

(1) 에고 서핑·구글 스토킹

에고 서핑 · 구글 스토킹은 인터넷 중독의 신조어이다. 영국 과학잡지 뉴사이언티스트는 23일자 최신호에서 자신의 신상정보를 지나치게 자주 확인하는 행위를 '에고 서핑(ego-surfing)'이라고 이름 붙이며, 이것을 인터넷 중독의 변형된 형태라고 하였다. 신상정보 검색은 '구글 스토킹(google-stalking)', 온라인 백과사전 위키피디아에 대한 지나친 몰입은 '위키피디홀리즘(wikipediholism)'이라고 한다(네이버 지식백과).

또한 인터넷상의 잘못된 의학 정보만 믿고 부정확한 자가 진단을 해버리는 '사이버콘드리아(cyberchondria)'도 대두되고 있다. 공개하지 않는 것이 절대 다수의 이익에 부합하지만 개인 블로그 주인이 굳이 자신의 개인 정보를 내보이는 '블로그 스트리킹(blog streaking)', 무선인터넷 단말기 '블랙베리'를 한시도 떼어놓지 못해 심지어 어머니 장례식에서까지 계속 확인하는 현상인 '크랙베리(crackberry)'도 뉴사이언티스트에 의해 인터넷 중독 증상으로 분류되었고, 사진을 뒤적거리는 '포토러킹(photolurking)' 역시 인터넷 중독으로 분류할 수 있다(www.google.com/구글 스토킹, 블로그 스트리킹).

과도한 미디어 시청은 비만을 유발하고, 사회성, 언어 발달을 지연시킨다. 영유아기 미디어 시청 시간의 증가는 부모와 교감하는 시간과 반비례한다. 아무리 좋은 내용이라 하더라도 부모와 함께 노는 것만큼 아이의 발달에 도움이 될 수는 없다. 미디어 시청은 아이의 성격 형성에도 영향을 끼친다. 특히 어린 시절부터 아이를 달래는 용도로 미디어를 활용한 경우, 아이는 더욱 까다로운 기질을 드러내며 자기 조절력에 문제를 보이고 사회성과 감정 발달에 지연을 보일 수 있다(네이버 지식백과).

(2) 인터넷 중독 장애

중독이란 물질의 신체 생리적 의존이라고 할 수 있는 내성과 금단증상이 있을 때 사용한다. 물질의 내성이란 즐거움과 행복감을 경험하기 위해 특정한 물질을 계속 사용하면 이전에 사용한 용량으로는 더 이상 즐거움이나 행복감을 경험할 수 없게 되는 것을 말한다. 금단증상이란 물질을 사용하던 사람이 중단할 때 그로 인해 불쾌감, 기분의 저조, 괴로움 등을 경험하게 되는 부정적 상태를 말한다.

최근 인터넷 이용이 급증하면서 부작용, 인터넷 이용에 대한 통제와 치료가 불가능해서 정상적인 사회생활이나 자기 역할을 하지 못하는 사례가 사회 문제로 대두되고 있다. 더불어 인터넷 이용이 계속 증가하고 있어서 인터넷에서 중독의 부작용에 관한 심각성이 크다(다음 https://no1class.tistory.com/775 스마트정보의 문제점과 예방법).

|그림 3-5| SNS 중독

출처 : 다음(https://no1class.tistory.com/775) 스마트정보의 문제점과 예방법/ 네이버 블로그 SNS 중독 심각, 10대 41.5% 하루 : 네이버블로그(naver.com)

심리학자인 영(Young, 1996)의 DSM-IV(1994)는 병적 도박의 기준을 응용하여 다음과 같은 8가지 기준을 제작하고 5항목 이상에서 해당되는 사람들을 중독자로 분류하였다. ① 오랜 시간 온라인 접속, ② 오프라인 시 금단현상, ③ 오랫동안 접속, ④ 접속을 줄이려는 시도의 실패, ⑤ 온라인 접속시간을 늘리기 위한 시도, ⑥ 사회생활, 직장생활 또는 여가활동에 대한 흥미 상실, ⑦ 인터넷 이용으로 생활상의 문제 발생, ⑧ 인터넷을 사용하지 않을 때도 빨리 접속하고 싶어 함 등이다. 인터넷 및 휴대전화 중독, 스마트폰 중독은 청소년기 중요한 발달과업 중 하나인 사회성의 형성과 발달을 위한 청소년들의 직·간접적인 대인 상호작용의 기회를 감소시킴으로써 사회성 발달을 저해할 가능성을 가지고 있다(박성은·임선아, 2016).

(3) 노모포비아(Nomophobia) 증후군과 포모(FOMO) 증후군

온종일 스마트폰과 함께 생활하며 스마트폰이 없는 상황을 견디지 못해 불안한 증상을 새로운 신조어로 '노(No)+모(Mobile)+포비아(Phobia) = 노모포비아 증후군'이라고 한다. 노모포비아는 2000년대 후반 유럽에서 처음 사용된 단어로 사회공포증(Social Phobia)을 소셜 포비아라고 하는 것처럼 공포증을 뜻하는 phobia를 단어 끝에 붙인 신조어이다(네이버 지식백과).

노모포비아 증후군은 '다른 사람들 사이에 끼지 못할까 봐 느끼는 공포'와 연관이 있다. 때문에 이 증상이 심각해지면 온라인상의 대인관계인 SNS에 강박적으로 매달리게 되고 중독으로 이어질 위험이 있다. 노모포비아 증후군의 특징은 다음과 같다(SNS 중독 심각/네이버 지식백과).

- 울리지도 않은 휴대전화 벨이나 진동을 느끼는 'ringxiety(ring+anxiety)' 증상을 경험한 적이 있거나 메시지가 왔는지 반복해서 확인하게 된다.
- 스마트폰이 손에 없으면 불안을 느끼고 사람을 직접 만나서 이야기하는 것보다 스마트폰을 통한 의사소통을 선호한다.
- 스마트폰의 과도한 사용으로 경제적인 문제를 경험한 적이 있다.

포모 증후군이란 Fear Of Missing Out의 준말로 '내가 없을 때 남들이 좋은 경험을 하는 것에 대한 지속적인 불안'을 말한다. 포모 증후군의 주요 특징은 다음과 같다(blog.samsungfire.com; naver.com).

- SNS에 친구들이 새로운 경험을 하거나 뭔가를 배운다는 소식이 올라오면 불안하다.
- 좋은 것을 보거나 먹을 때에는 무조건 사진을 찍어 SNS에 올린다.
- 유명인이나 인기 있는 사람과는 무조건 친구를 맺고 공유하려고 한다.
- 사회적 관계, 인맥 때문에 주말이나 쉬는 시간에도 SNS를 한다.
- 친구들보다 내가 먼저 새롭고 기발한 정보를 공유해야 마음이 편하다.

2) 스마트폰 중독이라고? 나는 아니라고 부정하지만!

(1) 스마트폰 중독

지하철을 타면 거의 모든 사람이 스마트폰을 보고 있다. 스마트폰은 학생들에게 필수품이며 필요한 정보를 제공하는 중요한 기기지만 지나친 사용으로 여러 문제를 야기하고 있다. 특히 스마트폰의 과도한 사용은 기억력 장애, 집중력 장애, 감수성 약화 등 지적 능력 저하도 야기하는 것으로 나타나고 있다.

손 안의 PC라고 하는 스마트폰은 휴대전화에 인터넷 접속 등의 데이터 통신 기능을 결합시켜 휴대전화의 기능과 PC 컴퓨터 기종을 손쉽게 이용할 수 있는 지능형 단말기이다. 스마트폰은 휴대전화 통화, TV 시청, 카메라, 게임, 정보검색 등 언제 어디서나 가능한 유비쿼터스를 통한 시공간 극복, 사회·경제·문화의 다양한 패러다임 전환 등을 통해 우리의 일상생활 전반에 걸쳐 혁명적인 변화를 가져왔다(양순녀, 2020).

스마트폰은 PC와 달리 하루 종일 어디든지 소지할 수 있기 때문에 조금씩 오랜 기간에 걸쳐 사용이 가능하다는 점에서 중독적 사용 가능성이 인터넷 중독에 비해 더 높은 편이다(김병년, 2013). 이는 스마트폰 이용자의 8.4%가 스마트폰 중독으로 인터넷 중독률 7.7%보다도 높게 나타났다는 한국정보화진흥원(2015)의 연구 결과에서도 입증되었다. 기존의 사회적 문제였던 인터넷 중독과 휴대전화 중독의 문제들이 모바일로 대체되어 나타나며 스마트폰 중독의 심화로 이어지는 양상을 보인다(김병년, 2013). 특히 스마트폰 중독과 그 부작용은 성인에게 7%가 나타나는 것에 비해 상대적으로 자아통제력이 낮은 청소년들에게는 12%로 더 심각하게 나타날 수 있다(김병년, 2012). 청소년의 스마트폰 중독 문제는 이제 우리 사회에서 적극적으로 대처하고 해결해야 할 시급하고 중요한 이슈가 되었다.

스마트폰 중독의 원인은 생활 스트레스에서 오는 외로움 및 우울과 같은 심리적 요인과 관계 몰입, 자기 감시 같은 사회적 요인 등이다(김지나, 2017).

스마트폰 중독이란 스마트폰의 과도한 사용으로 신체적, 심리적, 사회적인 면에서 부적응이나 일탈을 경험하고, 스마트폰 사용에 지나치게 집착하게 되며, 의존하여 스마트폰을 사용하지 않으면 불안한 상태를 말한다(한국정보화진흥원, 2015).

스마트폰 중독 성향을 보이는 아동은 사회적인 활동을 하지 않고 하루 종일 스마트폰만 들여다보며 더 나아가서는 집 안에서만 고립된 생활을 하게 되고 우울함을 느낀다. 김병년(2013)은 스마트폰 사용 시간의 증가가 꼭 청소년의 사회성 발달에 부정적이지는 않다는 점을 강조하였다. 왜냐하면 우리나라 청소년은 스마트폰 기능을 주로 SNS와 메신저로 가장 오랜 시간 사용하기 때문에, 청소년의 스마트폰 사용은 사회성 단절이 아니라 기존의 인간관계를 보완 또는 강화하는데 사용한다고 볼 수 있기 때문이다(이태영 · 송병호, 2017).

항상 미디어가 가지고 있는 양면성을 인식하고, 미디어를 통해 정보를 얻을 경우 잘못된 정보가 있는지 파악하며, 없더라도 비판적인 사고를 지니고 다양한 정보들과 비교해야 한다.

(2) 스마트폰 중독 현황과 실태

어린 자녀를 둔 부모라면, 항상 자녀의 장시간 스마트폰 사용 문제를 우려하게 된다. 특히 소셜 미디어와 모바일 게임 등 성인도 자제하기 힘들 정도로 중독성이 강한 서비스가 넘쳐나는 탓에 자녀의 스마트폰 중독 우려는 날이 갈수록 커지는 추세이다. 갈수록 심각해지는 '스마트폰 위기'를 어떻게 대처해 나갈 것인가?

스마트폰은 '유해한' 중독성을 초래하며, 우리는 이런 중독성 때문에 일상을 낭비하고 있다. 하루하루 지날수록 스마트폰이 사람을 바보로 만들고 있다. 더 정확히 말하면, 스마트폰 중독성이 커지고 있고 더 많은 주의산만으로 이어지고 있다. 업무에 집중하기도 더 어려워지고 있다. 실제로 스마트폰과 모바일 소셜 앱, 웹 사이트는 우리가 인식하지 못하는 상태에서 여러 다양한 방법으로 우리에게 영향을 준다. 기술이 우리의 정신을 강탈하는 것이다. 현대사회는 점점 갈수록 심각해지는 '스마트폰 위기'에 봉착해 있다.

인터넷과 스마트폰에 중독이 되는 청소년의 비율은 매년 증가하고 있다. 전국의 1만 1,583개 학교 중 초등학교 4학년, 중학교 1학년, 고등학교 1학년 청소년 128만여 명을 대상으로 실시한 2019년 인터넷, 스마트폰 이용 습관 진단조사 결과에 의하면 전체 중 16%가 인터넷, 스마트폰 중독이다(여성가족부, 2019). 현재 우리는 많은 미디어 매체에 노출되어 있다. 우리나라의 인터넷 사용률은 무려 96%에 달할 정도로 높으며 아이들 또한 이른 나이에 대중매체를 접하기 시작한다. 2018년 시장조사 기관인 퓨리서치가 발표한 보고서에 따르면 우리나라는 스마트폰을 보유한 성인 비율이 94%이며 인터넷 또한 96%의 사용률을 보였다.

한국정보화진흥원(2015)에 의하면 청소년 스마트폰 과의존위험군은 31.6%(1,704천 명)으로 청소년 10명 중 3명은 스마트폰 과의존 위험에 노출되고 있다고 한다. 스마트폰의 중독성은 시력 저하, 안구건조증, 거북목 현상, 팝콘 브레인, 손목 터널 증후군의 건강상 이상 문제와 우울증, 디지털치매, 수면치매, 충동조절장애, 대인 예민증 등 일상생활에 직접적인 문제를 야기한다.

과의존 위험군 아동의 경우 스마트폰으로 주로 이용하는 콘텐츠는 게임(89%), 영화 · TV · 동영상(71.4%)이었고, 부모가 과의존 위험군일 경우 자녀 역시 위험군에 속하는 비율이 높게 조사되었다. 현재 우리나라에서 유명한 각종 방송 플랫폼들은 보통 생방송으로 진행되고 있다. 이러한 특성 때문에 아무리 제재가 있어도 자극적인 장면은 잠시 동안 생방송을 보고 있던 사람들에게 노출되기 마련이다. '2017 사이버폭력 실태조사'에 따르면 초 · 중 · 고 조사대상 학생 4,500명 중 26.3%는 유튜브를 통해 유해 영상물을 시청한 경험이 있는 것으로 조사됐다(네이버 지식백과).

스마트폰 중독 피해는 성인과 청소년 모두에게 나타나는데 청소년, 아동들에게 더욱 심각하다. 스마트폰 중독 원인에 대해 이용 편리성, 활용성, 일상생활의 보조적 기능성에서 원인을 찾기도 하며, 자기 통제력의 부재, 정보윤리 의식의 부재 등 개인적 문제에서 원인을 찾기도 한다. 청소년의 유해 매체 소비와 이로 인한 부작용 결과는 가정환경, 학교, 사회 환경 등 여러 부정적 요인이 직·간접적으로 영향을 미치기 때문에 올바른 미디어 이용 습관을 초등학교 시기부터 길러주는 것이 매우 중요하다(이태영·송병호, 2017).

스마트폰 사용이 늘어나면 스마트폰 중독 문제, 무방비한 미디어 노출은 사회적으로 시급하게 개선해야 할 문제이다. 이런 현상을 해결하기 위해 구체적인 방법이 필요하다. 아동뿐만 아니라 성인들도 스마트폰 중독으로 인한 목 디스크, 거북목, 수면장애 등 많은 질병을 겪기 때문에 사용 시간을 줄이고 다른 취미활동을 하도록 해야 한다.

(3) 스마트폰 중독의 문제점

요즘 스몸비(smombie)라는 신조어가 유행이다. 스마트폰과 좀비의 합성어로, 스마트폰을 들여다보며 길을 걷는 사람들을 일컫는 말이다(naver.com). 스마트폰이 완전히 일상의 일부가 되어버리며 어디에서나 핸드폰 화면에 눈을 떼지 못하는 사람들을 많이 볼 수 있는데 이러한 스마트폰 중독은 정신적으로도 문제가 되지만, 각종 사고를 유발하며 건강에도 큰 피해를 준다. 과유불급이라는 말이 있듯, 적당히 이용해야 '스마트' 폰이지 중독되어 버리면 안 되기 때문이다(네이버 지식백과). 스마트폰이 등장한 지 어느덧 약 15년이 되었다. SNS의 기능도 시간이 흐르며 진화되고, 중독성이 강화되었다. 우리가 당장 완벽한 해결책을 찾기는 쉽지 않다. 중독에 대해 느끼는 심각성도 사람마다 다르고, 많은 시행착오가 필요할 것이다.

스마트폰 중독 피해는 성인뿐 아니라 청소년들에게서 더욱 심각하게 나타나고 있다. 스마트폰 중독원인에 관해 이용 편리성, 활용성, 일상생활의 보조적 기능성에서 원인을 찾기도 하며, 자기통제력의 부재, 정보윤리의식의 부재 등 개인적 문제에서 원인을 찾기도 한다(한국정보화진흥원, 2015).

청소년의 유해 매체 소비와 이로 인한 부작용은 가정환경, 학교, 사회 환경 등 여러 영역에 직간접적으로 영향을 미치기 때문에 올바른 미디어 이용습관을 초등학교 시기부터 길러주는 것이 매우 중요하다.

아동의 주의력결핍 과잉행동장애, 온라인상의 거짓 정체성, 사이버 폭력 등의 문제 행동 등은 문제아들만의 행동이 아니고 모든 아동이 겪을 수 있는 행동장애이다. 어느 연령, 어느 집 아이 할 것 없이 디지털로 매개된 교육과 커뮤니케이션이 만들어 낸 문제들로, 모두 겪을 수 있는 문제이다. 나쁜 자세와 근시, 운동 부족은 물론, 여러 실험을 통해 밝혀졌듯 스마트폰을 그냥 책상 위에 두는 것만으로도 스마트폰의 존재를 생각하느라 집중력과 사고력이 떨어진다.

하지만 이처럼 다양한 문제점이 지적되어 이를 심각하게 받아들이지 않는 것은 스마트폰이 없으면 아무것도 하지 못하는 현대인들의 스마트폰 중독(노모포비아) 때문이다(www.kyobobook.co.kr). 인터넷, 스마트폰 중독의 문제점을 함께 생각해 보자.

함께 생각해 보기

1. 나는 최근 이틀 동안 스마트폰을 약 (　　　) 시간 사용한 것 같다.
2. 스마트폰과 함께 한 나의 하루
   (　　　　　)시 :
   (　　　　　)시 :
   (　　　　　)시 :
3. 나의 하루에서 스마트폰 사용 용도는 주로 무엇이었습니까?
4. 스마트폰 사용을 줄인다면, 어떤 사용을 줄일 수 있을까요? 그 이유는?
5. 스마트폰 사용 시간을 줄인다면, 줄어든 시간 만큼 나는
   ____________________________________ 에 투자하고 싶다.
   ____________________________________ 에 투자하고 싶다.
   ____________________________________ 에 투자하고 싶다.

청소년의 스마트폰 중독 예방 대책으로 첫째, 정보통신상 청소년의 법률적 보호 확대를 위한 법률이 보완되어야 하며 스마트폰 이용 및 중독 중에 노출될 소

지가 있는 불건전 정보 유통에 대한 법률적 제재를 강화해야 한다. 둘째, 학교에서는 정보통신 윤리교육의 교과목 선정과 조기 및 지속적 교육이 필요하다. 셋째, 가정에서는 자녀를 지도하고 통제할 수 있도록 모니터링 앱의 개발, 가족과 스마트폰 중독 자녀를 대상으로 하는 가족 프로그램이 개발·시행해야 한다. 마지막으로 교육기관 및 전문기관에서는 현재 운영되고 있는 전문가 양성 프로그램의 질을 향상시켜 스마트폰 중독을 예방하고 치료할 수 있는 최적의 프로그램 개발 및 전문가 양성이 필요하다는 점을 대책으로 제시하였다(이태영·송병호, 2017).

미디어 중 온라인 게임은 중독성이 강해서 게임에 중독되면 생활이 흐트러지고 건강이 상하기에 반드시 시간을 정해놓고 해야 한다. 또한 사이트 가입 시에 적은 정보들, 또는 인터넷상에 올린 내 이야기들이 모두에게 유출될 수 있으니 개인 정보 사용은 신중해야 한다. 인터넷에 올라왔다고 모두 정확한 정보는 아니니 무조건 맹신하면 안 된다. 또한 SNS에 글을 올린 후 타인의 반응에 집착하다 보면 불안이나 외로움을 느낄 수 있다. 남의 시선이 아닌 나의 시선이 가장 중요함을 알아야 한다. 접촉성과 공감각, 탈중심작용, 인스턴트성, 비전형성을 가지고 있고 어떤 정보의 자극 효과는 그것이 독자나 관객에 의해 사용되기 힘들면 힘들수록 그만큼 더 강해진다. 인터넷 중독 및 스마트폰 중독 해결방안은 먼저 예방이 가장 중요하다.

인터넷 중독과 스마트폰 중독 예방을 위해 가장 바람직한 방법은 무엇일까 생각해 보고, 다 같이 문제해결 방안을 찾아보자.

	내 용	작성해 보세요
1	가족이 함께 공유한다면 컴퓨터 설치 장소는 어느 곳이 가장 효과적일까요?	
2	가장 적절하다고 생각하는 하루 컴퓨터 사용시간은?	
3	컴퓨터 사용시간을 줄이는 방법은 무엇일까요?	
4	하루 컴퓨터 사용일지를 작성하나요?	
5	인터넷 과다 사용원인은 무엇이라 생각하나요?	
6	컴퓨터 이용 중 게임, 오락이나 학습 과제 수행 중 어느 것에 컴퓨터 사용 시간을 더 많이 활용하나요?	

	내 용	작성해 보세요
7	하루 사용하는 컴퓨터 시간을 미리 정해놓고 컴퓨터를 활용하나요?	
8	잠들기 전까지도 스마트폰을 사용하나요?	
9	가족, 친구들과 있으면서도 스마트폰에 집중하나요?	
10	스마트폰 과다사용 유해성은 무엇일까요?	
11	스마트폰을 대체할 수 있는 것은 무엇일까요?	
12	스마트폰 속에 게임 어플이 몇 개 있나요?	
13	걸어 다닐 때도 스마트폰을 손에 들고 다니나요?	
14	인터넷, 스마트폰 대신 관심을 가질 수 있는 취미활동 등 대안을 찾는다면 무엇일까요?	
15	스마트폰 중독을 예방하는 사용습관을 3가지 든다면 무엇일까요?	

청소년들과 일반 성인들이 인터넷과 스마트폰 중독에서 벗어날 수 있도록 가정과 학교, 사회에서 함께 노력해야 한다. SNS 알림을 꺼놓거나 무음으로 설정하기, 일주일에 하루는 'SNS 안 하는 날' 정하기, SNS 사용 시간 조절하기 등을 통해 SNS 중독을 예방하여 사람들과 소통하는 삶을 사는 노력이 요구된다(naver.com). 모든 중독 치료의 목표는 안 하는 것이다. 사용 시간을 조금씩 단계적으로 점점 줄이는 것이 가장 좋은 방법이다. 인터넷 대신 관심을 가질 수 있는 취미활동 등 대안활동을 찾는 것도 바람직한 방법이다. 스스로 인터넷 사용 시간을 절제, 조절하는 습관을 길러야 하고 인터넷 중독이 무엇인지 올바른 이해와 스스로 조절할 수 있는 방법을 찾아 실천해야 한다. 무방비한 정보에 노출되는 경로를 파악하고, 그의 위험성과 폐해를 인식하고 학교와 사회에서 안전교육을 통해 정보 여과 능력을 향상시킬 수 있도록 하는 방안이 절실히 필요하다.

4. 해외사례별 스마트폰 중독 예방 - 미국, 영국, 독일 해외사례를 중심으로 -

해외 선진국의 스마트폰 중독 예방 사례를 살펴보고, 이를 통해 우리 나라 스마트폰 중독 예방을 위한 개선 방안을 살펴보면 다음과 같다.

1) 미국 실리콘 밸리의 새로운 교육 트렌드

미국은 미디어중독 예방을 위한 방안으로 정부 및 민간 차원에서의 자율적 규제로 이어지고 있으며 정부의 강한 억압적 제재보다는 민간 주도적 자율적 게임을 통한 실용적인 정책에 중점을 두고 있다. 학생이나 직장인을 대상으로 중독 예방교육 및 중독위험군을 대상으로 상담치료나 약물치료를 기본으로 하여 체계적인 치료 프로그램을 개발하고 다양한 교육사업을 실시하고 있다. 2000년 의회에서 제정된 아동 인터넷 보호법은 공립학교 및 공공시설에서 인터넷 사용을 규제하는 정책방안으로서 미성년자의 음란물 등의 유해사이트 접근을 금지시키는 기술보호 조치를 의무화하고 있으며 공공이익, 편리성, 또는 필요성에 입각한 정책을 실현하고자 노력하고 있다(연방 통신위원회 FCC, 2009).

첨단 IT 기술의 메카인 미국의 실리콘 밸리는 애플, 구글, 마이크로소프트, 페이스북, 트위터 등의 본 고장이다. 전 세계 IT의 중심지이고 기술혁신의 도시임에도 불구하고 이곳에서는 청소년 자녀들에게 스마트폰 사용을 통제하고 있다. 애플의 창시자 스티브 잡스는 인터뷰에서 '자녀들이 아이패드를 좋아하느냐'라는 질문에 '아이들이 아이패드를 써본 적이 없다'라고 대답하였고, 빌 게이츠는 아이들이 13세가 되고 나서야 휴대폰을 사준 것으로 알려졌다. 또한 실리콘 밸리 중심부의 발도르프 학교 '그린우드'에서는 컴퓨터 등 디지털 기기를 엄격하게 통제한다. 부모들은 직장에서 첨단 기기를 생산하고, 온라인 플랫폼을 제공하는 것에 비해 자신의 아이들에게는 디지털 기기 대신 친환경 자연 속에서 자라도록 하는 것이 새로운 교육의 트렌드이다(청소년 SNS 중독, 원인과 해결방안, 네이버 지식백과 /윤예지).

이상에서 살펴본 미국 학교체제의 스마트 기기 중독과 사이버윤리 교육 현황이 한국에 주는 시사점은 다음과 같다(https://www.ciokorea.com/news).

첫째, 미국은 스마트 기기 중독과 같은 학생의 정신적 문제에 있어 학교보다는 학부모의 책임을 더 강조하고 있다. 한국 학교정책에서도 학생의 정신적 문제 또는 문제행동에 대해 학교의 책무와 학부모의 책무를 검토해 볼 필요가 있다.

둘째, 미국 정부, 특히 연방 정부의 학생 행동과 관련한 정책적 개입은 상당히 제한적이다. 인권침해 문제 또는 학교 책무성과 평등성 확보 문제인 경우에 정부의 정책적 개입이 이루어진다. 한국도 단위학교 또는 민간단체 개입, 정부의 정책적 개입이 필요한 부분을 구분할 기준을 세우는 데에 미국의 사례를 참고할 필요가 있다.

셋째, 미국 학교체제는 사이버 불링 현상을 학생 개인의 윤리적 문제로 보기보다는 민사적 처벌대상으로 보는 관점을 갖고 있으며, 오히려 사이버윤리와 관련하여서는 학교 또는 정부의 학생 신상정보의 윤리적 활용에 관심을 갖고 학교가 비윤리적으로 데이터를 활용하는 것을 예방하기 위해 노력하고 있다. 한국의 정부 또는 학교가 학생의 도덕적·윤리적 행동발달 및 규제에 어떤 책무를 갖고 있는지를 분명히 할 필요가 있어 보이며, 사이버 불링 문제를 법적 문제로 접근하여 해결하려 할 때의 장단점을 비교해 보는 것이 필요하다.

2) 영국의 스마트폰 중독

영국도 역시 청소년들의 스마트폰 중독이 큰 문제로 부각되고 있다. 스마트폰 중독 심각성에 대한 조사에서 응답자들은 SNS를 87%로 가장 많이 사용한다고 중앙일보 온라인(2014. 4. 13.자) 신문에서 보도하였다. 이 보도자료에 따르면, 최근 영국 더비대 연구팀이 스마트폰 사용자 256명(평균 나이 29.2세)을 대상으로 하루 사용량과 성향 등을 조사했다. 그 결과, 응답자의 13%가 스마트폰 중독 상태에 있는 것으로 나타났다. 스마트폰의 심각성이 급격하게 부각되고 있다.

응답자들은 하루 평균 3.6시간을 스마트폰을 사용하는 데 썼고, 대부분의 응답자는 스마트폰 때문에 실제 생활에서 인간 관계에 심각한 피해를 보고 있는 것으로 밝혀졌다. 참고로 응답자들이 사용하는 응용프로그램(애플리케이션, 이하 앱) 가운데 가장 많았던 것은 SNS(사회관계망서비스) 앱(87%), 그 다음이 인스턴트 메시지 앱(52%), 새로운 앱(51%) 순이었다.

또 응답자의 60%는 스마트폰이 가족 내의 의사소통을 비롯한 친한 사람과의 상호 작용에 부정적인 영향을 초래한 적이 있다고 말했다. 최근 영국은 스마트폰 중독 심각성에 대한 관심이 모아지고 있다.

영국의 여러 학교들에서 스마트폰을 규제한 후 성적향상 등의 큰 효과를 보았다. 영국에서는 12~15세 청소년들의 87%가 휴대전화를 가지고 있다. 이 중 62%가 스마트폰을 소지하고 있다. 영국의 커뮤니케이션 규제기구인 Ofcom은 미디어 방송에 대한 규제 기관으로 텔레비전과 모바일 게임에 나타나는 부정적인 영향을 파악하고 이를 개선하기 위해 지속적으로 정책 검토를 하고 있다. 또한 부모 및 교사를 위한 교육을 통하여 부적절한 콘텐츠를 포함한 온라인에서 발생할 수 있는 위험으로부터 청소년을 보호하는 데 도움을 주고 있다. 또한 인터넷 중독예방을 위한 제도적 방안으로서 2006년 정부기관이 중독문제와 관련 온라인 보호센터를 출범하였으며 주로 청소년의 올바른 인터넷 사용을 권장하는 업무를 담당하고 있다. 또한 국립 중앙센터를 설립하여 각 지역마다 6개의 중독 센터를 운영하고 있다. 영국에서는 12~15세 자녀를 둔 약 20%의 부모들이 자녀가 휴대전화를 가지고 무엇을 하고 있는지 규칙적으로 점검하고 있으며 대부분의 부모들이 유해사이트의 접근을 차단하는 등 자녀의 휴대전화와 관련된 규칙을 정해놓고 있으며 학교 및 지역사회에서는 사이버폭력의 예방을 위해 또래 사이버멘토 육성 교육을 실시하고 있다(장승옥 · 전호선, 2015).

3) 독일의 새로운 교육 트렌드

청소년 유해콘텐츠가 사회적 문제로 떠오른 독일은 TV, 인터넷 및 휴대전화를 포함하여 청소년들에게 유해한 정보를 제공하는 모든 미디어매체를 제한하고 있다. 대표적인 예로 정부가 청소년 보호를 목적으로 한 청소년 미디어 약정이 있으며 2003년부터는 뉴미디어 청소년 보호법으로 확대되었다. 또한 독일은 자율규제 방안을 강조하고 있으며, 독일의 민영방송국과 인터넷의 청소년 보호 감독기관으로서 청소년미디어보호위원회(KJM : Kommission fur Jugendmedienschutz)가 운영되고 있고, 청소년이 시청하기에 부적합한 영상물은 청소년의 활동시간을 고려하여 방송시간대를 제한하고 있다. 또한 청소년 유해매체 심의위원회(BPJM : Federal Department for Media Harmful to Young Persons)에서 불법음란물로 판정된 매체는 방송을 금지하도록 규정하고 있다. TV 방송사에 청소년보호담당관을 두도록 명시하고, 자율규제기관과 정부의 협력체계로 자율규제에 따른 역할을 담당하고 있다. 그리고 어린이를 대상으로 한 인터넷 중독 캠프를 통하여 인터넷 이용 대신 야외활동 등 여러 가지 놀이문화를 체험하도록 하고 있다. 독일 정부는 각종 유해환경으로부터 청소년 보호정책을 효과적으로 수행하기 위하여 청소년보호법을 제정하여 시행하고 있는데 청소년보호 정책은 공공기관과 민간단체, 시민사회단체 간의 협력 속에서 이루어지고 있다. 그럼에도 불구하고 독일의 JIM-Studie 조사에서는 청소년들이 잔인한 비디오물들이나 포르노그래피를 블루투스(Bluetooth)를 통하여 쉽게 주고받는다는 문제점을 파악하고 규제보완을 위하여 새로운 논의를 진행하는 것으로 알려져 있다.

독일과 더불어 EU 연합국인 프랑스의 경우도 정부가 움직여 청소년들의 스마트폰 규제에 나서기 시작하였다. 인권을 최우선시하는 프랑스에서도 학생들의 스마트폰 규제를 위해 2018년부터 모든 초, 중등 교육기관에서 스마트폰 사용을 금지하는 법령을 시행하려고 하고 있다(장승옥·전호선, 2015)

5. 공유시대 GOGO-토론

다음 보도기사를 읽고 당신이라면 '스마트폰 중독'을 예방하기 위한 '솔루션'을 위해 어떤 문제가 가장 시급하고 문제 해결방안은 무엇인지, 구체적인 전략을 제시해 보세요.

스마트폰 많이 하면 우리 아이 뇌 '팝콘 브레인' 된다?

'팝콘 브레인'이라는 표현이 있다. 오랜 스마트폰 사용으로 인해 뇌가 튀어오르는 팝콘처럼 즉각적인 자극에 반응하는 대신 일상 생활에는 흥미를 느끼지 못하고 타인의 감정을 읽는 데도 어려움을 느끼는 증상을 빗댄 표현이다.
'팝콘 브레인'은 자녀 스마트폰 이용을 경고하는 언론의 단골 소재다. 포털에 '팝콘 브레인'으로 검색하면 주기적으로 기사가 뜬다. 2013년 헬스조선의 "스마트폰에 빠진 우리 아이 뇌는 '팝콘 브레인'" 기사로 시작해 2016년 "'팝콘 브레인'에서 벗어나라" 등 보도가 이어졌고, 최근까지도 대동소이한 기사가 쏟아지고 있다. 이들 기사는 부모들이 자녀의 스마트폰 이용을 막아야 한다는 생각이 들게 만든다. 정○○ 경인교대 국어교육학과 교수는 지난 3일 열린부모교육학회와 굿네이버스가 공동주최한 학술대회 기조 강연을 통해 '팝콘 브레인' 기사로 대표되는 단편적인 보도 경향을 지적했다. 정○○ 교수는 자녀의 스마트폰 이용을 막는 것을 넘어 보다 실효성 있는 육아 차원의 접근 방법을 제안했다.

출처 : 미디어오늘(http://www.mediatoday.co.kr) 2021. 9. 11.

주제에 대한 토론

생각 Idea	사실 Fact	학습과제 Learning Issues	문제해결 실천 Action Planes

제4장
병으로부터 우리를 구하자!! 질병 안전

인간은 누구나 건강하게 오래 살기를 원한다. 이러한 염원은 의학기술의 발달과 식생활 개선으로 이어지게 되었고 결국 수명도 늘어나게 되었다. 인구가 적고 질 높은 음식에 대한 욕구가 적었을 때는 자연을 훼손하지 않고도 자연에서 얻어진 것으로 식생활에 부족함이 없었다. 그러나 인구가 증가하고 질 높은 음식을 찾게 되면서부터 식량부족 현상이 나타났다. 이를 극복하는 과정에서 자연을 훼손하게 되었고 이로 인한 폐해는 질병으로 나타났다.

그동안 인류는 홍역, 천연두, 콜레라, 페스트 등으로 많은 사람들이 희생되었고 그 후유증으로 고생하였지만 지금 이러한 질병들은 사람들의 관심에서 멀어졌다. 치료제와 백신이 만들어졌기 때문이다. 요즈음 유행하고 있는 코로나 바이러스 19는 계속 바이러스가 변형되어 나타나 세계 여러 나라가 많은 어려움을 겪고 있다. 특히 변형된 바이러스는 발생하면 당장 완치할 수 있는 치료약이 없어 피해가 크다. 새로운 질병에 대한 치료약을 만들어 내는 것이 쉽지 않기 때문이다. 따라서 치료약이 만들어지기까지는 본인 스스로 질병과의 싸움에서 이겨야 한다. 질병과의 싸움에서 이기기 위해서는 평소 건강관리에 힘을 써야 한다. 코로나 바이러스 19로 희생되는 사람들이 나이가 많은 노인이거나 기저질환을 앓고 있는 사람인 것을 보아도 건강관리가 매우 중요함을 알 수 있다. 세계보건기구(WHO)도 질병은 치료도 중요하지만 가장 효과적인 방법으로 예방을 들고 있다.

이에 본 장에서는 감염성 질병과 비감염성 질병을 개괄적으로 살펴보고 이를 극복할 수 있는 방안을 살펴보고자 한다.

1. 모두가 추구하는 건강한 삶이란?

1) 건강의 의미

과학기술 발달과 의식주의 변화는 인간의 삶의 질을 높여주었고 인간 수명 연장으로 이어져 우리 사회도 100세 시대에 접어들었다. 하지만 건강하게 100세까지 사는 것은 큰 축복이지만 질병에 노출되는 기간이 많아 고통을 받고 있으며 이로 인해 지불되는 비용도 만만치 않다. 비용 증가는 가계에 어려움을 주어 수명 연장이 축복이기보다 재앙이 되기도 한다. 따라서 요즈음은 오래 사는 것보다는 조금 적게 살더라도 건강하게 사는 것을 원한다. 그래서 등장한 단어가 '건강 수명'이다. 건강 수명이란 질병 없이 스스로 움직이면서 적당한 생활을 할 수 있는 삶을 말한다. 건강(health)은 행복한 삶의 첫 번째 조건이다. 건강하지 않으면 억만금이 있어도 행복할 수 없기 때문이다.

세계보건기구(WHO)는 건강이란 단순히 질병이 없고 허약하지 않은 상태만이 아니라 육체적 · 정신적 · 사회적으로 완전한 상태라고 규정하고 있다. 20세기 이전에는 신체가 건강한 사람이 사회를 지배했기 때문에 신체 건강이 주를 이루었다. 그러나 20세기 이후에는 '건강한 육체에 건강한 정신이 깃든다'는 정신 아래 일상적인 생활을 영위하는 데 지장이나 고통을 받지 않는 상태를 말하는 것으로 바뀌었다. 즉, "건강이란 질병이 없거나 허약하지 않을 뿐만 아니라 육체적 · 정신적 · 사회적 및 영적 안녕이 역동적이며 완전한 상태이다(Health is a complete state of physical, mental and social wellbeing and not merely the absence of disease or infirmity)"라고 정의하였다(노영희 · 홍현진, 2009. 7. 31).

건강이 인간의 중요한 관심사가 되면서 돈을 잃으면 조금 잃고, 친구를 잃으면 절반을 잃고 건강을 잃으면 모두 잃는다는 말이 있다. 인간이 소중하게 여기는 단어를 넣어 어떤 것보다 건강이 중요함을 강조하고 있다. 모든 사람이 건강하며 모든 것을 잃지 않고 오래 살면서 행복한 삶을 누리기 위해서는 이웃과 국가 사회의 노력도 중요하지만 가장 중요한 것은 본인의 노력이다. 스스로 건강관리를 잘하여 질병으로부터 자신을 보호하는 지혜가 필요한 시기이다.

2) 질병의 의미

의료기술이 발달하지 않았던 시절에는 병이 나면 귀신이 들렸다고 하며 귀신을 몸 밖으로 쫓아내는 것이 치료의 방법이었다. 그래서 병이 들면 무당을 찾아가서 굿을 하였다. 그러나 의학기술의 발달로 질병은 귀신의 장난이 아니라 균이 침범하여 발생하고 침범한 부위에 따라 질병의 명칭과 증상도 달라진다는 사실을 알게 되었다. 굿으로 질병을 치료하는 것이 불가하다는 것을 알게 되면서부터 병이 나면 병원을 찾게 되었고 굿으로 병을 치료하려는 행위는 거의 사라졌다. 하지만 아직도 의술로 치료가 불가능한 불치의 병에 걸린 사람들은 물에 빠진 사람이 지푸라기를 잡는 심정으로 무당을 찾아가 굿을 하고 있다.

질병이란 무엇인가? 사전적인 의미는 심신의 전체 또는 일부가 장애를 일으켜서 정상적인 기능을 할 수 없는 상태를 말하며, 영어로는 disease, illness, disorder, sickness, ailment로 표현된다. 질병은 크게 감염성 질병과 비감염성 질병으로 나눈다. 감염성 질병은 바이러스·세균·곰팡이·기생충과 같은 병원체가 동물이나 인간에게 침입하여 발생하는 질병이며, 비감염성 질병은 병원체의 감염 없이 발생하는 질병으로 노화, 영양과다와 운동 부족, 영양결핍, 유전적 요인, 흡연, 음주, 약물 중독, 잘못된 식습관과 생활 습관, 환경오염, 스트레스 등 때문에 발생하는 질병으로, 진단되기까지의 기간이 긴 병이다.

감염성 질병은 병원체가 동물이나 인간에게 침입함으로 인해 발생한다. 하지만 병원체가 인간이나 동물에 접촉한다고 모두 병에 걸리는 것은 아니다. 병원체에 대한 저항력이 어떠하냐에 따라 감염 여부도 달라진다. 즉, 질병으로부터 자유로워지려면 스스로 예방과 관리를 해야 한다. 요즈음에는 감염성 질병 중에서 세균에 의한 질병은 항생제의 발달로 대부분 치료가 가능해졌지만 바이러스성 질병에 대한 치료제는 병의 발생 속도를 따르지 못하고 있어 인간이 생명의 위협을 받고 있다. 요즈음 코로나 바이러스 19로 전 세계가 떠들썩하다. 많은 사람이 일시적으로 감염되고 많은 희생자가 발생하기 때문이다. 하지만 지금까지 진행된 질병의 역사를 보면 반드시 치료제가 등장하여 코로나 바이러스 19의 공포로부터 벗어날 때가 곧 올 것이다.

비감염병의 경우는 전염성이 없어 감염병보다 사람들의 관심을 끌지 못하지만 사실은 비감염성 질병으로 희생되는 사람이 감염성 질병으로 사망하는 사람보다 훨씬 더 많다. 따라서 감염성 질병을 막기 위한 노력도 해야 하지만 비감염성 질병 예방을 위해서도 노력해야 한다. 질병을 치료하거나 예방하기 위해 만들어진 치료제를 보면 바이러스에 의한 감염성 질병은 병원균이 어느 정도 밝혀져 치료제를 만들기가 용이하다고 한다. 그러나 비감염성 질병의 경우는 여러 인자가 복합적으로 합쳐져 나타나기 때문에 원인이 명확히 밝혀지지 않은 경우가 많아 치료제를 만들기가 더 어렵다고 한다.

(1) 감염성 질병

많은 나라들이 코로나 바이러스 19의 확산을 막기 위해 총력을 기울이고 있다. 전염병은 정치, 경제, 사회, 문화, 교육, 국방 등 사회 모든 분야에 영향을 주기 때문이다. 생명이 희생되기도 하지만 경제적 피해도 커져가고 행동에 제약을 받음으로 인해 삶의 질이 떨어지기도 한다. 감염성 질병으로부터 가장 안전하게 사는 방법은 치료약을 생산하거나 백신을 만들어 예방하는 것이다. 그러나 이번 코로나 바이러스 19는 변형된 바이러스로 의약품이 생산되기 전이라 많은 사람이 희생되었고 앞으로 얼마나 더 많은 사람의 희생이 따를지 알 수 없다.

치료약이 나오기까지 희생을 최소화시키는 방법은 감염에 노출되지 않는 것, 즉 확산을 막는 것이다. 이를 위해 마스크 착용하기, 사회적 거리 두기, 손 씻기, 각종 모임 금지 등의 조치를 시행하고 있다. 감염병 발생과 함께 요즈음 필수품이 된 것이 마스크이다. 황사나 감기에 걸린 사람들이 주로 사용하던 마스크가 이제는 감염성 질병으로부터 나 자신은 물론 다른 사람을 보호하기 위하여 필수적으로 사용해야 하는 물품이 되었다. 마스크가 필수품이 되면서 길거리에는 다양한 색깔의 마스크로 얼굴을 가린 사람이 거리를 배회하는 진풍경이 벌어지고 있다.

전염성 질병은 확산이 되면 많은 인명 피해와 경제적 손실이 따르기 때문에 발생 초기부터 대응을 잘 해야 한다. 우리나라는 OECD 국가들 중에서 방역을 잘한 나라로 뽑혔지만 전 세계적으로 보면 미리 국경을 통제한 동남아시아 몇 개국보다 감염자나 사망자 수가 많은 것으로 알려지고 있다. 정부는 감염성 질병 위기에 신속하게 대응하기 위하여 「감염병 예방 및 관리에 관한 법률」을 개정하여 2020년 1월 1일부터 시행에 들어갔다. 개정된 주요 내용은 기존에는 질환의 특성에 따라 '군(群)'별 분류체계를 사용했으나 개정된 법률은 감염병의 심각도 · 전파력 · 격리수준 · 신고 시기를 중심으로 하여 '급(級)'별 체계로 분류하였고, 제1~5군 감염병 및 지정감염병 총 80종을 제1~4급 감염병 총 86종으로 나누었다. 또한 바이러스성 출혈열을 개별 감염병(마버그열, 라싸열 등 6종)으로 분리하였고, 사람 유두종 바이러스 감염증을 제4급 감염병에 신규 추가하였다. 또 2020년 7월 1일부터는 E형간염을 제2급 감염병으로 추가하여, 총 87종의 법정감염병이 됐다. 개정된 내용을 보면 다음과 같다.

〈표 4-1〉 법정 감염병의 종류

구분	제1급 감염병(17종)	제2급 감염병(21종)	제3급 감염병(26종)	제4급 감염병(23종)
유형	생물테러감염병 또는 치명률이 높거나 집단 발생 우려가 커서 발생 또는 유행 즉시 신고하고 음압격리가 필요한 감염병	전파 가능성을 고려하여 발생 또는 유행 시 24시간 이내에 신고하고 격리가 필요한 감염병	발생 또는 유행 시 24시간 이내에 신고하고 발생을 계속 감시할 필요가 있는 감염병	제1급~제3급 감염병 외에 유행 여부를 조사하기 위해 표본감시 활동이 필요한 감염병
종류	가. 에볼라바이러스병 나. 마버그열 다. 라싸열 라. 크리미안콩고출혈열 마. 남아메리카출혈열 바. 리프트밸리열 사. 두창 아. 페스트 자. 탄저 차. 보툴리눔독소증 카. 야토병 타. 신종감염병증후군	가. 결핵 나. 수두 다. 홍역 라. 콜레라 마. 장티푸스 바. 파라티푸스 사. 세균성이질 아. 장출혈성대장균감염증 자. A형간염 차. 백일해 카. 유행성이하선염	가. 파상풍 나. B형간염 다. 일본뇌염 라. C형간염 마. 말라리아 바. 레지오넬라증 사. 비브리오패혈증 아. 발진티푸스 자. 발진열 차. 쯔쯔가무시증 카. 렙토스피라증 타. 브루셀라증	가. 인플루엔자 나. 매독 다. 회충증 라. 편충증 마. 요충증 바. 간흡충증 사. 폐흡충증 아. 장흡충증 자. 수족구병 차. 임질 카. 클라미디아감염증 타. 연성하감

구분	제1급 감염병(17종)	제2급 감염병(21종)	제3급 감염병(26종)	제4급 감염병(23종)
종류	파. 중증급성호흡기증후군(SARS) 하. 중동호흡기증후군(MERS) 거. 동물인플루엔자 인체감염증 너. 신종인플루엔자 더. 디프테리아	타. 풍진 파. 폴리오 하. 수막구균 감염증 거. b형헤모필루스인플루엔자 너. 폐렴구균 감염증 더. 한센병 러. 성홍열 머. 반코마이신내성황색포도알균(VRSA) 감염증 버. 카바페넴내성장내세균속 균종(CRE) 감염증 서. E형 감염	파. 공수병 하. 신증후군출혈열 거. 후천성면역결핍증(AIDS) 너. 크로이츠펠트-야콥병 (CJD) 및 변종크로이츠펠트-야콥병 (vCJD) 더. 황열 러. 뎅기열 머. 큐열 버. 웨스트나일열 서. 라임병 어. 진드기매개뇌염 저. 유비저 처. 치쿤구니야열 커. 중증열성혈소판감소증후군(SFTS) 터. 지카바이러스 감염증	파. 성기단순포진 하. 첨규콘딜롬 거. 반코마이신내성장알균(VRE) 감염증 너. 메티실린내성황색포도알균(MRSA) 감염증 더. 다제내성녹농균(MRPA) 감염증 러. 다제내성아시네토박터 바우마니균(MRAB) 감염증 머. 장관감염증 버. 급성호흡기감염증 서. 해외유입기생충감염증 어. 엔테로바이러스 감염증 저. 사람유두종바이러스 감염증
감시	전수	전수	전수	표본

출처 : 보건복지부 보도자료(2019. 12. 26).

기존 법률에서는 1군 내지 4군 감염병에 대하여 '지체 없이' 신고하도록 규정했으나 개정 법률은 1급 감염병은 '즉시', 2급 및 3급 감염병은 '24시간 이내'로 신고해야 하며, 신고를 할 경우에는 기존과 동일하게 보건복지부장관 또는 관할 시·군·구 보건소장에게 신고하면 된다. 다만, 제1급 감염병의 경우 질병관리본부 긴급상황실(043-719-7878) 또는 관할 시·군·구 보건소장에게 신고서를 제출하기 전에 구두·전화 등으로 즉시 알리도록 하여 국민 피해가 큰 감염병에 신속하게 대응하도록 했다. 벌칙은 신고 의무 위반 및 방해자의 경우 기존 200만 원의 벌금에서 제1급 및 2급 감염병은 500만 원 이하, 3급 감염병 및 4급 감염병은 300만 원 이하의 벌금으로 차등·강화했다. 이를 정리하면 다음과 같다.

〈표 4-2〉 법률 개정 전후 비교

<table>
<tr><th colspan="3">개정 전</th></tr>
<tr><th>분류</th><th>감염병 특성</th><th>신고 시기</th></tr>
<tr><td>제1군</td><td>물 또는 식품을 매개로 발생</td><td rowspan="4">지체 없이</td></tr>
<tr><td>제2군</td><td>예방접종 대상</td></tr>
<tr><td>제3군</td><td>간헐적 유행이 가능하여 감시하고 대책 수립이 필요</td></tr>
<tr><td>제4군</td><td>신종감염병 또는 해외유행 감염병</td></tr>
<tr><td>제5군</td><td>기생충감염병 (표본감시)</td><td rowspan="2">7일 이내</td></tr>
<tr><td>지정 감염병</td><td>유행 여부 조사를 위해 감시가 필요 (표본감시)</td></tr>
</table>

➡

<table>
<tr><th colspan="4">개정 후</th></tr>
<tr><th>분류</th><th>심각도 · 전파력</th><th>신고 시기</th><th>격리수준</th></tr>
<tr><td>제1급</td><td rowspan="4">치명률이 높거나 집단발생 우려가 큼
↑
감염병 유항 여부 조사를 통한 관리 (표본감시)</td><td>즉시</td><td>음압격리와 같은 높은 수준의 격리</td></tr>
<tr><td>제2급</td><td rowspan="2">24시간 이내</td><td>격리 필요</td></tr>
<tr><td>제3급</td><td>격리 불필요</td></tr>
<tr><td>제4급</td><td>7일 이내</td><td>격리 불필요</td></tr>
</table>

출처 : 보건복지부 보도자료(2019. 12. 26).

(2) 비감염성 질병

음식 문화가 발달하지 않았던 때는 요즈음 같이 인간의 입맛을 돋우고 영양가 높은 음식보다는 오직 생명 유지를 위해 음식을 먹었다. 다라서 심장병, 당뇨병, 고혈압, 동맥경화, 뇌졸증, 치매, 관절염, 혈우병 등과 같은 고질적인 질병은 거의 없었다. 다만, 자연에서 음식을 얻기 위하여 육체적 노동을 주로 하였기 때문에 관절과 관련된 질병이 주를 이루었다. 그러나 과학 기술의 발달로 삶의 질이 높아지면서 편안함과 질 높은 음식을 먹게 되었다. 풍성하고 질 높은 음식을 먹음으로 인해 인간의 삶이 행복해지는 듯했으나 식생활의 변화와 함께 다양한 질병이 발생하여 고생하고 있다. 감염성 질병은 전염성이 강하여 한꺼번에 많은 사람들에게 전파되는 속성 때문에 사람들의 이목을 집중시키고 사회적으로 크게 파장을 일으키지만 비감염성 질환은 개개인이 앓고 있어 본인과 가족들만의 고통으로 나타나기 때문에 피해자가 많아도 사람들의 관심을 크게 끌지 못한다. 감염성 질병은 일시적인 현상이지만 비감염성 질병은 오랜 시간에 걸쳐 발생하고 치료에도 시간이 많이 걸리며 사망하는 사람도 감염성 질병보다 많다. 특히 비감염성 질환은 예방이 중요하기 때문에 병에 쉽게 노출되는 생활방식을 바꾸고, 병을 일으키는 위험인자 제거와 질병 치료를 위한 노력과 관리가 중요하다. 즉, 질병이 발생한 후 치료하는 것도 중요하지만 질병이 발생하기 전 예방에 중점을 두고 질병을 미연에 방지하기 위해 예방에 더 많은 노력을 기울여야 한다[네이버 지식백과, 질병(disease, 疾病), 두산백과].

2. 질병도 역사가 있다

질병은 인류의 시작과 동시에 발생했기 때문에 어쩌면 질병의 역사와 인류의 역사는 같이 해왔다고 해도 과언이 아니다. 그동안 인간은 한센병, 페스트, 천연두, 성홍열과 폐결핵 같은 질병으로 고생을 하였으며 요즈음에 들어서는 암과 바이러스에 의한 질병과 피부병, 정신적 질환, 비만에서 오는 질병 등 새로운 질병으로 고생하고 있다. 요즈음에 유행하는 질병은 환경오염과 의식주의 변화로 인하여 발생하기 때문에 이를 문명병이라고도 한다.

고대에는 변종 바이러스와 같은 전염병은 없었다. 있다고 해도 아주 드물었다. 자연에 순응하며 살았기 때문이다. 또 전염병이 발생해도 지금과 같이 일시에 많은 사람을 감염시킬 우려도 없었다. 사람들이 작은 집단을 이루어 살았고, 집단들이 멀리 떨어져 있었으며 교통수단도 발달하지 않아 사람들의 왕래가 적었기 때문이다. 전염병이 발생해도 접촉자가 적어 전염의 속도와 피해 지역이 일부 지역에 한정되었기 때문에 희생자도 발생 지역에서만 나타나는 것이 대부분이었다. 그러나 교통수단이 발달하고 사람들이 생활 여건이 좋은 곳을 찾아 집중하여 살게 되었으며, 편함과 질 높은 음식을 얻기 위하여 인간이 가축들과 같이 살게 됨으로 인해 동물에 감염된 새로운 바이러스가 나타나 사람들에게 피해를 주는 전염병이 되고, 전파 속도도 빨라져 팬데믹 현상이 나타나 많은 사람들이 희생되고 있다.

1) 질병이 한 나라의 역사를 바꾸기도 한다

질병이 한 나라의 흥망성쇠를 좌우한 경우를 볼 수 있다. 다양한 사례 중 많은 희생자를 발생시킨 질병을 중심으로 발생 원인과 극복 과정을 살펴보고자 한다.

(1) 천연두

천연두는 두창(痘瘡), 포창(疱瘡)이라고도 불리며 우리나라에서는 마마 또는 손님이라고도 불리던 질병으로, 사망률이 20~60%에 이르는 공포의 전염병이다. 세계적으로 3억 명이 희생되고 우리나라에서도 많은 피해자가 발생한 질병이기도 하다. 특히 천연두는 한번 걸리면 완치가 되어도 얼굴에 곰보 자국을 남기기 때문에 평생을 고통 속에 살게 하는 병이기도 하다. 천연두는 전염성이 강하고 사망률도 높았기 때문에 백신과 치료약이 개발되기 전까지는 공포의 전염병이었다. 하지만 치료약과 백신이 만들어져 예방접종을 실시하면서 이제는 우리의 뇌리에서 거의 사라진 질병이 되었다. 우리나라에서도 지석영이 완성한 종두법으로 천연두를 예방하게 됨으로 질병 예방과 함께 의학 기술 발전에 크게 이바지하는 계기가 되었다. 천연두로 인해 나라의 운명이 바뀌기도 했다. 스페인이 신대륙을 정복할 때 천연두로 사망한 병사가 원주민에게 병을 옮기게 되어 나라가 혼란한 틈을 타 쉽게 신대륙을 정복하였다고 한다.

(2) 페스트

페스트가 흑사병으로 불리게 된 것은 독일인 의사 유스투스 헤커(Justus Hecker)가 쓴 흑사병이라는 책을 통하여 사람들에게 알려지게 되었기 때문이라고 한다.

페스트가 유행하기 전의 유럽은 온도가 따뜻하고 경작지가 늘어남에 따라 인구가 집중하게 되었고, 식량 부족이 나타났다. 식량 부족으로 식량 가격이 폭등했고 수백만 명이 사망하는 사태가 벌어졌다. 이런 일이 지역별로 반복되었고 새로운 질병에 취약한 상태가 되었다. 이때 몽골군이 크림반도의 페오도시아라는 도시를 포위하고 페스트에 걸려 죽은 자기 군대 시신을 투석기를 이용하여 도시 안으로 발사하였고, 이후 도시 안에 갇혀있는 제노바 상인들이 이탈리아로 도망을 가면서 흑사병도 유럽 전역에 전염된 것으로 전해진다. 전쟁 외에도 중국과 유럽 간에 무역이 이루어지던 시대였기 때문에 유럽에 흑사병을 옮기는 결과를 초래하게 되었다.

페스트가 창궐한 후 배가 육지에 상륙하지 못하게 했지만 전염원이 쥐라는 것을 몰랐을 뿐만 아니라 의술이 발달하지 못하여 흑사병을 막을 만한 대책이 없었다. 페스트로 인해 유럽에서만 약 4년간 2,000만에서 2,500만 명이 사망하여 유럽 인구의 약 1/3이 사망했다고 한다. 하지만 이때도 지역별로 피해의 차이가 존재했는데 이탈리아 피렌체에서는 인구의 80%가 희생되었지만 밀라노에서는 15%의 적은 수가 희생되었다. 이러한 차이의 발생 원인은 밀라노는 환자가 발생하면 문과 창 주위에 새로 벽을 치는 방법으로 환자를 격리했기 때문이었다고 한다. 또한 유럽 지역에서도 폴란드는 거의 피해를 입지 않았는데 폴란드 황제가 국경을 통제하고 외국인의 통제를 막았기 때문이라고 한다. 이러한 역사적 사실은 전염병이 발생하면 어떻게 대처해야 하는지를 시사한다고 볼 수 있다.

(3) 콜레라

콜레라는 극심한 설사와 복통 그리고 구토 증세를 동반하여 심한 경우 사망에 이르는 질병이다. 오염된 식수로 인해 옮겨지는 질병으로 인도 지역에 풍토병으로 남아있다가 영국이 인도에 군인들을 파병하고 인도인을 강제로 이주하게 하는 과정에서 전 세계로 퍼지게 되었다고 한다.

이 당시 유럽은 철도가 놓이고 생활환경이 개선되면서 인구가 도시로 몰려들어 도시화가 급격하게 이루어지고 도시의 인구가 폭발적으로 증가하였다. 인구가 폭발적으로 증가하자 사람들은 좁은 면적에서 오밀조밀 모여 살게 되었다. 빈민층이 증가하였으며 오물을 처리할 수 있는 시설과 상하수도 분리 시설이 제대로 갖추어지지 않아 오염된 물을 식수로 사용한 것 등이 종합적으로 작용하여 콜레라 확산에 불을 붙였다. 또한 사람과 물자를 수송하기 위해 만들어진 철도가 콜레라를 육상 교통로를 따라 옮기는 역할을 하게 되어 더 많은 나라로 빨리 퍼져 나갔다. 1831년에는 러시아와 폴란드를 중심으로 퍼져 나갔고, 1832년에는 미국에서 대규모 감염이 일어났으며, 폴란드와 국경을 마주하고 있던 독일도 큰 피해를 입었다. 콜레라로 프랑스 총리였던 카지미르 페리 총리, 미국의 11대 대통령 제임스 녹스 포크, 프로이센의 장군 카를 폰 클라우제비치, 철학자 헤겔 등도 희생되었다고 한다.

콜레라의 전염 경로를 규명한 의사는 영국의 존 스노우이다. 존 스노우는 자신의 주변에서도 콜레라 발병이 많은 곳과 적은 곳이 있는 것에 착안하여 원인을 찾다가 발병이 많은 곳은 오염된 식수를 공급받고, 적은 곳은 오염되지 않은 식수를 사용하는 것을 확인하고 오염된 식수가 콜레라 전염의 원인임을 밝혀냈다. 많은 사람을 죽음으로 이끈 콜레라도 항생제가 개발된 후 한국을 비롯한 많은 지역에서 이제는 잊혀진 질병이 되었지만 내전이나 열악한 환경의 지역에서는 아직도 콜레라가 발병하여 피해를 입고 있다.

(4) 스페인 독감

스페인 독감은 1918년 발병하여 2년 동안 전 세계를 휩쓴 질병이다. 세계적으로 5억 명이 발병하였고 2,700만 명에서 1억 명이 사망했을 것으로 추정하고 있다. 당시 세계 인구가 18억 명 정도였던 것을 감안하면 스페인 독감으로 1.5%에서 5%의 인구가 사망한 것으로 추정할 수 있다. 제1차 세계대전으로 인한 사망자 수가 1,700만 명인 데 비해 이보다 더 많은 사람이 전염병으로 사망한 것을 보면 전염병이 나라의 흥망성쇠를 좌우할 수 있다고 해도 과언이 아니며 전염병에 잘못 대처하면 어떠한 결과가 나타나는지를 증명하고 있다.

다만, 질병의 이름이 스페인 독감이다 보니 스페인 독감이 스페인에서 시작된 것으로 알기 쉬우나 어디에서 시작되었는지는 확실하지 않고 미국 캔자스 지역일 것이라고 추정만 하고 있다. 스페인 독감이 전 세계에 퍼지게 된 것은 제1차 세계대전 때문이었다. 1917년 미국은 유럽 지역에 군대를 파견하였고, 독감에 감염된 것으로 의심되는 군인을 파견하게 됨으로 인해 전 세계적으로 퍼졌다. 이로 인해 곧 프랑스 해안에서 시작된 독감은 아군과 적군을 가리지 않고 급속도로 퍼지기 시작하였다. 열악한 전선에서 독감은 더욱 빠른 속도로 전파되었는데, 4년간의 전쟁으로 병상은 이미 꽉 차있어 제대로 된 치료를 받지 못했다. 하지만 참전국들은 전염병이 퍼지고 있다는 소식이 외부로 알려지게 되면 군인과 국민들의 사기가 떨어질 것을 염려하여 이를 알리지 않았지만 중립국으로 남아있던 스페인은 전염병에 대해 보도하였다. 다른 나라는 보도가 이루어지지 않고 스페인 언론에서만 보도됨으로 인해 사람들은 스페인에서만 전염병이 돌고 있는 것으로 생각하게 되었다. 그래서 스페인 독감이 되었다고 전해진다. 우리나라에서도 스페인 독감으로 14만 명 정도가 희생되었다고 한다. 이 독감으로 막스 베버, 프란츠 카프카, 트럼프의 할아버지 프레드릭 트럼프도 사망했다. 이 당시에도 독감의 확산을 막기 위하여 다양한 노력을 하였다. 재채기와 기침을 하는 사람 곁에서 떨어질 것, 재채기나 기침을 할 때는 손으로 입을 가릴 것, 환기가 안 되는 곳에 오래 머물지 말 것, 공동으로 사용하는 컵이나 수건을 사용하지 말 것, 감기 기운이 있으면 집에 머물 것, 감염된 사람이 있는 곳으로 갈 때는 마스크를 쓸 것 등이었다. 하지만 이러한 활동이 사회 전반적으로는 알려지지 않아 지켜지지 않았고 이로 인해 피해가 더 커졌다. 다만, 스페인 서부 사모라라는 도시는 정부와 신문들이 독감이 어떻게 발생하는지, 예방법은 무엇인지를 알렸고, 독감은 걸린 사람한테서 건강한 사람에게 옮겨지며 절대로 저절로 생기지는 않는다고 알렸지만 예방법을 제대로 따르지 않아 가장 많은 사망자를 남긴 도시로 알려져 있다. 방법을 알고 있어도 실천이 따르지 않으면 의미가 없음을 알 수 있다. 요즈음 유행하는 코로나 19 전염병을 예방하기 위해서 국민들이 어떻게 해야 하는지를 시사한다.

(5) 사스

사스는 영어로 Severe Acute Respiratory Syndrome이며 앞 글자를 따 약자로 SARS라고 부른다. '중증급성호흡기증후군'의 줄임말이다. 사스는 중국 남부의 광둥 지방에서 2002년 처음으로 발생한 것으로 알려지고 있다. 사스는 높은 열과 기침이 나며 숨쉬기가 힘들고, 결국에는 폐렴으로 발전해 죽음에 이를 수도 있다. 사스는 일찍 발견하면 치료가 가능하고 건강한 사람의 경우는 회복률도 높지만 노인이나 어린이, 기타 다른 질병을 앓고 있는 환자는 위험할 수 있다.

전파는 조니 첸이라는 중국계 미국인 사업가가 사스에 감염되어 베트남에 머무는 동안 증상이 발생하여 홍콩 병원으로 옮겨졌고, 그와 함께 비행기에 탔던 사람들과 같은 호텔에 묵었던 사람들 그리고 그를 치료했던 의료진들이 감염되어 전 세계에 퍼진 것으로 알려지고 있다. 홍콩, 타이완, 싱가포르, 베트남 등의 아시아 지역과 캐나다, 미국에서 많은 사람들이 사스에 걸렸으며 2004년 7월경 사라지기까지 약 7개월 동안 32개국에서 8,000여 명의 환자가 발생하여 774명이 사망했다(천명선 · 박재현 · 강희철, 2014). 교통의 발달로 많은 사람들이 세계 여러 나라를 여행할 수 있기 때문에 병원체가 퍼지는 속도가 빨라졌고 범위도 넓어졌다. 사스 바이러스가 7개월 만에 30여 개 나라에 퍼진 것을 통해 전파 속도가 매우 빠르고 광범위함을 알 수 있다. 따라서 전염병이 발생하면 세계 여러 나라들은 공항과 항만의 검색, 검역을 강화하여 환자를 최대한 빨리 격리하고 치료할 수 있는 제도를 시행하고 있다.

보통 전염병의 위험을 경고할 때는 치사율을 이용한다. 치사율이란 사망에 이를 확률을 말한다. 사스의 치사율은 25세 이하의 젊은 사람들에게는 1% 이하이지만, 65세 이상 노인들에게는 무려 50%에 이른다고 한다[(네이버 지식백과) 질병의 역사와 면역체계(EBS 동영상)].

(6) 신종플루

신종 인플루엔자 A(H1N1) pdm09는 돼지독감 바이러스 유전자가 변형되어 사람, 돼지, 조류를 감염시키는 신종 인플루엔자 바이러스이다. 신종플루는 감염된 사람의 기침, 재채기 등에 의해 방출된 바이러스 입자를 다른 사람이 들이마실 때 감염된다. 호흡기 분비물 외에도 설사와 같은 체액에 의해서도 전파된다.

2009년 신종 인플루엔자로 알려져 주목을 받았던 신종플루는 2009년 4월에 첫 국내 의심환자가 보고된 이후, 2010년도에 종결될 때까지 2009년에는 706,911명, 2010년에 56,850명이 걸렸다. 2010년 1월 보건사회부 발표 자료에 의하면 우리나라는 신종플루로 214명이 사망한 것으로 나타났다. 반면 유럽질병예방통제센터(ECDC)에 의하면 전 세계적으로는 약 3만 명(2010년 1월 19일 기준)이 사망한 것으로 나타나 있다. 신종플루는 대부분 치료하지 않아도 호전되지만 바이러스나 세균 폐렴이 발생한 경우, 면역기능이 저하된 사람, 고령자에서 발생한 경우에는 사망에 이르기도 한다. 신종플루는 2009년 타미플루가 개발되어 더 이상의 희생자를 막을 수 있었으며, WHO는 2010년 8월 10일 신종플루 종료를 선언했다.

(7) 메르스

중동호흡기증후군은 중동지역에서 집중적으로 발생하였으며, Middle East Respiratory Syndrome의 앞 글자를 따 MERS(메르스)라고 부른다. 신종 베타코로나 바이러스에 의한 감염증으로 SARS와 유사하나 치사율은 30% 정도로 높은 편이다. 원인은 신종 코로나 바이러스인 MERS-Corona이다. 박쥐가 원인 동물로 알려져 있으나 낙타일 수 있다는 보고도 있다. 아직까지 백신이나 치료약이 개발되지 않았으며 대증 요법을 시행하고 있다.

예방은 사람이 밀집된 장소는 최대한 피하고 발열이나 호흡기 증상이 있는 사람과는 접촉하지 않는 것이 좋다. 손으로 눈이나 입 등을 만지지 말고 손을 자주 씻으며, 개인위생을 철저히 해야 한다. 고열이나 기침 등의 증상이 있으면 마스크를 착용하고 가까운 병원의 진료를 받는 것이 좋다.

우리나라에서는 2015년 5월 20일 최초로 메르스 감염자가 확인되었고 첫 환자 발생 68일 만에 메르스가 종식되었음을 발표했다. 메르스는 186명이 발병하여 38명이 사망해 치사율은 20.4%이다. 유럽질병통제센터(ECDC)에 따르면 2012년 4월부터 2015년 5월 30일까지 총 25개국에서 1,172명의 메르스 감염환자가 발생했으며 그중 479명이 사망한 것으로 알려지고 있다[(네이버 지식백과) 신종 인플루엔자 A(H1N1) (서울대학교병원 의학정보, 서울대학교병원)].

(8) 코로나 바이러스 19

우리 삶의 모습을 완전히 바꾸어 놓은 것이 코로나 바이러스 19이다. 코로나 바이러스 19는 2019년 12월 1일 중국 우한시에서 처음 발생한 것으로 알려지고 있으며, 2020년 1월부터 전 세계로 퍼지기 시작해 현재는 대부분의 국가에 퍼져 많은 감염자와 사망자가 나타나고 있다. 세계보건기구(WHO)는 2020년 1월 31일 코로나 19를 범유행전염병으로 선언함과 동시에 국제적 공중보건 비상사태를 선포하였다.

세계적으로 2021년 12월 1일 기준 2억 6천만 명 이상이 발생하여 520만 명 이상이 사망하였지만 변형된 바이러스가 계속 발생하고 있어 종료가 되기까지는 얼마나 더 많은 감염자가 나올지 알 수 없다. 코로나 19는 정치, 경제, 사회, 교육, 군사, 외교 등 영향을 받지 않은 곳이 거의 없을 정도의 위력을 발휘하고 있다. 요즈음은 백신의 접종이 이루어지고 치료약도 개발되어 머지않아 코로나 19로부터 자유로워질 것이 기대된다. 이 시점에서 가장 중요한 것은 스스로 몸을 튼튼히 하고 방역 당국의 지침을 준수하는 길이 최선의 방책이다.

3. 질병의 치료와 예방

감염병은 바이러스, 세균 등에 인간이 노출됨에 따라 발생하기 때문에 발생 초기에 어떻게 대응하느냐에 따라 피해 정도에 큰 차이가 있다. 바이러스에 의한 감염병은 환자의 기침, 재채기 등에 의해 방출된 바이러스가 다른 사람의 호흡기를 통해 전파된다. 그 외에도 설사와 같은 체액에 의해서도 전파되는 것으로 보고되고 있다. 대부분의 감염성 질병은 고열, 콧물 혹은 코막힘, 기침, 인후통과 같은 증상이 있고 오한, 근육통, 관절통 등이 나타날 수도 있다. 치료하지 않아도 호전되기도 하지만, 일부 경우는 사망에 이르기도 한다. 예방을 위해서는 손을 자주 씻고, 손으로 얼굴을 만지는 것을 피해야 한다. 재채기를 할 경우에는 화장지로 입과 코를 가리고 하고, 화장지를 버린 후에는 손을 깨끗이 씻어야 한다(질병관리본부의 대국민행동요령 지침).

1) 질병아, 비켜나라! 백신이 나가신다

전염병은 유행하기 시작하면 한꺼번에 많은 사람들의 생명을 위협한다. 따라서 많은 국가들은 피해를 최소화하기 위해 노력한다. 전염병의 예방과 치료에 대해 획기적인 전환을 이룬 것은 네덜란드의 안토니 판 레이우앤 훅이 미생물의 존재를 찾아내면서이다. 이를 계기로 인류가 전염병의 두려움과 고통 그리고 희생을 최소화할 수 있게 만들어 준 것이 백신과 항생제이다. 지금 많은 나라들은 코로나바이러스 19를 퇴치하는 치료약과 백신을 만들기 위해 노력하고 있다.

에드워드 제너는 천연두를 치료하는 백신을 개발했고, 루이스 파스퇴르는 전염병 예방 백신을 발견했으며 예방 주사를 인체에 적용하는 연구를 통해 백신을 모든 전염병에 사용할 수 있도록 하는 데 기여했다. 또한 영국의 세균학자인 플레밍은 세균증식을 억제하고 세균을 죽이는 페니실린을 발견하여 모든 병 치료의 신기원을 열었으며, 스트렙토마이신 등 각종 마이신 등의 우수한 약품을 발견하는 데 동기를 제공하여 병 치료에 획기적인 공헌을 하였다.

2) 전염병으로부터 보호하기 위한 노력

인간은 한 치 앞도 내다볼 수 없는 존재이다. 그러나 미래를 '예언'하기는 어려워도 현재를 바탕으로 미래를 '예측'할 수는 있다. 따라서 우리는 현재에 대한 정확한 분석을 토대로 미래를 대비해야 한다.

그동안 인류는 항생제와 백신을 만들어 전염병과의 싸움을 계속해 왔다. 이런 노력에도 불구하고 2019년 말부터 시작된 코로나 바이러스 19는 세계 많은 사람의 생명을 빼앗아 사람들을 두려움에 떨게 만들고 있다. 이지 전염병은 교통의 발달로 한번 발생하면 어느 한 지역에만 국한되지 않고 세계 각국의 모든 나라로 쉽게 전파되어 많은 사람들이 어려움을 겪게 된다. 따라서 각 나라들은 과거의 경험을 바탕으로 공항과 항만의 검역을 강화하여 환자를 최대한 빨리 격리하고 치료할 수 있는 제도를 시행하고 있다. 하지만 인간이 아무리 노력을 한다 해도 새로 발병하는 질병은 치료약이 없어 많은 희생이 따를 수밖에 없다. 새로운 전염병에 대처할 치료약이 없기 때문에 새로운 병을 치료할 수 있는 약을 만들기까지는 어려움을 겪을 수밖에 없다. 하지만 온고지신이라고 했다. 옛 것에서 새로운 것을 찾듯이 그동안의 전염병 극복 과정을 통해서 앞으로도 이어질 새로운 전염병을 예방할 수 있는 지혜를 터득하고 실천하여 안전한 삶을 살 수 있도록 해야겠다.

4. 전염병 예방, 이렇게 하자

1) 감염병 예방

감염병으로부터 지역사회 감염을 차단하여 희생자를 줄이기 위해서는 철저한 관리가 이루어져야 한다. 이를 위해 국가에서는 다음과 같은 노력을 하고 있다. 교육부에서는 학생들이 안전한 방학을 보낼 수 있도록 지켜야 할 수칙을 다음과 같이 만들어 공지하였다.

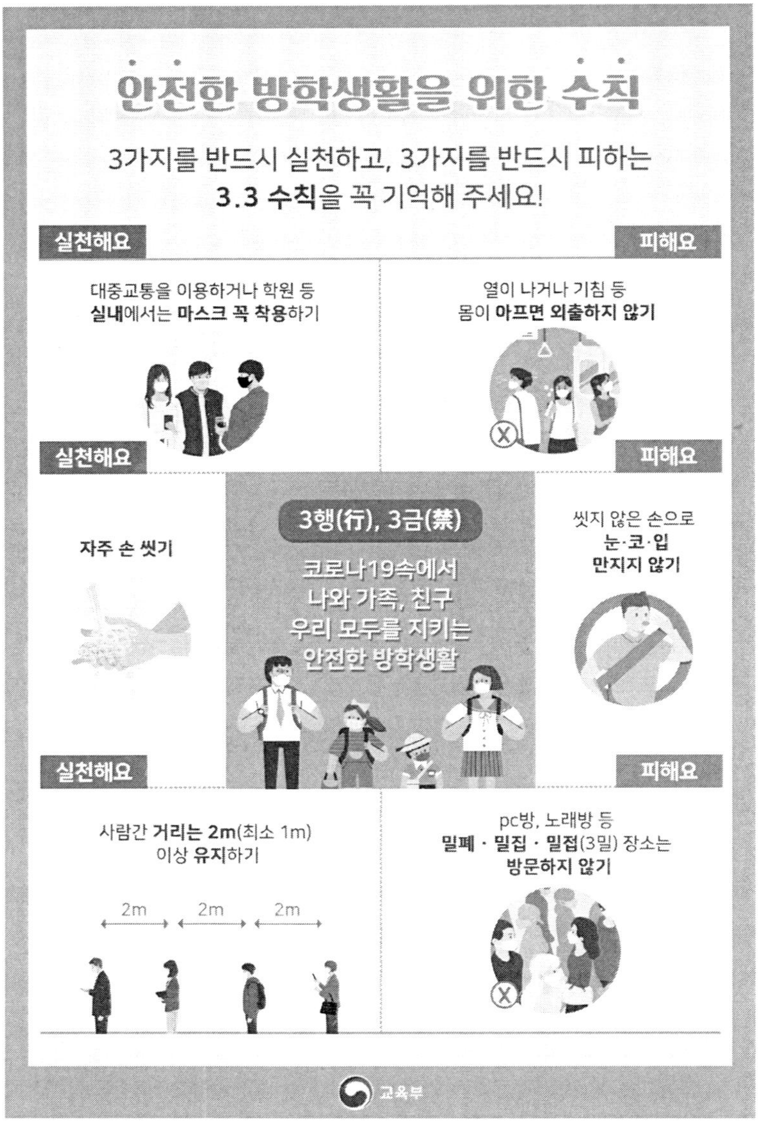

|그림 4-1| 안전한 방학생활을 위한 수칙

보건복지부에서는 코로나 예방 유증상자 10대 수칙을 다음과 같이 정하여 코로나 바이러스 19 확산 방지를 위한 노력을 하고 있다.

❶ **외출, 등교, 출근을 하지 않고 집에서 쉬기**

❷ 의료기관 진료가 있으면 **사전에 코로나19 임상증상이 있다고 알려주기**

❸ **코로나19 임상증상이 지속되거나 증상이 심해지는지 관찰하기**

❹ **발열이 지속되거나 증상이 심해지면,**
① **콜센터(☎1339, ☎지역번호+120), 보건소로 문의하기**
② **선별진료소를 우선 방문하여 진료받기**
*응급상황으로 119 구급차 이용 시 코로나19 임상증상이 있다고 알려주세요.

❺ **의료기관 방문 시 가급적 자기 차량을 이용**하고, **반드시 마스크 착용하기**

❻ **흐르는 물에 비누**로 **손을 30초 이상 꼼꼼하게 자주 씻기**

❼ **기침**이나 **재채기**할 때 **옷소매나 휴지로 입과 코를 가리기**

❽ **독립된 공간에서 생활하고, 가족 또는 함께 거주하는 분과 거리두기(2m)하기**

❾ **개인물품**(개인용 수건, 식기류, 휴대전화 등)은 **따로 사용**하기

❿ **자주 접촉하는 표면을 매일 청소, 소독하기**

|그림 4-2| 코로나 감염 예방 및 유증상자 10대 수칙

출처 : 보건복지부.

(1) 사회적 거리두기(Social Distancing) : 거리는 멀게, 마음은 가까이

사회적 거리두기는 코로나 바이러스 19 감염 확산을 막기 위해 사람들 사이의 거리를 유지하는 통제 조치 혹은 캠페인을 이르는 말이다(naver.com). 사회적 거리두기는 2009년 인플루엔자 팬데믹(influenza pandemic : 세계 대유행) 당시 세계보건기구(WHO)가 처음으로 규정했다. 사회적 거리두기 수칙은 많은 사람들이 모이는 행사나 모임 참가 자제, 외출 자제, 재택근무 확대 등이다. 중앙재난안전대책본부는 2020년 6월 28일 사회적 거리두기를 1~3단계로 구분해 시행하기로 했다. 1단계는 의료체계가 감당 가능한 수준에서 소규모 산발적 유행이 확산과 완화를 반복하는 상황이다. 2단계는 통상적인 의료체계의 감당 수준을 넘어 지역사회에서 코로나 19 유행이 지속적으로 확산하는 단계다. 3단계는 지역사회에서 코로나19가 급속도로 확산하는 대규모 유행 상황으로 일일 확진자 수가 배로 증가하는 경우가 일주일에 2번 이상 반복하는 등 확산 속도가 급격한 경우에 해당한다[(네이버 지식백과) 사회적 거리두기(social distancing)(한경 경제용어사전)].

요즈음은 변이 바이러스에 의한 감염자가 많이 발생하여 사회적 거리두기 단계도 질병의 확산과 사회적 대응의 필요성을 감안하여 단계별 내용이 달라지고 있다. 2020년 6월 28일 발표된 단계별 사회적 거리두기는 다음과 같다.

〈표 4-3〉 사회적 거리두기 단계

구 분	1단계	2단계	3단계
일일확진자 수	50명 미만	50~100명 이상	100~200명 이상
집합행사	허용	실내 50인, 실외 100인 이상 금지	10인 이상 금지
스포츠행사	참석자 수 제한	무관중 경기	경기 중지
공공다중시설	운영(필요시 일부 중단)	운영중단	운영중단
민간다중시설	운영(방역수칙 준수)	고위험시설 운영중단	고위험시설 운영중단
학교, 어린이집 등	등교 또는 원격수업	등교 또는 원격수업(등교 인원 축소)	원격수업 또는 휴업
공공기관 및 공기업	전 인원의 1/3 유연, 재택근무로 밀집 최소화	전 인원의 1/2 유연, 재택근무로 밀집 최소화	필수인원 외 전원 재택근무
민간기관 및 기업	유연, 재택근무 등 권장	유연, 재택근무를 통해 근무인원 제한 권고	필수인원 외 전원 재택근무

출처 : 보건복지부, KBS 뉴스(2020. 6. 30).

3단계를 실시하기에는 너무나 부작용이 클 경우는 2.5단계를 시행하고 있는데, 2.5단계는 2단계보다 강화되고 3단계보다는 낮은 단계이다. 예를 들면, 교회는 비대면 예배만 가능하며 사회복지 이용시설 어린이집은 휴관・휴원을 권고하고, 일반 휴게 음식점, 제과점 등은 21시 이후는 포장 배달만 허용하고 프랜차이즈형 커피 전문점도 포장 배달만 가능하다. 하지만 변형 바이러스가 출현하여 전염이 확대됨에 따라 코로나 바이러스 19에 대한 사회적 거리두기는 계속 강화되고 있다.

(2) 가면 쓴 인형이 활보하는 것 같은 사회

마스크는 1세기 때 로마 철학자 폴리니우스가 노동자를 보호하기 위해 사용한 것이 시초라고 한다. 마스크를 전염병 방역에 사용한 것은 1910년 10월 중국에서 흑사병이 발병했을 때 흑사병이 비말과 공기로 전파되는 폐페스트라는 것을 알고 무명천에 약솜을 넣은 마스크를 고안해 배급함으로써 흑사병을 막는 데 성공했으며 스페인 독감 때도 마스크는 효과를 발휘했다. 현재 우리가 사용하는 일회용 마스크는 3M이 개발한 N95마스크가 최초이다(국민일보. 한마당 2020. 8. 26).

우리나라는 현재 실내 마스크 착용을 의무화하고 있다. 마스크 착용 여부에 따라 코로나가 전파되는 비율을 보면 감염자와 미감염자가 모두 마스크를 착용하면 감염률이 1.5% 정도이고, 감염자가 마스크를 착용하고 미감염자가 착용하지 않으면 5% 정도이며, 감염자가 착용하지 않고 미감염자가 착용하면 감염률이 70% 정도인 것으로 알려지고 있다. 마스크만 잘 착용하여도 호흡기 질환은 어느 정도 예방이 가능하다. 따라서 호흡기나 비말로 전파되는 감염병에는 마스크 착용이 필수이다. 2019년 말부터 코로나가 유행하여 마스크를 착용한 결과 코로나와 관련이 없는 독감 환자 수가 현저하게 감소했다는 보고도 있다. 그러나 이로움을 주는 마스크도 잘못 사용하면 효과가 적어 다음의 내용을 잘 지켜야 한다.

① 마스크를 착용하기 전에 흐르는 물에 손을 깨끗이 씻기 ② 얼굴과 마스크 사이에 틈이 없도록 할 것 ③ 마스크 안에 휴지나 수건을 넣어서 착용하지 않기 ④ 마스크를 착용하는 동안 손으로 만지지 않기 ⑤ 마스크를 벗을 때 끈만 잡고 벗은 후 흐르는 물에 손 씻기

반면 마스크를 착용할 때 코가 노출되게 하거나 턱에 걸친 마스크(턱스크) 착용, 마스크를 완전히 펼치지 않는 경우, 마스크 겉면을 만지는 행위 등은 금해야 한다.

(3) 손 씻기

코로나 바이러스뿐만 아니라 다른 질병의 예방을 위해서도 손 씻기를 생활화해야 한다. 미국질병예방센터에 의하면 손만 잘 씻어도 설사 질환 30%, 호흡기 질환 20%를 예방할 수 있다고 한다. 손 씻기는 우리의 건강을 지키는 좋은 습관이기도 하다. 손은 시시때때로 씻어야 하는데 주로 화장실을 다녀오거나, 음식을

준비하거나 먹을 때, 환자를 간호할 때, 상처를 다룰 때, 코를 풀거나 재채기 후, 동물을 다루거나 먹이를 준 후에는 꼭 손을 씻어야 한다. 질병관리청에서 최소한 30초 동안 흐르는 물에 다음과 같이 6단계에 걸쳐 손 씻기를 실천할 것을 권하고 있다.

- 1단계 손바닥 : 흐르는 물에 비누칠하고 손바닥과 손바닥을 마주 대고 문지른다.
- 2단계 손등 : 손등과 손바닥을 마주 대고 문지른다.
- 3단계 손가락 사이 : 손바닥을 마주 대고 손깍지를 끼고 문지른다.
- 4단계 두 손 모아 : 손가락을 마주 잡고 문지른다.
- 5단계 엄지손가락 : 엄지손가락을 다른 편 손바닥으로 돌려주면서 문지른다.
- 6단계 손톱 밑 : 손가락을 반대편 손바닥에 놓고 문지르며 손톱 밑을 깨끗하게 한다.

마무리할 때는 비눗물이 손에 남지 않도록 씻어야 한다.

2) 비감염병 예방

감염병에 비해 전파력이 적어 사람들의 관심에서 멀어져 있으나 본인이 비감염성 질병을 앓고 있는 것을 알면 심리적 고통과 함께 많은 경제적 비용이 따르기 때문에 스스로 자기 몸 관리를 해야 한다. 보건복지부에서는 요즈음 "자기혈관 숫자 알기, 레드서클 캠페인"을 전개하고 있다. 많은 사람들이 앓고 있는 고혈압, 당뇨와 같은 고질병을 막기 위해 스스로의 혈압 · 혈당 · 콜레스테롤 수치를 알고 관리하는 것이 중요함을 알고 건강 생활 수칙을 실천하자는 것이다.

보건복지부에서 발표한 심뇌혈관질환 예방관리를 위한 9대 생활수칙은 다음과 같다(보건복지부 보도자료, 2020. 8. 30).

① 담배는 반드시 끊습니다.
② 술은 하루에 한두 잔 이하로 줄입니다.
③ 음식은 싱겁게 골고루 먹고, 채소와 생선을 충분히 섭취합니다.
④ 가능한 한 매일 30분 이상 적절한 운동을 합니다.
⑤ 적정 체중과 허리둘레를 유지합니다.
⑥ 스트레스를 줄이고, 즐거운 마음으로 생활합니다.
⑦ 정기적으로 혈압, 혈당, 콜레스테롤을 측정합니다.
⑧ 고혈압, 당뇨병, 이상지질혈증(고지혈증)을 꾸준히 치료합니다.
⑨ 뇌졸중, 심근경색증의 응급 증상을 숙지하고 발생 즉시 병원에 갑니다.

또한 영국 일간지 인디펜던트는 건강하게 오래 살기 위한 방법으로 다음과 같이 30가지를 정하여 실천할 것을 권고하고 있다.

① 마늘을 하루 1~2알 정도 섭취하라. ② 적당한 운동을 꾸준히 하라. ③ 정제하지 않은 곡물 섭취를 늘려라. ④ 야채와 과일을 많이 먹어라. ⑤ 패스트푸트 섭취를 줄여라. ⑥ 생선을 많이 먹어라. ⑦ 소금을 적게 먹어라. ⑧ 적당량의 와인을 마셔라. ⑨ 차를 많이 마셔라. ⑩ 하루 2잔 정도 커피를 마셔라. ⑪ 체중을 줄여라. ⑫ 무리한 체중 감량은 피하라. ⑬ 콜레스테롤 수치를 낮춰라. ⑭ 아스피린을 적당히 복용하라. ⑮ 자주 성관계를 가져라. ⑯ 자신만의 스트레스 해소법을 개발하라. ⑰ 담배를 끊어라. ⑱ 입 냄새를 없애라. ⑲ 노래를 불러라. ⑳ 콧노래를 흥얼거려라. ㉑ 충분한 수면을 취하라. ㉒ 비타민을 충분히 섭취하라. ㉓ 피부 관리에 신경 써라. ㉔ 치아 건강에 유의하라. ㉕ 배우자를 신중히 선택하라. ㉖ 물을 많이 마셔라. ㉗ 침대 사용에 주의하라. ㉘ 셀레늄(Selenium)을 많이 섭취하라. ㉙ 친구와 많은 시간을 보내라. ㉚ 직업을 바꿔라.

이 외에도 국내 유명 전문의들이 밝힌 건강 10계명도 위의 두 경우와 큰 차이가 나지 않는다.

건강관리를 하려면 최소한 ① 자신의 혈압, 혈당, 콜레스테롤 수치를 알고 질병을 예방하는 데 노력해야 한다. ② 스트레스를 잘 관리해야 한다. ③ 적당한 운동을 해야 한다. ④ 음주, 흡연을 삼가라. 특히 금연은 건강관리의 필수 요소이다. ⑤ 비만관리를 잘하라. ⑥ 주기적으로 건강검진을 받아라. ⑦ 음식은 골고루 먹어라. ⑧ 적당한 수면을 취하라. ⑨ 치아를 소중히 하라. ⑩ 즐겁게 생활하라.

물론 이것이 정답은 아니다. 다른 사람의 이야기에 귀를 기울이기보다는 자신의 건강관리를 위해 스스로 건강 수칙을 만들고 이를 실천하는 것이 중요하다. 특히 우리 몸을 관리하는 데 가장 중요한 요소가 음식물이다. 음식을 어떻게 섭취하느냐는 매우 중요하다. 우리가 먹는 달콤한 사탕은 입속에서 녹을 때는 단맛 때문에 즐거움을 주고 배 속에 들어가서는 어느 정도 허기도 달래주지만 결국에는 그것이 우리 몸에 지방으로 남아 질병의 원인이 될 수 있기 때문이다.

5. 공유시대 GOGO-토론

[토론 1]

마스크는 이제 우리 삶의 필수 물품이 되었다. 그러나 마스크마다 감염병을 막을 수 있는 정도에 차이가 있다. 또 감염병이 확산되면 품귀현상으로 많은 어려움을 겪을 수도 있다. 이러한 것을 대비하여 나만의 마스크를 만들어 보자.

[토론 2]

건강한 생활을 위해서 무엇을 해야 할지 주변 동료들과 협의해 보고 자신이 실천할 수 있는 나만의 건강 수칙을 만들어 보자.

제5장
마음이 건강해야 몸도 건강하다!! 웰빙

산업의 융성은 우리의 삶을 윤택하게 해주었지만 이로 인한 병폐도 나타나게 되면서 사람들은 '육체적-정신적 건강의 조화를 통해 행복하고 아름다운 삶을 추구하는 삶의 유형이나 문화', 즉 '잘 먹고 잘 살자'는 '웰빙'이라는 말을 사용하기 시작하였다. 지금 우리는 코로나 바이러스 19로 인하여 많은 어려움을 겪고 있다. 인간은 다른 사람과 끊임없이 상호작용을 하며 관계를 유지하고 어울리면서 자신의 존재를 확인하는 존재이다. 하지만 코로나 바이러스 19는 인간을 안전과 생존을 위하여 고립·단절시켰다. 이로 인해 인간의 심리적 불안과 우울, 정서적·사회적 고립감 심화, 사회·경제적 피해가 누적되고 있다. 특히 정서적 피해는 자해와 자살이라는 형태로 나타나고 있다. 2020년의 경우 10·20대의 자살사망자가 전년도 대비 10.3%가 늘었으며 정서적 문제를 호소하는 청소년과 청년도 30.5%나 늘었다. 다른 연령대와 달리 10대, 20대 사망의 가장 중요한 원인이 자살이고 자살의 동기도 정신적·심리적 문제로 나타나고 있다. 특히 코로나 바이러스 19 확산으로 인한 코로나 우울이 청소년 자살에 많은 영향을 미쳤을 것으로 본다. 코로나 바이러스 19 이전에는 삶 속 어려운 환경과 충격적인 사건 등으로 인해 정서적·정신적 어려움을 겪었다면, 코로나 바이러스 19가 유행하는 지금의 상황은 사람 간의 고립·단절로 어려움을 겪고 있다. 따라서 정신건강을 위한 노력은 이제 개인의 문제가 아닌 사회적인 문제로 확장되어야 하며, 체계적인 지원 및 관리로 육체적·정신적 건강의 조화로운 삶인 진정한 '웰빙'을 지향하여야 한다. 이런 삶이 이루어지기 위해서는 조기 발견 및 치료 예방으로 정신건강을 관리하고 정신질환을 예방·치료할 수 있는 사회적 안전망 구축이 절실히 필요하다.

이에 본 장에서는 현시대를 살아가는 사람들이 고통받고 있는 여러 정신질환을 알아보고 육체적·정신적으로 건강한 삶, 조화로운 삶인 웰빙(well-being)을 위해 마음의 병을 회복할 수 있는 방법과 우리가 함께 노력해야 하는 것들에 대하여 알아보고자 한다.

1. 정신건강과 웰빙

1) 정신건강

세계보건기구는 정신건강을 정신장애 및 자신의 잠재력을 실현하여 공동체에 유익하도록 기여하는 것이라고 했다. 정신건강은 기본적인 인권으로 모든 사람이 최대한 향유하게 하기 위한 조치로 정신보건법이 1996년 시행되었다. 이후 2017년에는 정신건강법이 「정신건강증진 및 정신질환자 복지서비스 지원에 관한 법률(약칭 : 정신건강복지법)」로 개정되었다. 정신건강복지법은 정신질환의 예방·치료, 정신질환자의 재활·복지·권리보장과 정신건강 친화적인 환경 조성에 필요한 사항을 규정하여 국민의 정신건강증진 및 정신질환자의 인간다운 삶을 영위하는 데 그 목적이 있다.

모든 국민은 정신질환으로부터 보호받고, 인간으로서 존엄과 가치를 보장받기 위해 최적의 치료를 받을 권리를 가진다. 또한 정신질환으로 인해 차별대우를 받지 아니하여야 하며 미성년자인 정신질환자는 특별히 치료, 보호 및 교육을 받을 권리가 있음이 법률의 기본이념에 나타나 있다.

정신질환은 생산성 저하를 일으켜 사회적 문제가 되고 있으며, 성인 인구의 10%, 취업 연령 인구의 15%가 질환을 앓고 있다. OECD는 정신건강과 관련된 비용이 GDP의 4% 이상으로 추정은 되지만, 아직도 많은 나라 의료 제도에서 비중이 낮은 상황이며, 의료 서비스의 성과와 질을 정확하게 파악하기 불가능하다고 하였다.

다음 <표 5-1>은 2021년 국민정신건강센터에서 조사 발표한 정신건강 현황이다. 표에서 정신건강 규모 항목 중 우울감 경험 10.2%는 100명 중 10명이 우울감을 경험하였다는 것이며 인구 10만 명당 자살사망률 26.9%는 10만 명 중 2,700명이 자살을 하였다는 것을 의미한다. 10.2%, 26.9%라는 수치는 단순한 통계상의 수치라기보다 사람과 생명을 의미하는 것으로 사회 인적 자원의 큰 손실이라고 볼 수 있다. 정신건강 예방 및 조기개입 항목에서 정신건강서비스 이용률은 22.2%이고 정신건강 관련 의견 형성 영향 요인은 36.7%인 데 비해 지역사회 정신건강증진 교육 수혜율은 1.9%에 불과하다. 이는 정신건강을 지원하는 지역사회의 인프라 자원과 무형의 교육서비스 집중적인 확대 및 활성화가 절실히 필요함을 증명하고 있다.

정신건강 인식 항목에 있어 정신질환이 있는 사람은 그렇지 않은 사람보다 위험하다고 인식하는 비율이 59.6%, 정신과 진료를 받으면 취업에 불이익을 받는다고 인식하는 비율이 36.3%로 나타났다. 이로 인하여 정신질환자는 자신의 질병을 숨기거나 적극적으로 치료를 하지 않는 경우가 발생할 수 있어 조기 발견을 통한 치료의 결정적인 시기를 놓치는 상황이 발생하고 있다.

〈표 5-1〉 정신건강 현황

구 분	세부 내용	현황
정신건강 규모	우울감 경험	10.2%
	고위험음주율	12.6%
	정신질환 평생유병률	25.4%
	인구 10만 명당 자살사망률	26.9%
예방 및 조기 개입	정신건강서비스 이용률	22.2%
	지역사회 정신건강증진 교육 수혜율	1.9%
	정신건강 관련 의견 형성 영향 요인(뉴스 또는 신문)	36.7%
정신건강 인식	정신질환이 있는 사람은 그렇지 않은 사람보다 위험한 편이다.	59.6%
	우울증이 있는 사람에게 자살을 생각하는지 물어보아서는 안 된다.	44.9%
	잘못된 양육은 조현병을 유발한다.	57.2%
	상담과 정신치료는 개인의 사고방식이나 스트레스에 대처하는 방식을 바꿀 수 있다.	78.1%
	정신과 진료를 받으면 취업에 불이익을 받는다.	36.3%
	정신과 진료기록은 나의 동의 없이 유출될 수 있다.	24.0%
	정신건강서비스를 받기 위해 어디로 가야 하는지 알고 있다.	50.4%

출처 : 국민정신건강센터(2021).

코로나 바이러스 19로 인한 고립, 경제적 빈곤 및 양극화, 우울감의 증대 등으로 인해 2020년 1~6월 사이 정신과 내원 일수는 614만 일로 전년 대비 10.4% 늘었고, 진료비용도 2,815억 원에서 3,317억 원으로 18.2% 증가하였으며 자살에

방 상담전화도 2019년 상반기 9,217건에서 16,457건으로 78.6% 상승하였다고 한다. 정신건강 문제는 건강지표를 낮추고 조기사망률을 높이며 인권을 침해하여 국가의 경제적 손실을 야기하게 된다. 2019년 세계보건기구는 '정신건강을 위한 특별권고안'에서 정신건강 정책과 인권을 향상시키고, 지역사회기반의 일반건강 프로그램과 전문적으로 연결하여 1억 명 이상에게 정신건강서비스를 제공한다고 했다.

보건복지부에서는 정신건강 서비스를 위해 코로나 19 상황의 장기화에 대비한 장기 대응 전략으로 '국민 정신건강 복지 기본계획(2021~2025)'을 설계하였다. 이에 더해 정신질환의 치료와 보호에 대한 국가적 책임을 반영하였고, 정신의료 서비스의 인프라를 선진화하여 국가 정신건강 정책 추진 과정에서 범정부 거버넌스 형성을 이루고자 하였다(국립정신건강센터, 2021).

정신건강 측면에서 정신질환 치료는 보건 의료의 경계를 넘어 물리적, 심리적으로 안전한 환경을 구축하여 공동체가 공존할 수 있도록 중점을 두어야 한다. 이런 변화를 통해 개인 및 사회적 비용 또한 감소시킬 수 있으며, 정신질환자가 사회적인 지지를 바탕으로 하여 사회의 일원으로 행복한 삶을 살아가도록 하는 데 매우 도움을 준다.

2) 웰 빙

Well-being은 육체적－정신적 건강의 조화를 통해 행복하고 아름다운 삶을 추구하는 삶의 유형이나 문화를 일컫는 말이다. 웰빙은 곧 정신건강을 말하며 정신면에서 건강을 의미한다. 웰빙이라는 용어가 본격적으로 나타나기 시작한 것은 2000년 이후의 일이다. 이전에도 다양한 형태로 육체적·정신적 삶의 유기적 조화를 추구하는 움직임이 있기는 했지만 이러한 움직임이나 삶의 문화가 포괄적 의미로서 웰빙이라는 이름을 얻은 것은 2000년 이후이고 복지·행복·안녕을 의미한다(네이버 지식백과, 위키백과).

웰빙을 추구하는 사람들을 웰빙족이라고 부른다. 이들은 고기 대신 생선과 유기농산물을 즐기고 단전호흡, 요가 등 마음을 안정시킬 수 있는 운동을 한다. 외식보다는 가정에서 만든 슬로푸드를 즐겨 먹고 여행, 등산, 독서 등 취미생활을 즐기며 자신과의 명상, 내적 시간을 가지고 자기관리에 힘쓴다(두산백과).

웰빙은 자본주의의 극대화로 말미암은 현대 산업사회의 병폐를 인식하고, 육체적, 정신적 건강의 조화를 통해 행복하고 아름다운 삶을 영위하려는 사람들이 늘어나면서 나타난 새로운 삶의 문화 또는 그러한 양식이다. 쉽게 표현하면 '잘 먹고 잘 살자'는 의견의 표출이다(thewiki.kr).

2. 누구에게나 예고 없이 찾아오는 마음의 병

코로나 19가 계속됨으로 인해 사회적 거리두기가 장기화되고 집에 갇혀 지내면서 사회적 고립감이 증대되어 우울감이나 무기력증으로 고통받는 사람들이 늘어나고 있다. 마음의 병은 개인적인 요인뿐만 아니라 사회적인 요인도 영향을 미친다. 마음의 병으로 대표적인 증상인 우울증은 생각의 내용, 사고 과정, 동기, 의욕, 관심, 행동, 수면, 신체 활동 등 전반적인 정신 기능이 지속적으로 저하되어 일상생활에도 악영향을 미치는 상태를 의미한다(서울아산병원).

우울증에 대해 잘 모르는 사람들은 양극성정동장애라 불리는 조울증과 예전에 정신분열증이라 불리던 조현병, 유명인들이 많이 앓고 있다는 공황장애를 우울증으로 생각하나 감별이 필요하다. 역학조사 결과 양극성정동장애 환자 중 우울증으로 오진받아 약을 잘못 처방받는 경우가 적지 않다. 그러면 코로나 19로 인해 천만 우울증 환자 시대에 우울증, 우울증과 비슷해 보이나 전혀 다른 질환인 공황장애, 조울증, 조현병과 삶 속에서 겪을 수 있는 다양한 우울증에 대해서 알아보자.

1) 대표적인 마음의 병! 우울증

우울증의 확실한 원인은 아직 명확하게 밝혀지지는 않았으나 현재까지는 다양한 생화학적, 유전적, 환경적 요인이 우울증을 일으킨다고 알려져 있다(naver.com). 마음의 병인 우울증은 증상에 따라 주요 우울증, 기분부전증(만성 우울증)으로 나눌 수 있다.

(1) 주요 우울증(Major Depressive Disorder)

우울증 중의 대표적인 형태로 심한 우울 증상이 2주 이상 매일 계속되는 우울증을 말한다. 이로 인해 가정, 학업, 직장 생활에 큰 지장을 초래할 수 있다. 치료를 받지 않아도 일시적으로 저절로 회복되는 경우도 있지만 재발을 반복하게 되며, 환자는 주요 기능을 상실하게 되므로 증상의 치료와 재발 방지를 위해 노력해야 한다. 주요 우울증은 멜랑콜리아형, 비정형 양상, 정신증이 동반되는 경우로 나눌 수 있다. 멜랑콜리아형은 일상생활에서 즐거움이 사라지는 양상이 뚜렷하게 나타나며 새벽에 일찍 깨거나 식욕저하 및 체중감소, 초조 불안, 사소한 일에도 심하게 죄책감을 느끼는 유형이다. 이에 반하여 비정형 양상은 많이 자고 많이 먹는 경우를 말한다. 주변 상황에 따라 일시적으로 기분이 좋아지기도 하지만 다른 사람의 비판 혹은 거부감에 매우 민감하다. 또한 몸이 납처럼 무겁게 느껴져 움직이기가 어렵다. 정신증이 동반되는 경우는 아무도 없는데 사람들의 말소리가 들리고 다른 사람이 나를 해치려 한다는 생각이 들기도 하며 다른 사람이 하는 행동이나 말이 나와 관계가 있다는 망상을 하는 경우로, 이때에는 응급 치료가 필요하다(www.samsunghospital.com).

<우울증 증상>

- 어떤 일에 대한 관심이 급감한다.
- 기쁘거나 슬픈 일에 무감각하다.
- 일찍 잠이 깬다. 심각한 우울증 진단에서 중요한 징후다.
- '아침 우울증' 환자는 정오 무렵까지 훨씬 더 우울감을 느낀다.
- 입맛을 잃고 몸무게가 5퍼센트 이상 줄어든다.
- 성욕 감퇴, 애정에 대한 욕구가 사라진다.
- 집중할 수가 없다. 끈기가 없다.
- 자신에 대한 존재감 상실, 죄책감
- 자살 반추

출처 : 보르빈 반델로, 김태희 역(2011).

(2) 기분부전증(만성 우울증, Dysthymia Persistent Depressive Disorder)

주요 우울증보다 증상이 심하지는 않지만 2년 이상 우울증이 오래 계속되는 경우를 기분부전증이라고 한다. 일부 기분부전증 환자의 경우 인생의 대부분을 우울 증상을 가지고 살아가기도 한다. 적기에 적절한 치료를 받지 않으면 정상적인 생활에 적응하지 못하고 외톨이로 지내며 평생 사회생활에 적응하지 못하는 경우가 많다. 자신의 우울 상태를 알아보는 설문을 보면 다음과 같다.

〈표 5-2〉 우울증 건강 설문(PHQ-9)

지난 2주간, 얼마나 자주 다음과 같은 문제들로 곤란을 겪으셨습니까?
지난 2주 동안에 같은 생각을 한 날을 헤아려서 해당하는 답변에 ○로 표시하여 주시기 바랍니다.

번호	항 목	없음 (0)	2~6일 (1)	7~12일 (2)	거의 매일 (3)
1	기분이 가라앉거나, 우울하거나, 희망이 없다고 느껴진다.				
2	평소 하던 일에 대한 흥미가 없어지거나 즐거움을 느끼지 못했다.				
3	잠들기가 어렵거나 자주 깼다. 혹은 너무 많이 잤다.				
4	평소보다 식욕이 줄었다. 혹은 평소보다 많이 먹었다.				
5	다른 사람들이 눈치 챌 정도로 평소보다 말과 행동이 느려졌다. 혹은 너무 안절부절못해서 가만히 앉아있을 수 없었다.				
6	피곤하고 기운이 없었다.				
7	내가 잘못했거나, 실패했다는 생각이 들었다. 혹은 자신과 가족을 실망시켰다고 생각했다.				
8	신문을 읽거나 TV를 보는 것과 같은 일상적인 일에도 집중을 할 수 없었다.				
9	차라리 죽는 것이 낫겠다고 생각했다. 혹은 자해할 생각을 했다.				
총 점					

출처 : 박승진・최혜라・최지혜・홍진표(2010).

건강 설문을 실시하여 나온 점수를 가지고 다음과 같은 척도로 우울 상태를 알아볼 수 있으며 점수가 높게 나오면 전문가와 상담 치료를 받는 것이 좋다.

〈표 5-3〉 판별 척도

점 수	분 류	설명 예시
0~4점	우울 아님	유의한 수준의 우울감이 시사되지 않습니다.
5~9점	가벼운 우울	다소 경미한 수준의 우울감이 있으나 일상생활에 지장을 줄 정도는 아닙니다. 다만, 이러한 기분상태가 지속될 경우 개인의 신체적, 심리적 대처자원을 저하시킬 수 있습니다. 그러한 경우, 가까운 지역센터나 전문기관을 방문하시기 바랍니다.
10~19점	중간 정도의 우울	중간 정도 수준의 우울감이 시사됩니다. 이러한 수준의 우울감은 흔히 신체적, 심리적 대처자원을 저하시키며 개인의 일상생활을 어렵게 만들기도 합니다. 가까운 지역센터나 전문기관을 방문하여 보다 상세한 평가와 도움을 받아보시기 바랍니다.
20~27점	심한 우울	심한 수준의 우울감이 시사됩니다. 전문기관의 치료적 개입과 평가가 요구됩니다.

출처 : 박승진 · 최혜라 · 최지혜 · 홍진표(2010).

2) 우울증처럼 보이는 마음의 병

(1) 공황장애(Panic Disorder)

최근 연예계를 포함한 유명인사들이 방송에 나와 고백했던 병인 공황장애는 불안증이 심한 우울증 환자에게서 공황발작의 형태로 보일 수 있어 우울증인지 아닌지를 감별할 필요가 있다. 주요 증상은 수 분 혹은 수 시간 내에 본인의 신체에 아무런 이상이 없음에도, 심장박동이 갑자기 상승하여 가슴이 두근두근 뛰고 정말 이러다 쓰러지거나 미칠 것 같다는 공포감과 함께 어지럼증 및 이인증(depersonalization, 자신이 낯설게 느껴지거나 현실 상황과 자신이 분리된 느낌을 경험하는 것) 증상을 경험하게 된다. 경우에 따라서는 공황장애가 심한 우울증으로 오진될 수 있고, 신체적인 증상이 따라오기도 하며 건강염려증도 함께 동반될 수 있다.

〈표 5-4〉 공황장애 자가진단 체크리스트

01	심하게 땀이 나고 질식할 것 같은 느낌이 든다.	○	×
02	심장이 마구 뛰거나 맥박이 빨라진다.	○	×
03	손발이나 몸이 떨린다.	○	×
04	숨이 가빠지거나 막힐 듯한 느낌이 든다.	○	×
05	속이 메슥거리거나 불편하다.	○	×
06	가슴 부위의 통증이나 불쾌감이 느껴진다.	○	×
07	주위가 비현실적인 것 같고 자신에게서 분리된 듯하다.	○	×
08	어지럽고 휘청거리거나 혹은 실신할 것 같다.	○	×
09	자제력을 잃거나 미쳐버릴 것 같아서 공포스럽다.	○	×
10	죽음에 대한 공포감이 크다.	○	×
11	오한이 나고 몸이 화끈거린다.	○	×
12	손발이 저릿저릿하거나 마비되는 것 같은 느낌이 든다.	○	×
※ 4가지 이상이 해당되면 공황장애를 의심해 볼 수 있음			

출처 : 임태식신경정신과 홈페이지.

(2) 양극성정동장애(조울증, Bipolar Disorder)

정식명칭은 양극성정동장애이고 흔히 '양극성장애' 또는 '조울증'이라 부르는 이 병은 어떤 한 기간과 시기를 두고 조증 시기와 우울증 시기가 교대로 나타나는 질병이다. 이 병은 남녀 상관없이 인구의 1%가 앓는다고 되어있으며, 신기한 것은 양극성장애는 당뇨와 마찬가지로 질병 내에서도 1형과 2형, 그 외로 분류된다. 1형은 주로 정신병적 양상인 환각이나 망상 등을 동반한 심한 조증이나 그에 준하는 심각한 조증과 가벼운 우울증 혹은 심한 우울증을 동반하며, 2형은 주로 심하지 않은 조증인 경조증과 심한 우울증을 동반하는 양상이 나타난다. 대표적으로 우울증과 혼동되고 오진되는 질환 중 하나이자 우울증과 같은 '기분장애'라는 카테고리에 있으나 그중 가장 만성적인 경과를 보이고 치료가 힘든 질환에 속한다(보르빈 반델로, 김태희 역, 2011).

조울증은 조울증 내에서도 각각의 유형과 종류가 있다. 그 유형과 종류에 대해 알아보면 1형 양극성정동장애는 전형적인 조울증으로 심한 우울과 심한 조증이

번갈아 나타나는 유형이다. 이 유형은 정도가 심해 입원을 해야 하는 경우도 생길 수 있다. 2형 양극성정동장애는 1형과는 다르게 조증이 심하지 않은 경조증과 심한 우울이 나타나는 유형이다. 증상 발현 기분 폭이 1형보다는 작지만 주기가 잦고 조증이 경미한 경조증으로 나타나고 우울증이 더 심하기 때문에 우울증으로 오진하는 경우가 흔한 양극성장애이다. 또한 순환성 양극성정동장애는 경조증과 경한 우울증이 순환하는 형태로, 이 질환을 가진 사람은 변덕스러움과 감정기복이 큰 사람으로 오해받을 수 있다. 급속순환성 양극성정동장애는 1년간 조증, 경조증, 우울증, 혼재성 삽화가 4번 이상 나타나는 것으로 너무나 급변해 치료에 잘 반응하지 않는다. 단극성 조증 상태는 조증과 정상 기분이 반복되는 형태로, 이 또한 1형 양극성정동장애이다(마인드힐 정신건강의학과, 2022).

<조증 상태의 증상>

- 신체적인 행동뿐만 아니라 정신적인 활동 및 에너지가 증가한다.
- 기분이 고조되고, 과도하게 낙관적이 되며 자신감이 있다.
- 쉽게 짜증을 내며, 공격적인 행동을 보인다.
- 피곤을 느끼지 않으며 수면욕구도 줄어든다.
- 과대사고에 빠져들고, 자존감이 고양된다.
- 말이 빨라지며 생각이 빠르게 돌아가는 느낌이 든다.
- 충동적이 되며, 판단력이 떨어지고, 주변 일에 쉽게 주의가 끌린다.
- 음주운전, 과속, 정상적이지 않은 과도한 성관계 등 무책임한 행동을 한다.
- 증상이 심한 경우, 환각을 경험하고 망상에 사로잡히게 된다.

<우울증 상태의 증상>

- 슬픔이 지속되거나 이유 없이 눈물이 난다.
- 식욕이나 수면습관의 큰 변화가 생긴다.
- 짜증이나 화를 내거나, 걱정, 불안 증상이 나타난다.
- 염세적이 되고 매사에 관심이 떨어진다.
- 기운이 없게 느껴진다.
- 죄책감이나 자신이 쓸모없다는 자책감에 빠진다.
- 집중력이 떨어지고 우유부단해진다.
- 이전에 즐기던 일이 재미없어지고, 사회생활이 줄어든다.
- 이유 없이 여기저기가 아프다.
- 죽음이나 자살에 대한 생각을 반복적으로 한다.

출처 : 경기도정신건강복지센터(2021)

(3) 조현병(구 정신분열증, Schizophrenia)

우울증이나 감별 질환인 조울증이 너무 심하면 정신병적 양상인 환각, 망상 등에 휩싸이게 되는데, 그때 의사는 조현병으로 진단하는 경우가 꽤 있기에 우울증에 있어서 조현병은 감별 질환으로 분류될 수 있다. 조현병은 망상, 환청, 와해된 언어 등 밖으로 드러나는 양성증상과 우울증에서 나타날 것 같은 극도의 무기력과 우울, 무반응, 무표정함, 기본적인 위생관리 불량, 사회활동 둔화 등의 음성증상을 보인다. 이런 양성증상과 음성증상이 같이 나타나고 이는 사회적 기능에 장애를 일으킬 수도 있다.

조현병(정신분열병) 환자는 흔히 환각을 경험하는데 누군가 말하는 목소리가 끊임없이 들리거나 실제 존재하지 않는 대상이 보이기도 한다. 질병 초기는 놀라고 당황하지만, 시간이 지나면 이런 환각 현상을 사실로 인식한다. 환청이 가장 흔한 증상인데 다른 사람이 듣지 못하는 목소리를 듣는다. 그 내용은 환자의 행동을 지시하거나 간섭하고 비평하는 내용 또는 사람끼리 주고받는 소리이다(naver.com). 경우에 따라서는 환청과 대화를 하는데 혼잣말을 중얼거리는 것처럼 보이기도 한다.

망상은 환각과 함께 조현병의 가장 특징적인 증상이다. 주위에서 일어나는 일을 자신과 연관시켜 개인적인 특별한 의미를 부여하는 관계 망상, 나를 감시하고 있다거나 누군가가 나를 조종한다고 느끼는 피해망상, 과대망상, 내가 구세주이거나 하나님의 계시를 받았다고 하는 종교 망상이 자주 나타난다.

조현병 환자는 혼자만의 생각에 사로잡혀 있어서 다른 사람의 말에 귀를 기울이지 못하는 경향이 있다. 대화를 나누면서 상황에 적절한 것과 적절하지 못한 것을 가려내지 못하고, 타인의 의향을 제대로 파악하지 못하며, 엉뚱한 이야기를 불쑥 꺼내거나 쉽게 산만해지고 집중을 잘 하지 못한다. 사고가 조직화되어 있지 않고 모호하며 사고가 적절하게 연결되지 않으므로 이야기의 핵심을 파악하기 어렵다. 대화 중에 주제가 갑자기 다른 것으로 바뀌기도 한다. 도 상황에 맞지 않게 심각하거나, 슬픈 말을 하는 상황에서 웃는 등과 같이 부적절한 감정 표현을 하며, 감정이 메말라 감정 표현이 없거나 기쁘거나 슬프다는 정상적인 감정 표현을 잘 하지 못하고 무표정해진다(서울아산병원, 2022).

3) 발견하기 어려운 우울증

(1) 청소년 우울증

매사 부정적이거나 반항아로 변하여 가족과 잦은 마찰을 빚는 청소년이 많아지고 있다. 심한 경우 가출, 알코올 및 약물 남용과 비행을 저지르기도 한다. 학업에 대한 집중 곤란, 흥미 상실로 인해 성적이 떨어지며 심한 경우 학업을 포기하고 등교 거부를 하는 등 다양한 양상으로 나타난다. 이러한 경우, 청소년은 짜증을 많이 내는 경향이 있는데 부모님이나 주변의 선생님 등이 사춘기 반항이나 방황으로 생각하기보다 '우울증 증세'가 아닌지를 살펴보고 적절한 진단과 치료를 할 필요가 있다.

<청소년 우울증 증상>

- 우울감, 초조감, 흥분
- 집중력 저하
- 수면 및 식욕의 변화
- 자기비판의 증가
- 절망, 슬픔, 공허감
- 에너지 상실
- 죽음에 대한 언급의 증가
- 자살 위협
- 일상 생활이나 친구에 대한 흥미의 상실

출처 : 전남대학교 의과대학 정신과학교실(1999).

(2) 노인 우울증

노인 우울증은 노년이 되면 겪을 수 있는 만성질환, 경제력 상실에 따른 빈곤, 배우자의 죽음 등으로 쉽게 겪을 수 있다. 노화에 따른 불안, 스트레스, 자아 존중감을 상실하게 됨으로써 우울증이 찾아오게 된다. 노인은 본인의 감정을 들여다

보는 데 익숙하지 않기에 우울한 감정, 흥미나 즐거움이 저하되는 증상을 간과하거나 방치하면 병을 악화시킬 수 있다.

<노인 우울증 증상>

- 젊어서보다 사는 게 많이 재미가 없다.
- 최근 이유 없이 슬프고 쉽게 눈물이 난다.
- 주변에 사람들이 없는 것처럼 느껴지고 외롭다.
- 사소한 것에도 집중이 흐트러지고 자꾸 잊어버린다.
- 입맛이 많이 없어지고 쉽게 피곤하다.
- 이제까지 살아온 인생이 허무하게 느껴진다.
- 자주 죽음이나 자살에 대해 생각하게 된다.
- 숙면을 취하기가 어렵다.
- 이유 없이 몸 여기저기가 아픈데 병원에 가면 정상이라고 한다.

〈표 5-5〉 한국판 노인 우울 척도 단축형

번호	내 용	예 (0점)	아니요 (1점)
1	평소 자신의 생활에 만족합니까?		
2	앞날에 대해서 희망적입니까?		
3	대부분의 시간을 맑은 정신으로 지냅니까?		
4	대부분의 시간이 행복하다고 느끼십니까?		
5	살아있는 시간이 아름답다고 생각하십니까?		
6	인생이 매우 흥미롭다고 느끼십니까?		
7	활력이 충만하다고 느끼십니까?		
8	아침에 일어나는 것이 즐겁습니까?		
9	결정을 내리는 것이 수월합니까?		
10	마음은 이전처럼 편안합니까?		
번호	**내 용**	**예 (1점)**	**아니요 (0점)**
1	활동과 흥미가 많이 저하되었습니까?		
2	가끔 낙담하고 우울하다고 느낍니까?		
3	지금의 당신의 인생이 매우 가치가 없다고 느끼십니까?		
4	자주 사소한 일에 마음의 동요를 느끼십니까?		
5	자주 울고 싶다고 느낍니까?		

※ 설문 결과 8점 이상인 경우, 정신건강의학과 전문의 진료 권유

출처 : 국립정신건강센터(2018).

4) 여성에게 발생하는 우울증

여성에게 나타나는 우울증은 산후 우울증 이외에 갱년기, 생리전 증후군, 알코올 중독 및 약물남용, 계절성 우울증, 카페인 우울증이 있는데 이를 자세히 살펴보면 다음과 같다(www.samsunghospital.com).

(1) 산후 우울증

산후 우울증은 출산 후 4주에서 6주 사이, 즉 산욕기 동안 우울한 기분, 심한 불안감, 불면, 과도한 체중 변화, 의욕 저하, 집중력 저하, 자기 자신에 대한 가치 없음 또는 죄책감을 경험하며, 심하면 자살이나 죽음에 대한 생각 등으로 일상생활에서 기능 저하를 초래하는 질환이다. 주된 증상은 우울과 불안을 느끼며, 대개 출산 후 첫 10일 이후에 나타나서 산후 1년까지 지속될 수 있다. 치료를 받지 않을 경우 몇 달에서 몇 년 동안 산후 우울증을 앓을 수 있다. 과거에 우울증 같은 기분 관련 장애를 경험한 사람일수록 산후 우울증에 걸릴 가능성이 높아진다(naver.com).

<산후 우울증 발병 요인>

- 이전에 산후 우울증을 경험한 적이 있는 경우
- 임신 기간 중에 불안이나 우울을 경험한 경우
- 갑자기 모유 수유를 중단한 경우
- 주변 사람 및 사회로부터 격리되어 있거나 정서적 · 육체적으로 지지해 줄 수 있는 사람들이 없는 경우
- 평소 월경 전 증후군을 앓았거나 과거 우울증의 병력이 있는 경우
- 피임약 복용 시, 기분 변화를 경험했던 경우
- 갑상선 기능에 이상이 있는 경우
- 양육으로 인한 스트레스를 많이 받는 경우

출처 : 서울대학교병원(2021).

(2) 갱년기 우울증

여성이 폐경을 전후한 10년 사이에 발생하는 우울증을 의미한다. 이유 없이 얼굴이 벌겋게 달아오르기도 하고, 괜히 불안하고 짜증이 나서 아무것도 아닌 일

로 화를 내기도 한다. 밤에는 잠이 잘 오지 않거나 새벽에 잠을 깨기도 하며 온몸에서 식은땀이 나기도 하고 심장이 두근거리는 증상이 나타나기도 한다. 이에 더해 건망증이 심해지기도 한다.

(3) 생리전증후군(PMS증후군; Premenstrual Syndrome)

매달 주기적으로 생리를 시작하기 일주일에서 열흘 전부터 정신 증상과 신체 증상이 나타나는 것을 생리전증후군(PMS)이라 한다. 정신 증상에는 우울감, 피로감, 짜증, 불안이 있고, 신체 증상에는 복부팽만, 식욕 변화, 변비, 설사, 부종, 유방통증 등이 있다. 증상은 일단 생리가 시작되면서 없어지지만, 심할 경우 우울증, 신경과민, 충동성 및 공격성이 증가하고 주의 집중이나 기억력, 인지력 장애에 시달리기도 하며, 생리 때만 되면 도벽이 생기기도 한다.

5) 알코올 중독 및 약물 남용에 동반된 우울증

우울증으로 인한 우울, 불안, 불면증 등의 증상으로 인해 알코올을 남용하여 결국 알코올 중독이 되는 경우가 있다. 술을 마시면 일시적으로는 우울한 기분도 호전되고, 불안도 줄어들며, 잠도 잘 드는 것 같지만, 술이 깨면 증상이 더 심해져서 계속해서 술을 마시지 않으면 견딜 수 없는 지경에 이르게 된다. 술을 중단하게 되면 우울증 증상이 더욱 심해지고, 알코올의 금단 증상까지 나타나 자신의 의지력이나 주위의 도움만으로는 도저히 술을 끊을 수 없게 된다. 따라서 알코올 중독이 있는 경우에는 우울증이 있는지 확인할 필요가 있다(www.samsunghospital.com).

6) 계절성 우울증

계절적인 흐름을 타는 우울증으로 여성에서 흔히 나타나는데, 보통 가을・겨울에 증상이 악화되다가 봄・여름이 되면 저절로 증상이 나아지는 겨울철 우울증이 가장 흔하다. 반대로 여름에 우울하고 겨울에 호전되는 여름철 우울증도 있다. 겨울철 우울증의 경우 햇빛의 양과 일조시간의 부족이 원인이 되며 여름철 우울증은 여름의 온도와 습도가 원인이 된다. 주요 증상은 우울증 기간 동안 무기력감을 느낀다. 겨울철 우울증의 경우에는 우울증 기간 동안 많이 먹고 단 음식과 당분을 찾는데, 여름철 우울증의 경우에는 식욕 저하, 체중 감소 등이 나타나는 경향이 있다. 겨울철 우울증 환자들은 우울증 기간 동안 신체적으로 늘어지는 느낌을 갖고 여름철 우울증 환자들은 초조감을 느낀다. 약물치료, 정신치료 이외에 매일 일정한 기간 동안 강한 광선에 노출시키는 광선 요법이 도움이 된다.

7) 코로나 19로 인한 우울증

코로나 19 상황이 2년 이상 지속되자 코로나로 생겨난 우울증인 코로나 블루 이외 코로나 레드, 코로나 블랙이라는 신조어가 생겨났다.

코로나 블루는 코로나 19와 우울감(blue)의 합성어로, 코로나 19가 확산되자 생겨났다. 코로나 19로 인한 방역 조치 및 사회적 거리두기 등으로 일상생활이 고립되면서 생긴 우울감이나 무기력증을 뜻한다. 사회적 거리두기로 인해 집 안에서 고립된 채 혼자서 지내는 시간이 늘어나기도 하고 혹시나 자신이 코로나 19에 감염될 수도 있다는 두려움으로 불안감이나 정신적 충격 등이 모두 코로나 블루에 해당될 수 있다. 이러한 증상을 가벼이 여길 수도 있지만 이는 심각한 우울증으로 이어질 수 있으므로 스스로의 기분이나 감정을 진단하여 볼 필요가 있다.

최근 코로나 19 상황이 장기화되면서 경제적인 어려움이나 사회적인 관계의 단절로 인해 어떤 일에 대하여 부당하다는 생각이 들기도 하며 억울한 감정이 생기고 분노와 무기력감에 빠지기도 한다. 이와 같은 감정이 쌓이고 쌓이면서 폭발하여 생기는 사건 또한 발생하고 있는 것이 현실이다. 코로나 레드는 코로나 블루 상태의 우울감이나 불안감 등이 쌓여서 짜증과 분노로 폭발하여 통제하지 못하는 증상을 말한다.

코로나 블랙은 코로나 19로 인해 느끼는 암담함을 뜻한다. 일상생활이 어려운 장애인이나 도움이 필요한 취약 계층 등이 일상생활이나 삶에 큰 타격을 입는 과정에서 좌절감과 암담함을 느끼고 있는 현상을 의미한다.

<코로나 블루 자가 진단 방법>

- 실내에만 머무르면 답답함이 느껴져 어쩔 줄 모르겠다.
- 내가 코로나 19에 감염되었을까 봐 하루에 몇 번씩 불안감을 느낀다.
- 기침이나 두통 등 작은 증상이라도 생기면 종일 안절부절못한다.
- 집에만 있는 날이 계속되면서 아무것도 하기 싫고 무기력하다.
- 코로나 19와 관련된 뉴스를 찾아보고 집착하게 된다.
- 주변 사람들이 모두 코로나 감염자인 것 같다는 느낌이 들어 경계한다.
- 과학적으로 증명되지 않은 민간요법을 따라 하거나 따라 하고 싶어진다.

출처 : DRINKEAT(2021).

8) 카페인 우울증

카페인 우울증은 대표적 소셜미디어인 카카오스토리, 페이스북, 인스타그램의 앞글자를 딴 것으로, 습관처럼 타인의 소셜미디어를 보면서 상대적 박탈감을 느끼고 우울함을 겪는 것을 뜻한다. 소셜네트워크서비스(SNS)를 통해 타인의 사생활을 들여다보는 것이 일상화되면서, 다른 사람들의 SNS를 자주 확인하고 타인의 행복한 일상에 상대적 박탈감과 열등감을 느끼는 증상을 말한다. 다양한 사람들과의 커뮤니케이션을 하고자 하는 수단으로서의 SNS가 점차 남보다 자신이 더 행복하고 우월하다는 것을 보여주는 공간이 되면서 카페인 우울증을 겪는 사람들이 늘고 있다. 실제로 2014년 오스트리아 인스브루크 대학교 연구팀은 "페이스북을 오래 사용할수록 우울감을 쉽게 느끼고 자존감도 떨어진다"는 연구 결과를 내놓기도 했다(네이버 지식백과).

최근에는 SNS를 통해 쇼윈도라는 무기를 들고 경쟁 사회에서 누가 더 잘 살고 있는지 행복으로 경쟁하는 시대가 되었다. 사람들은 SNS에서 남들의 삶과 내 삶을 비교하면서 내가 느껴보지 못한 타인의 시간에 시기심을 가지게 될 수 있으며 이때 발생하는 괴리감으로 인하여 우울감이 증가하고 또다시 SNS를 통해 해결하려는 악순환이 반복될 수 있다. 타인의 SNS를 보며 우울감을 느끼기보다는 자신의 삶에 집중하고, 나만의 소확행(소소하고 확실한 행복)에 의미를 둘 때 마음의 평안과 함께 우울감에서 탈피하여 인생의 웰빙을 추구할 수 있을 것이다(안양시정신건강복지센터, 2020).

3. 정신건강을 위한 골든타임! 마음의 병에서 탈출하자!

'정신과'를 정신적으로 문제가 있는 사람들, 흔히 '이상한 사람들'이나 가는 그런 곳, 혹은 범죄자들이 감형을 위해 정신감정 받으러 가는 곳 쯤으로 여기는 사람들도 있을 것이다. 그러나 실상은 그렇지 않다. 실제로 정신과 환자 중에는 트라우마라고 불리는 PTSD(Post-Traumatic Stress Disorder, 외상 후 스트레스 장애)를 가진 사람들이 많은 비중을 차지하고 있다. 이 중에는 폭력이나 학대, 성적인 폭력을 당한 사람들이 많다. 이러한 현실에도 불구하고, 정신질환이 있을 것 같은 사람들을 만나게 될 때 이들에게 정신과 상담을 받아보라 권유하면 제안을 받은 당사자들은 매우 기분 나쁘게 생각하는 경향이 있다. 심지어 본인은 아주 정상이라며 이를 이야기한 사람을 '손절'의 대상으로 여기며 인간관계의 악화로 이어지는 경우도 허다하다. 이처럼 우리 사회는 정신질환, 즉 마음의 병에 대해 인식이 좋지 못하다는 것을 알 수 있다. 예를 들어, 자신이 정신과에 다닌다고 주변에 알린다면, 대부분의 사람들이 편견 가득한 시선으로 바라보거나 '불쌍한 사람' 쯤으로 치부할 가능성이 높다. 이러한 상황으로 인해 정작 치료를 받아야 할 사람들이 치료를 받지 못하고 정신과에 대한 심리적 · 물리적 문턱은 더욱 높아져만 갔던 것이다.

코로나 19라는 전 세계적이고 유례 없는 재난으로 사회적 · 경제적 피로감이 쌓여가면서, 정신건강에 적신호가 켜지기 시작했고, 자연스럽게 사람들이 정신건강의학과를 방문하기 시작했다. 그러면서 정신건강의학과에 대한 인식이 많이 개선되기 시작했다. 최근 모 연예인의 '경계선 성격장애' 진단 고백까지 더해지며 젊은 층인 MZ세대를 중심으로 정신질환에 대한 편견이 깨져가고 있는 것을 볼 수 있다.

이렇게 정신과에 대한 편견이 깨져가면서 조기에 정신과를 방문해 정신과 치료를 받는다는 것에 대한 중요성이 높아져 가고 있는데도 불구하고, 인식이 열려 있는 MZ세대들마저 정신과에 가려다가 되레 부모님의 강력한 반대에 부딪히거나 조금 남아있는 편견에 휩싸여 조기 개입을 놓치는 경우가 허다하다. 특히 이런 현상은 MZ세대가 자주 이용하는 커뮤니티 중 하나인 카카오톡 오픈 채팅방의 정신과 관련 방 중 10대들이 주로 이용하는 방을 가보면 여실히 느낄 수 있다. 그들은 혼자라도 정신과에 가고 싶으나, 병원은 미성년자인 10대들을 '미성년자'라는 이유로 부모님과 함께 오라며 집으로 돌려보내고, 부모님은 그 사실을 알고 노발대발 화를 내며 병원에 가는 것을 말리게 되며, 학교 상담실에 가서 이야기를 할 경우 상담 내용이 부모님에게 알려지게 되어 곤란을 겪기도 한다. 이로 인해 10대들의 마음의 병은 악화되고 만성화되어 급기야 자해를 시도하거나 자살로 이어지기도 한다. 결국 어른들의 편견으로 인한 미온적인 대처로 인해 조기 개입의 시기를 놓치고 더 병들어 가고 있는 것이다.

조기 개입을 놓치게 되면 당사자인 본인이 만성화된 정신질환으로 고통을 겪게 되는 것은 물론 그 가족들이 감당해야 하는 비용과 시간 그리고 정신적인 부담 또한 커지게 된다. 동시에 사회가 직·간접적으로 부담해야 할 돈도 함께 확대된다. 따라서 증상을 느끼면 조기에 정신과를 방문하여 문제를 발견하여 치료하는 것이 매우 중요하며 정신과의 조기 개입은 정신건강에 있어 '골든타임'이라 할 수 있다(http://www.koreatimes.com/article/20210210/1349611).

1) 회복을 위한 방법

앞에서 언급한 '골든타임'을 실천하기 위해서는 여러 가지 방법들이 필요한데 이것은 회복을 위한 방법과 직결된다. 회복을 위한 시작은 정신과 의사 상담을 통해 약을 처방받아 먹는 것이다. 그래도 호전되지 않거나 이미 '골든타임'을 놓쳤다면 입원치료를 받아볼 수도 있다. 이 과정에서 조금 회복되었을 경우, 의사를 만나 약 처방을 받아 복용함과 동시에 가까운 심리상담센터나 가까운 공공기관의 정신건강복지센터를 통해 상담을 받아볼 수 있다. 그러나 중증화 만성화로 진행되어 정신적인 재활이 필요할 때에는 정신과 재활시설에 가는 것이 효과적이다.

(1) 정신건강의학과 방문

정신건강의학과 방문은 치료에 있어 첫 관문이라고도 할 수 있다. 그만큼 중요하기도 하고 가장 기초가 되는 치료이기 때문이다. 약값이나 약 자체에 대한 고민 때문에 주저하고 있다면, 약을 먹고 안 먹고는 일단 의사와 치료를 위한 상담을 마친 뒤 고민해도 늦지 않다.

(2) 약물치료

병원에 가서 의사를 만났다면, 그 다음은 약물 복용이다. 증상에 맞게 의사에게 처방을 받고 그 처방받은 약을 잘 챙겨먹는 것이 중요하다. 그러다 보면 자연스럽게 자신이 먹는 약 종류에 대하여 궁금해하게 되는데, 이는 자연스러운 것으로 자신의 병에 대해 알아갈 수 있는 기회가 열린 것이다.

우울증을 치료하는 약물은 항우울제로 그 종류로는 SSRI(Selective Serotonin Reuptake Inhibitor, 선택적 세로토닌 재흡수 억제제), SNRI(Serotonin-Norepinephrine Reuptake Inhibitor, 세로토닌 노어에피네프린 재흡수 억제제), 부프로피온(Bupropion) 등이 있다.

공황장애에서의 약물치료는 크게 근본적인 불안을 줄여주는 치료제와 공황발작 시 그것을 안정화시킬 수 있는 비상약으로 나뉘는데, 보통 근본적인 불안을 줄여주는 치료제로는 항우울제와 신경안정제가 있다.

조울증 약물치료에는 리튬(Lithium, 기분조절제), 발프로에이트(Valproate, 기분조절 효과가 있는 항전간제), 라모트리진(Lamotrigine, 기분조절 효과가 있는 항전간제) 등으로 기분을 조절하는 기능을 가지고 있다.

(3) 입원치료

현재 대학병원들만 해도 정신과 병동을 가지고 있으며 대부분의 2차 이상의 병원에는 대부분 정신건강의학과 병상을 가지고 있을 만큼 다른 병동 입원과 크게 다르지 않다. 단, 정신과 환자의 증상의 종류에 따라 개방병동, 보호병동(구 폐쇄병동), 반개방(보호)병동으로 나누어 입원치료가 이루어진다.

정신병동에 입원하는 방법도 여러 가지이다. 먼저 자의입원, 동의입원, 강제입원으로 나뉘고, 강제입원은 보호자 2명이 동의해 입원을 시키는 보호입원, 국가 행정기관에서 입원을 시키는 행정입원, 상태가 위급하다고 판단해 경찰과 구급차를 불러 입원을 시키는 응급입원 세 가지가 있다.

(4) 심리치료

심리치료는 정신분석, 상담치료, 인지행동 치료로 크게 나누며 그 이외에 가족치료, 집단치료, 환경치료, 오락치료 등이 활용되고 있다.

정신분석은 내담자의 무의식 속에 감추어진 어린 시절의 정신적 상처를 끌어올려 분석하는 방법으로 내담자는 자신의 무의식을 이해하면서 상처에서 풀려나 성숙한 인격과 행동양식을 갖게 된다. 정신분석은 상당한 시간과 경제적 비용이 들며 정신분석 과정에서 맞닥뜨리는 갈등과 고통을 감내할 수 있는 지적 능력과 정신력이 요구된다.

상담치료는 정신건강의학과나 심리상담소에서 가장 흔하게 접하는 심리치료 유형으로 내담자가 현재 마주한 현실적 갈등에 초점을 맞춘다. 상담자와 환자 간의 안정된 관계를 통해 환자가 현실에서 부딪히는 문제를 해결하고 정신적 상처를 치유하도록 돕는다.

인지행동치료는 어떤 사건에 대한 사람의 주관적인 해석을 긍정적이고 합리적인 방향으로 바꾸는 것으로 습관적인 행동양식을 훈련을 통해 바꾸는 것이다. 현실적인 문제에 대해 보다 합리적인 사고로 대처하는 기본적인 틀을 형성해 나가도록 도울 수 있는 방법이다(안경희, 2018).

(5) 정신과 재활치료

정신과 재활치료는 정신질환자에게 작업, 기술지도, 직업훈련, 사회적응훈련, 취업지원 등의 서비스를 제공(보건복지가족부, 2009)하는 주간재활시설, 직업훈련시설, 주간 병원이 있다. 주간 병동은 입원치료 후 외래치료로 이행되는 중간단계나, 입원치료의 대안으로 아침과 저녁에는 가족과 함께 집에서 생활하고, 낮 동안에 병원에 와서 증상관리 및 정신재활 프로그램에 참여하는 곳이다. 이곳에서는 약물치료와 정신재활치료를 병행하여 규칙적인 여가 시간을 보내면서 증상 및 정서관리를 하여 재발률이 낮아진다. 또한 주간 병동에서 신체건강, 인지재활, 사회성 증진 프로그램 및 일상생활 훈련 등을 통해 자기관리 능력 및 사회적 기능이 향상되어 가족의 정서적 부담 또한 낮아지게 된다. 그 외 공동생활가정, 중독자 재활시설, 복합시설 등이 있다.

공동생활가정은 완전한 독립생활은 어려우나 어느 정도 자립능력을 갖춘 정신질환자가 공동으로 생활하며 독립생활을 위한 자립역량을 함양하는 시설이다. 그리고 중독자 재활시설은 알코올, 약물 등 유해약물이나 도박, 인터넷 게임 등 유해행위에 의존하거나 그 유해약물이나 유해행위를 남용하여 중독된 정신질환자를 치유하거나 재활을 돕는 시설이다. 또한 복합시설은 정신재활 시설 중 2개 이상의 정신재활시설이 결합되어 정신질환자에게 생활지원, 주거지원, 재활훈련 등의 기능을 복합적·종합적으로 제공하는 시설이다(대구광역시정신건강복지센터, 2022).

4. 마음의 병! 함께 해결해요!

젊은 시절 조현병으로 세 차례 입원 치료를 받았던 미국 서던캘리포니아 교수 엘림 삭스는 자신의 질환 극복 비결 세 가지를 다음과 같이 이야기했다.

> 첫째, 훌륭한 치료를 받았습니다.
> 둘째, 자신과 병을 이해하는 가족과 친구가 있었습니다.
> 셋째, 자신을 너무나도 지지해 주는 직장에서 일하고 있습니다.

출처 : 최 강(2020).

그러나 현재 우리 사회는 어떤가? 정신질환자를 이상하게 바라보고 있으며 이로 인해 제대로 된 치료를 받지 못하는 경우가 많다. 그리고 장기적인 치료가 요구되는 질병의 특성상 경제적인 부담 또한 무시할 수 없는 상황이다. 무엇보다 조기 치료가 중요함에도 불구하고 이러한 정신질환에 대한 사회적인 관심이나 공감대가 부족하여 그냥 개인의 성격적인 문제로 치부하다 질환이 악화되어 치료가 힘든 경우가 발생하기도 한다. 아래의 내용은 마음의 병을 가졌던 심리 상담가의 이야기이다.

> 불확실한 내 기억에 따르면, 내가 본격적으로 찡찡대기 시작한 것은 초등학교 고학년 때쯤이었던 것 같다. (아마 별명은 그보다 몇 년 전에 붙여진 것 같지만) 찡찡대는 것은 성질만 부리면 될 것 같지만, 그렇지 않다. 나름 논리적인 말들을 붙여 따지듯 성질을 부렸기 때문에 초등학교 고학년 때쯤 무난히 가능했을 것이고 그것이 맞을 것이다.
> 나는 그때, 상담사를 찾아가야 했다. 스스로 찾아갈 수 있는 나이가 아니었으니 상담사에게 데려다 줄 수 있는 어른이라도 옆에 있었다면 좋았을 것이다. 나의 모든 말 속에 짜증이 묻어나왔다는 것은 화가 났다는 것이고 사는 게 힘들다는 뜻인데 어른들은 성격이 별나다며 웃어넘겼다. 만약에 나의 찡찡대는 증상을 눈여겨본 어른이 있었다면, '찡찡이'라는 별명을 추억 속에 묻어두고 나이에 맞는 우아한 별명을 얻고 살았을지도 모르겠다.
> 어렸을 때 상담사를 만났다면 어땠을까? 그렇게 됐다면 내 삶은 상상하기조차 어려울 만큼 달라졌을 것이다. 자기표현을 잘하고 실수에도 잘 견디는 아이가 되어 중학교 시절을 보냈을지도 모를 일이니까. 고등학교에 들어가서는 꿈을 향해 묵묵히 나아가는 본받을 만한 아이가 됐을 수도 있고, 졸업하고는 미대에 가지 않았을 수도 있겠지만, 미대에 갔더라도 이불 속에서 청춘을 보내지는 않았을 것이다. 아마도, 자살 같은 참혹한 것은 생각하지도 않고 삶에 의구심 없이 잘 살았을 테다. 그러니 혹시 어떤 증상이 있다면 재빨리 전문가를 찾아가기를 바란다. 특히 '찡찡이'라는 별명을 가진 아이가 있다면 더더욱.

출처 : 임부영(2021).

이 이야기는 자신의 감정이나 행동을 잘 알지 못하는 아이의 어린 시절의 행동을 잘 이해하고 해결해 줄 수 있는 어른이 있었다면 이 아이의 인생이 바뀔 수도 있다는 이야기를 아주 담담하게 그려나가고 있다.

코로나 19로 인해 사람들이 점차 마음의 병에 대하여 관심을 가지게 되면서 여태까지 부끄럽고 이상한 질병이라고 인식했던 병이 누구에게나 닥칠 수 있음을 사람들이 생각하게 되었다. 신체적인 안전과 안전한 환경만이 인간을 안전하게 해주는 것은 아니다. 인간은 생각하고 느끼며 소통하며 살아가는 존재이다. 이제 우리는 우리 주변에 마음의 병을 가진 사람을 따뜻하게 바라보며 이해하고 함께 해결해 나가려는 노력을 적극적으로 할 때가 되었다. 가정, 학교, 직장, 사회, 정부가 내 자녀와 가족, 우리 반 우리 학교 학생, 우리들의 직장 동료, 대한민국 국민의 정신건강을 위해 함께 협력해야 한다. 마음의 병인 정신질환의 조기 발견 및 치료는 사회적인 비용을 최소화함과 동시에 이들이 육체적·정신적으로 건강한 상태인 웰빙을 누리며 행복한 삶을 영위할 수 있는 필수 요건이 될 것이다.

5. 공유시대 GOGO-토론

영화 '뷰티풀 마인드(Beautiful Mind)'는 제2의 아인슈타인이라고 불렸던 존 내쉬가 정신분열증으로 긴 세월 힘겹게 싸우는 모습을 담고 있다. 이 영화를 감상한 후, 다음 두 가지를 함께 이야기해 봅시다.

1. 정신질환 환자에 대하여 우리가 갖고 있는 편견은 무엇인가?
2. 우리 사회가 평등하고, 모두가 협력적이며 긍정적인 관계를 맺기 위해서 우리가 할 일은 무엇인가?

[참고 자료]

<존 내쉬의 삶>

존 내쉬는 제2의 아인슈타인이라고 불렸던 인물이다. 그는 22세에 박사학위를 취득했고 30세의 나이에 필즈상 후보에 오를 만큼 명석한 두뇌의 소유자였다. 1950년 국방, 행정 분야 두뇌집단인 랜드 연구소에서 일했고, 1951년에 MIT공대에서 강의했다. 30세에 수학계 노벨상이라는 필즈상 후보에 올랐으나 수상하지 못했고, 이후 불안정한 정신 상태를 보이다가 1959년 조현병 진단을 받았다. 1980년대까지 입퇴원을 반복하였으며 아내 엘리사의 도움으로 병을 극복하였다. 약을 끊고 교수직에 복귀하여 1994년 게임이론으로 노벨경제학상을 수상하였다. 그는 2015년 아내 엘리사와 함께 택시를 타고 가다 교통사고로 사망했다.

"당신의 실수를 용서하십시오. 낙심하지 말고 더 큰 위험을 감수하여 손실을 되찾으려고 하지 마십시오. 대신 각 실수를 학습경험으로 바꾸십시오. 정확히 무엇이 잘못되었고 앞으로 같은 실수를 피할 수 있는 방법을 생각하십시오(존 내쉬)."

제6장
약도 되고 병도 된다!! 식품안전·약물안전

먹고 사는 문제는 일생에서 가장 중요한 문제이다. 또한 식욕은 인간의 기본적인 본능이며, 생존을 위한 필수적인 욕구이다. 인간은 태초부터 먹고살기 위해 바쁘게 움직여 왔고 먹고사는 문제로 전쟁까지도 불사하였다.

생로병사 또한 누구나 예외 없이 겪는 일이며, 인간은 누구나 다 건강한 삶을 살기 위해 끊임없이 노력한다. 그러나 그 노력들은 나이가 들어감에 따라 유행병에 노출될 수밖에 없는 불가피한 환경 등으로 인하여 어려움을 겪고 있다. 이 때문에 치료와 예방을 위해 약물을 복용할 수밖에 없는 것이 또 우리의 삶이다.

못살 때는 먹거리가 없어서 위생은 뒷전이었지만, 현대에서는 웰빙 먹거리를 찾아 헤매는 사회가 되었다. 그러나 현대사회의 골칫덩어리인 암(癌)은 너무 많이 먹어서 생기는 병이라는 말이 있다. 따라서 사회변화에 따른 다양한 상황에서도 건강을 위한 노력들에서 유념해야 할 일은 잘 먹는 일이다.

건강하게 잘 살기 위한 지름길은 안전하게 잘 먹는 것에 대해 관심을 갖고 올바른 정보를 알려고 노력하는 것이며, 이를 실천하는 일이다.

본 장에서는 약도 되고 병도 되는 식품과 약물의 안전성에 대해 알아보고, 이의 중요성을 깨닫고 실천하는 데 도움을 주고자 한다. 웰빙을 중요시하는 현대사회에서 안전한 식품 섭취와 안전한 약물 복용은 건강한 삶을 유지하고자 하는 웰빙에 도움을 줄 것이다.

1. 잘 먹으면 식품도 약!

1) 너는 누구니? 식품!

식품안전은 식품과 안전의 합성어로서 안전한 먹거리를 의미한다. 식품(食品)은 '사람이 섭취할 수 있는 음식물의 통칭'으로서 '건강을 유지하고 성장 발육을 촉진하기 위해 섭취하는 음식의 총칭'을 의미한다. 음식(飮食)은 '사람이 먹고 마실 수 있는 것'으로서 생명을 유지하기 위한 필수적인 것이다. 즉, 식품과 음식은 '사람이 건강을 유지하고 성장을 촉진하기 위해 먹고 마시는 생명 유지의 기본인 것'을 의미한다. 따라서 본 장에서는 식품과 음식을 별도로 구분하지 않고, 이를 통칭하여 식품이라고 정의하였다. 이러한 식품은 위생적으로 안전해야 하며, 만일 식품이 안전하지 못하면 식품이라 할 수 없다.

식품은 여러 가지 기준에 따라 분류한다. 그 속에는 에너지가 되는 단백질·지방질·탄수화물과 그 밖의 영양생리상의 성분인 무기질·비타민이 있다. 주요 식품은 곡류(콩·감자류 포함)·채소류(과일류 포함)·육류(어패류 포함)로 나누어 볼 수 있다. 이 중 곡류제품은 우리 국민이 섭취하는 전체 열량의 61%를 차지하였지만, 1990년 이후에는 식생활이 서구화되면서 쌀·보리의 소비량은 격감하고, 밀가루의 수요량이 많이 증가하고 있다(한국민족문화대백과, 2021).

식품이 가지는 1차 기능은 생명유지 기능이다. 영양소가 과하거나 부족함이 없는 균형 있는 영양 섭취는 신체의 정상적인 발달을 돕고 스트레스를 잘 견딜 수 있게 한다. 식품의 2차 기능인 기호 기능은 식품의 관능적인 특성이 영향을 주며, 우리가 식품을 먹게 되는 동기이기도 하다. 영양적으로 우수한 식품이라도 식품의 맛, 향, 색, 질감 등이 우리의 기호를 충족시켜야 한다. 식품의 3차 기능인 생리활성 기능은 신체의 리듬 조절, 질병의 예방과 치유, 면역력 강화, 알레르기 감소, 노화 방지 등 건강과 장수에 관계가 깊은, 신체의 생리적 활성을 부여하는 기능이다. 이러한 생리적 조절 기능을 갖춘 식품들은 보통 건강보조식품, 기능성 식품 또는 디자인푸드 등으로 불린다(지식백과, 2021).

즉, 식품은 '사람의 생명을 유지하고 건강한 활동을 하기 위해 섭취되는 것'을 의미하며, 식품안전은 '안전한 먹거리'를 의미한다.

2) 병의 요인, 식품중독! 식중독!

식품중독은 안전한 먹거리와는 상반된 개념으로, 올바른 식품정보가 부족하여 잘못된 음식을 먹거나 과잉 식욕으로 인한 폭식 등으로 인해 우리의 건강한 삶을 방해하는 것을 말한다.

일반적으로 생각하는 식품중독은 비정상적으로 허기를 느끼거나, 이전에 비해 식욕이 늘어난 상태의 식욕과다 또는 식욕과잉을 의미하기도 한다. 폭식증의 영양과잉으로 인해 비만이나 당뇨 등을 유발하는 것 또한 같은 맥락으로 생각하는 경우가 많다. 그러나 사전적 의미에서의 식품중독은 식중독과 동의어(표준국어대사전, 2022)로 사용되고 있다. 식품중독, 즉 식중독은 음식물 가운데 함유된 유독 물질의 섭취로 생기는 급성 소화기관 병으로, 설사, 복통, 구토 등의 증상이 나타나며 피부에 발진이 생기기도 한다. 식품중독의 원인으로는 음식물의 부패에 기인하는 것이 대부분이나, 익지 않은 과일을 먹거나 음식을 지나치게 먹는 것도 원인이 될 수 있다(표준국어대사전, 2022). 이와 같이 식품중독은 영양과잉 외에도 음식물을 잘못 섭취했을 때 발생하는 현상이기도 하다.

식약처(2021)가 발표한 '식중독 예방 홍보'에 따르면, 자연독 식중독은 동·식물이 원래부터 가진 성분이나 먹이사슬을 통해 동물의 체내에 축적된 유독물질을 잘못 섭취할 경우 발생할 수 있다. 자연독 식중독의 발생원인은 크게 세 가지로 분류할 수 있다. 첫째, 유독한 식품을 식용 가능한 것으로 오인해 섭취하는 경우다. 독버섯 중독이 좋은 예다. 둘째, 특정 부위에 존재하는 독성분을 제거하지 않고 섭취하는 경우다. 복어 중독과 감자의 솔라닌 중독이 여기 해당한다. 셋째, 특이한 환경조건이나 특정한 시기에 유독화된 것을 모르고 섭취한 경우다. 마비성 패류 중독이 대표적인 예다. 또한 알레르기 유발물질은 함유된 양과 관계없이 식약처 고시인 '식품 등 표시기준'에 의하여 원재료명을 표시하도록 되어있다. 식약처(2015년~2016년 6월)에 의하면, 알레르기를 발생하는 식품으로는 가공식품 중 건강식품이 가장 많았고, 증상별로는 피부계통 질환이 대다수를 차지했다. 이에 식약처는 알레르기 유발 식품으로 18종(이 중 1종은 식품첨가물)을 지정했는데, '난류(가금류에 한함)·우유·메밀·땅콩·대두·밀·고등어·게·새우·돼지고기·복숭아·토마토·아황산류·호두·닭고기·소고기·오징어·조개류(굴·전복·홍합 포함)' 등이다. 우리나라에서는 계란·우유·콩·땅콩 등이 알레르기를 잘 일으키는 식품으로 알려져 있다.

3) 먹거리와 건강

식품안전나라(식품안전정보포털, 2021)에서 제공하는 '식품 안전이슈 20가지 정보'에서 우리가 일상생활에서 흔히 접할 수 있는 먹거리에 대해 살펴보면 다음과 같다.

(1) GMO

GMO(Genetically Modified Organism)는 우리말로 '유전자변형체'라고 하며, 생존, 증식이 가능한 GMO를 '유전자변형생물체(LMO : Living Modified Organism)'라고 한다. 인위적으로 유전자를 재조합하거나 유전자를 구성하는 핵산을 세포 등에 직접 주입하는 등의 생명공학 기술로 만들어진 농·축·수산물·미생물 등의 GMO와 이를 가공하여 만든 식품을 유전자변형식품(Genetically Modified Food)이라고 한다.

우리나라는 안전성이 확인된 유전자변형식품만 식품으로 사용할 수 있다. 그러나 GMO의 안전성에 대한 논쟁은 진행 중이다. GMO 제조업체는 '안전하다'고 주장한다. GMO 콩과 일반 콩이 안전성에 있어서는 다를 바 없다는 것이다. 그러나 일부 소비자단체는 우리 인간이 GMO를 수십 년 이상 먹어본 경험이 없으므로 안전성을 담보할 수 없다고 반박한다. GMO가 인간에게 유해하다는 결정적인 증거는 아직 없다. 다른 식품처럼 인류가 몇 세대에 걸쳐 장기간 섭취해 본 경험이 없는 것도 사실이다. 상반된 두 견해가 팽팽하게 맞서고 있어 GMO 안전성

논란은 앞으로도 상당 기간 지속될 것으로 예상된다(금강일보, 2017).

(2) 트랜스지방

트랜스지방은 액체 상태의 불포화 지방을 고체 상태로 가공하기 위해 수소를 첨가하는 과정에서 생성되는 지방이다. 식약처 고시인 '식품 등 표시기준'에는 트랜스지방이란 '트랜스구조를 1개 이상 갖고 있는 비공액형의 모든 불포화지방'으로 규정되어 있다. 트랜스지방은 나트륨, 당류와 함께 2016년 11월 30일부터 '건강 위해 가능 영양성분'으로 지정되었다(h01919790k, 2022).

산업계·학계 등에서는 식약처의 나트륨·당류·트랜스지방에 대한 '건강 위해가능 영양성분' 지정에 대해 강하게 반대했다. 이유는 법적으로 양에 제한 없이 허용한 영양소를 다시 위해 가능하다고 번복하는 것은 혼란과 공포를 유발할 수 있다는 것이다.

(3) 당류

당류는 과일(과당)·우유(유당)·채소·곡류 등 천연식품에 들어있는 천연당과 식품의 제조·조리 도중 넣는 첨가당을 합한 용어다. 식약처 고시인 '식품 등 표시기준'에는 당류가 "식품 내에 존재하는 모든 단당류와 이당류의 합"으로 정의되어 있다.

당류와 탄수화물을 혼동하는 사람도 많다. 당류는 탄수화물 중 단순당은 포도당·과당 등 단당류와 설탕 등 이당류를 가리킨다. 복합당(전분 등)·올리고당은 당류에 포함되지 않는다. 식품의 영양성분표에 쓰인 당류는 단당류와 이당류, 즉 단순당을 가리킨다. 여기엔 포도당·과당·설탕·맥아당·유당·고과당옥수수시럽(HFCS)·꿀·시럽·과일주스 등이 포함된다(농식품안전정보서비스, 2022). 첨가당이 많이 들어있는 식품은 열량 외에는 영양적 가치가 거의 없다고 해서 흔히 '빈 칼로리 식품'으로도 통한다. 우리가 무심코 먹고 있는 가공식품에는 생각보다 훨씬 더 많은 당이 들어있음을 알고 식생활에 참고해야 한다.

4) 기호식품이 맞을까?

'식품인지? 약물인지?' 알쏭달쏭 정체가 모호하지만 우리의 일상생활에서 흔히 접할 수 있고, 우리와 함께 일상생활에서 공존하고 있는 것들에 대해 살펴보고자 한다. 중독현상이 있다면 식품보다는 약물 쪽에 가깝다는 것이 그동안의 정설이었지만 이런 기준도 바뀔 수 있다는 것을 참고했으면 좋겠다. 이런 관점에서 그야말로 체질에 따라서 약도 되고 병도 될 수 있는 알쏭달쏭한 몇 가지 기호식품에 대해 살펴보고자 한다.

(1) 술(알코올)

술은 마시면 취하게 되는 음료의 총칭으로서 알코올로도 불린다. 알코올은 중추신경계를 억제하여 신체기관들에 해를 주는 물질의 하나이다.

알코올중독자란 음주자가 자신 또는 타인에게 위해를 끼친다는 사실을 알면서도 음주를 자제하지 못하고 음주에 대한 강박이 있을 때를 말한다. 초기중독에서는 술의 양과 횟수가 점점 늘어서, 술에 대한 신체·심리적 의존이 생긴다. 중기중독에서 금단현상이 나타나며, 술을 조절하기 어려워 인간관계가 힘들어진다. 후기중독에서는 술이 없으면 생활을 할 수 없으며, 생각이 흐려져 다른 사람에게 피해를 준다.

(2) 담배

담배는 담뱃잎을 말려서 가공하여 피우는 흡연 제품을 말한다. 담배 연기 속에는 약 4,000여 종의 독성 화학물질이 있으며 이것은 크게 타르·니코틴·기체성분으로 구분된다. 타르는 담배 연기를 입에 넣었다가 흰 종이에 내뿜을 때 나타나는 미립자이며, 니코틴은 아편과 같은 수준의 습관성 중독 물질로 각성 효과가 있고 환각 상태도 있다. 기체성분은 산소 공급을 억제하여 저산소증을 가져오며, 기억력 장애, 혈액 내 산소 운반 능력 장애, 만성 저산소증, 신진대사장애, 조기

노화현상을 초래한다. 직접흡연뿐만 아니라 간접흡연도 주의해야 하는데 간접흡연은 다른 사람이 내뿜는 담배 연기를 마시게 되는 경우이다.

(3) 커피

커피는 커피나무에서 생산된 생두(生豆)를 일정 시간 동안 볶은 뒤 곱게 분쇄하고 물을 이용하여 그 성분을 추출해 낸 음료이다. 에티오피아의 'caffa(힘)'에 어원을 두고 있는 커피는 커피나무가 야생하고 있는 지역인 아랍어에서 유래되었다. 'caffa'는 희랍어로는 'keweh', 아라비아에서는 'gahwa', 터키에서는 'kahve', 유럽에서는 'café'로 불렸으며 영국에서는 '아라비아 와인'으르 불리다가 1650년경 커피 애호가였던 헨리 블런트 경이 커피라고 부르기 시작하면서 현재의 이름을 얻게 되었다(김한송, 2020).

우리나라에 커피가 도입된 것은 한국전쟁이 계기가 되었다. 미군의 전트식량이 한국인들에게 유출되면서 인스턴트 커피가 일반화되었다(지식백과, 2021).

카페인 섭취를 자제해야 하는 사람으로는, 카페인에 유난히 민감한 사람, 심장병 환자, 뼈가 약하거나 칼슘 섭취가 부족한 사람, 위궤양 환자(위산 분비 촉진), 불면증이 있는 사람(각성 효과가 불면 유발), 임신부(임신부가 하루 300mg 이상 섭취하면 자궁으로 가는 혈류량이 줄어 저체중아 출산 위험 증가) 등으로 알려져 있다.

못다 한 인스턴트 커피 이야기

2000년대 들어서부터 사람들이 모이는 장소에 커피 한 잔은 빼놓을 수 없을 정도로 커피는 대중적인 음료로 자리 잡았다. 그러나 커피콩을 볶은 후 그것을 갈고 추출해 만드는 커피 제조의 공정은 대중화에 있어 큰 걸림돌로 작용했다. 이미 중세 시절 중동과 유럽에서 유행이 되기는 했지만 지금과 같은 수준으로 커피가 보급된 데에는 물만 부어 간편히 만들 수 있는 인스턴트 커피 덕이 크다.
인스턴트 커피를 만든 사람은 1901년 일본계 미국인 카토 사토리 박사가 최초였다. 처음에는 커피액을 농축시킨 액체 형식이었고, 현재와 같은 고체 상태의 인스턴트 커피는 1950년대에 등장했다. 인스턴트 커피의 대중화에는 전쟁이 큰 기여를 하게 된다. 충분한 수면을 취하지 못한 채 전투를 치러야 하는 군인들은 졸음 때문에 종종 아군을 오인사격하기도 했는데, 그들이 졸음을 참고 임무를 수행할 수 있도록 전투식량에 인스턴트 커피가 들어간 것이다.

출처 : 지식백과(2020. 8. 31). 커피-악마의 유혹에 기꺼이 손 내밀다.

5) 식품정보, 실천하면 약이 된다

백문이 불여일견이라는 말이 있듯이, 알아야 실천 가능성이 있고 실천 가능성이 있을 때 노력할 수 있는 용기가 생긴다. 이에 식품안전에 대한 구체적인 실천 사항들을 중심으로 살펴보면 다음과 같다.

(1) 식품안전관리인증기준(HACCP)

HACCP은 위해분석(HA : Hazard Analysis)과 중요관리점(CCP : Critical Control Point)의 영문 약자로서 '해썹' 또는 '식품안전관리인증기준'(한국식품안전관리인증원, 2022)을 말한다.

|그림 6-1| HACCP이란?

출처 : 한국식품안전관리인증원(2022). HACCP-HACCP이란?

위해요소분석이란 "어떤 위해를 미리 예측하여 그 위해요인을 사전에 파악하는 것"을 의미하며, 중요관리점이란 "반드시 필수적으로 관리하여야 할 항목"이라는 뜻을 내포하고 있다. 즉, 해썹(HACCP)은 위해 방지를 위한 사전 예방적 식품안전관리체계를 말한다. 해썹(HACCP) 제도는 식품을 만드는 과정에서 생물학적, 화학적, 물리적 위해요인들이 발생할 수 있는 상황을 과학적으로 분석하고 사전에 위해요인의 발생여건들을 차단하여 소비자에게 안전하고 깨끗한 제품을 공급하기 위한 시스템적인 규정을 말한다. 결과적으로 해썹(HACCP)이란 식품의 원재료부터 제조·가공·보존·유통·조리단계를 거쳐 최종 소비자가 섭취하기 전까지의 각 단계에서 발생할 우려가 있는 위해요소를 규명하고, 이를 중점적으로 관리하기 위한 중요관리점을 결정하여 자율적이며 체계적이고 효율적인 관리로 식품의 안전성을 확보하기 위한 과학적인 위생관리체계라고 할 수 있다. 이에 해썹(HACCP)은 전 세계적으로 가장 효과적이고 효율적인 식품안전 관리체계로 인정받고 있으며, 미국, 일본, 유럽연합, 국제기구(Codex, WHO, FAO) 등에서도 모든 식품에 해썹을 적용할 것을 적극 권장하고 있다(한국식품안전관리인증원, 2022).

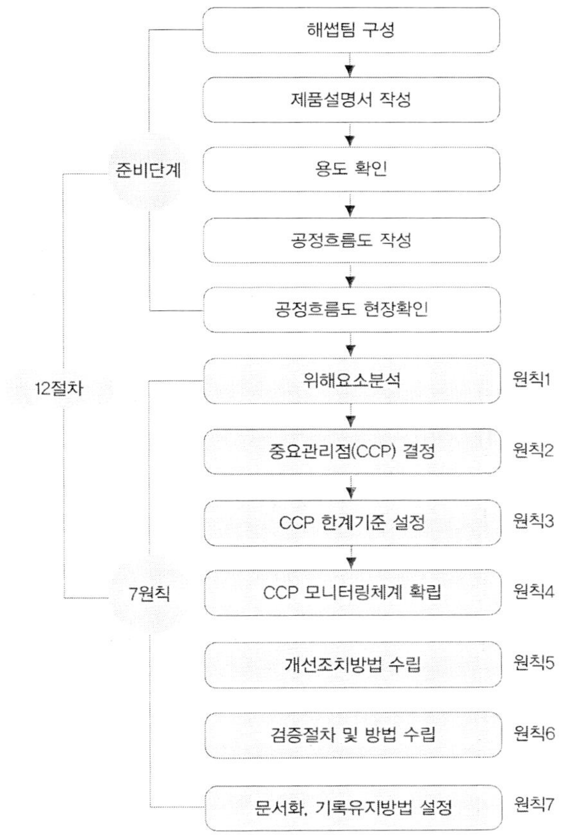

|그림 6-2| HACCP 7원칙 12절차

출처 : 한국식품안전관리인증원(2022). HACCP-7원칙 12절차 소개.

우리나라는 1995년 12월 29일 식품위생법에 HACCP 제도를 도입하여 식품의 안전성 확보, 식품업체의 자율적이고 과학적 위생관리 방식의 정착과 국제기준 및 규격과의 조화를 도모하고자 식품위생법 제32조에 위해요소와 중점관리기준에 대한 조항을 신설하였다. HACCP은 국제식품규격위원회(codex)에 규정된 12단계와 7원칙으로 현장에 적용되고 있다(두산백과, 2022).

HACCP 인증은 축산물 모든 분야에서 의무화되었고, 식품의 제조·가공·유통, 외식, 급식 등의 분야에서도 의무적으로 받아야 한다. 먹거리를 살 때면 'HACCP' 인증 표시가 붙어있는지를 확인할 필요가 있다. 해썹(HACCP) 표시가 있으면 안심하고 믿을 수 있는 제품이라는 것을 증명해 주기 때문이다.

(2) 집단급식 불안요소, 식중독 예방!

식중독 지수는 기온·습도의 변화와 과거 식중독 발생 통계를 근거로 식중독 발생 가능성을 10~100(관심·주의·경고·위험 등 네 단계로 분류)으로 점수화해 누구나 알기 쉽게 한 지표다. 식중독 지수는 매년 4~10월 식약처와 기상청 홈페이지에서 확인할 수 있다. 식중독 지수가 51~85이면 '경고' 단계다. 음식이 금방 상할 수 있으며 그만큼 식중독 발생 위험이 높다는 뜻이다. 지수가 86 이상이면 '위험' 단계다. 하지만 안전한 급식을 위해서는 단계에 관계없이 조리한 음식은 4시간 이내에 먹는 것이 안전하다. 식생활 중 발생할 수 있는 식중독 대처 요령을 살펴보면 다음과 같다(식품안전정보포털, 2021).

〈표 6-1〉 식중독 대처 요령

식중독 지수에 따른 대응		
식중독 지수	단계	대응
35~50	주의	조리한 음식 4시간 이내 섭취
51~85	경고	조리한 음식이 금방 상할 수 있음, 식중독 발생 위험 높음
86 이상	위험	조리한 음식 지체 없이 섭취
식중독 발생 시 대처 요령		
① 2회 이상 설사를 하면서 구토·복통·발열·오심 등의 증상이 있으면 인근 병·의원 방문		
② 식중독 환자나 의심환자가 2명 이상이면 보건소에 신고		
③ 함부로 지사제를 복용하지 않음		
④ 노약자나 영·유아는 구토물에 의해 기도가 막히지 않도록 옆으로 눕힘		
⑤ 탈수 예방을 위해 물을 충분히 섭취		

식품의 위생지표균은 식품의 생산, 제조, 보관 및 유통 환경 전반에 대한 위생 수준을 나타내는 지표로서 병원성을 나타내는 것은 아니며, 식품의 특성에 따라 세균 수, 대장균, 대장균 군으로 구분하고 있다. 세균 수는 자연계에 널리 존재하여 식품에도 존재할 수 있는 자연균총으로 사람에게 직접적인 질병을 일으키지는 않지만 제품의 부패·변질에 관여한다. 대장균은 분변오염의 지표로서 제조·가공 시 가열처리되지 않은 식품의 위생관리를 위해 기준으로 설정하고 있다. 대장균 군은 사람이나 동물의 장내에 사는 대장균과 유사한 균을 총칭하는 것으로 모두가 병원성을 가지는 것은 아니며, 가열 또는 살균 제품에서 음성 또는 정량기준을 설정하여 관리하고 있다.

집단급식소·대형음식점의 식중독 예방법

- 조리종사자가 설사·화농성 질환을 가지고 있는지 매일 확인하고, 이런 질환이 있는 사람은 조리업무에서 배제
- 조리대·주방시설 등에 대해 염소 소독 실시
- 교차오염이 일어나지 않도록 고기류와 채소류의 칼·도마·용기 등은 구분 사용
- 주방 도구를 사용한 후 바로 세척·소독
- 식재료나 조리된 음식은 식중독균이 증식할 수 없도록 5℃ 이하 냉장 또는 60℃ 이상 온장 보관 등 철저한 온도관리
- 지하수 물은 반드시 끓여서 제공
- 음식 조리할 때 음식의 내부까지 충분히 익을 수 있도록 74℃에서 1분 이상 가열
- 식중독이 유행할 때는 식중독 발생 위험이 상대적으로 높은 샐러드 등 비가열 메뉴 조리 회피

집단급식의 안전을 위한 식품보관법(냉장고 안전수칙 10가지)을 살펴보면 다음과 같다. ① 냉장고 보관 전 이물질이나 흙을 깨끗이 제거한다. ② 냉장고에 든 식품을 취급할 때는 손을 깨끗이 씻는다. ③ 식품표시사항(보관방법)을 확인한 후 보관한다. ④ 햄·두부 등은 개봉 후 밀폐 보관하고 되도록 빨리 섭취한다. ⑤ 먹다 남은 식품은 재가열한 후 냉장고에 보관한다. ⑥ 냉장고 보관음식은 70℃에서 3분 이상 재가열 후 섭취한다. ⑦ 냉동보관 식품은 냉장실에서 해동하거나 전자레인지를 사용해 해동한다. ⑧ 냉장실 온도는 5℃ 이하로 유지한다. ⑨ 냉장고 보관 식품의 양은 냉장고 용량의 70% 이내만 채운다. ⑩ 냉장고는 최소한 한 달에 한 번 정도는 청소한다.

〈표 6-2〉 식품 보관법

• 냉동보관할 수 없는 식품

식품의 종류	냉동 보관해선 안 되는 이유
마요네즈	기름과 계란이 분리
크림소스	응고 · 층 분리
양배추 · 배추 · 샐러리	수분 증발로 인한 조직감 변화
요구르트	단백질 응고
달걀(껍데기)	껍질 손상 · 오염 가능성
캔 제품	내용물의 품질변화 · 용기팽창

• 식품별 냉장보관 방법

종류	보관법
육류	냉장보관, 장기간 저장할 때는 냉동보관
두부	찬물에 담가 냉장보관
생선	내장을 제거하고 흐르는 수돗물로 깨끗이 씻어 물기를 없앤 후 다른 식품과 접촉하지 않도록 하여 냉장 · 냉동 보관
패류	내용물을 모아서 흐르는 수돗물로 깨끗이 씻은 후 냉장 · 냉동 보관
달걀	씻지 않은 상태로 냉장보관
우유	10℃ 이하로 냉장보관
채소	물기를 제거한 후 포장지로 싸서 냉장보관하며 씻지 않은 채소와 씻은 채소가 섞이지 않도록 분리 보관

출처 : 식품안전나라(식품안전정보포털) : 식중독균(https://www.foodsafetykorea.go.kr/portal/board/boardDetail.do 2021. 12. 인출).

학교의 급·간식 안전사고 예방

① 학생 체질에 따라 보건교사 및 영양교사와 협조하여 식품 알레르기 현황 등의 특이체질을 파악하여 안전사고를 예방함
② 급 · 간식에 대하여 배식하기 전 검식을 실시함
③ 보존식(급 · 간식 모두 포함)은 6일 동안만 보관함
④ 식중독 발생 시 보존식을 역학조사가 완료될 때까지 폐기하거나 소독 등으로 현장을 훼손하지 않고 원상태로 보존하여, 원인 규명 활동을 방해해서는 안 됨
⑤ 식중독 발생 등으로 보건소 등 관계기관에 보존식 인계 시 인수증을 받고 인계함
⑥ 학교 자체 조리 시 식판과 조리기구 소독과 위생관리를 철저히 함
⑦ 매식 업체에 대해 관련 보험(음식물 배상책임보험 등)을 철저히 확인함

출처 : 안정미(2020). 돌봄교육실무론 : 보건교육의 급간식지도의 실제. 한국방송통신대학교 프라임칼리지.

2. 약도 잘못 쓰면 독!

1) 너는 누구니? 약물!

약물안전은 약물과 안전의 합성어로서 안전한 약물 복용을 의미한다. 약물에 대한 일반적인 의미는 상당히 많으나 함께 논하고자 하는 약물에 대한 의미를 몇 가지로 간추려 보면 다음과 같다.

약물에 대한 사전적 의미를 살펴보면, '약으로 쓰이는 물질, 약의 재료가 되는 물질' 또는 '중독성 및 환각성이 있는 마약이나 아편 따위를 통칭하는 말', '병의 치료 · 진단 · 예방에 쓰이는 것'을 의미한다. 흔히 사용되는 약물은 항생제 · 각성제 · 신경안정제 · 진정제 · 수면제 · 항우울제 · 진통제 · 마취제 · 호르몬제 등이다. 약물을 '의약품'으로 정의한 사전적 의미(지식백과, 2020)에서는 의약품(WHO 국제보건기구)을 '사용자의 이익을 위해서 생리적 시스템 또는 질병상태를 변화시키거나 검토하기 위해서 사용되는 모든 물질'을 의미한다.

약물에 대한 학문적 의미를 살펴보면, '신체기능을 변동시킬 수 있는 음식물을 제외한 모든 화학적 물질' 또는 '인체에 영향을 미치는 화학물질'을 의미한다(장경하, 2011). 또 다른 연구에서는 '인간의 체내에 들어가서 신체적, 정신적, 기능에 변화를 초래하는 물질'을 의미한다. 약물에는 질병의 진단이나 치료 또는 예방 목적으로 사용하는 의약품과 본드, 시너, 부탄가스 등과 같이 의약품으로 사용되지 않으면서 인간의 신체적, 정신적 기능에 변화를 초래하는 물질이 포함되어 있다(한부식 · 황인옥, 2017).

약물교육에서의 약물은 의약품을 포함한 약물을 지칭하며, 대부분 마약과 관련한 것만을 의미하는 용어로 쓰였다. 그러나 2008년부터 학교보건법에 약물 남용 외에 오용도 필수 교육내용으로 들어가면서 '인체에 다양한 영향을 미치는 물질' 등으로 일반화되었다. 종합해 보면, '약물은 인간의 체내에 들어가서 신체적 · 정신적 기능에 변화를 초래하는 약의 물질로서 의약품을 포함'한 것을 의미하며, 약물안전은 '안전한 약물 복용'을 의미한다.

2) 병 주고 약 주고, 중독!

약물중독은 조직(기관)의 정상적이고 건강한 기능을 방해하고 매우 위험한 결과를 초래한다. 따라서 우리의 건강한 삶을 위해서는 약물에 대한 올바른 정보를 익혀서 실천해야 한다.

보건복지부(국립부곡병원, 2022)에서 고시한 약물중독은 '약물의 부정적이고 위해한 결과를 알면서도 약물에 사로잡혀, 강박적으로 약물을 갈망하고 지속적으로 사용하도록 만드는 뇌의 구조와 기능이 변화되는 만성적 뇌질환'으로 정의하고 있다. 대부분의 약물중독은 처음에 자발적으로 약물을 사용하지만, 시간이 경과함에 따라서 자제력과 판단력을 상실하고 약물을 사용하지 않을 수 없는 강력한 충동을 느끼게 된다.

도파민은 운동신경, 정서, 동기부여, 보상 및 감정조절 등에 관여하는 신경전달물질로 자연보상 행동을 하면 도파민의 분비가 증가되어 쾌감을 느낀다. 마약을 주사하면 엄청난 양의 도파민이 분비되어 뇌 전체에 영향을 미치기도 하고, 과다한 도파민 분출로 인해서 극단적인 쾌감을 경험하기도 한다. 그러나 약물을 흡연하거나 주사할 경우 자연보상(음식물, 물, 섹스, 양육) 때 분비되는 도파민보다 2~10배의 도파민이 분비되며, 그 효과는 자연보상보다 훨씬 오래 지속되므로 자연보상 행동에 의한 쾌락 효과는 작아지게 된다. 일반보상과 약물보상의 차이는 누군가가 우리 귀에 귓속말을 하는 것과 마이크에 대고 소리치는 것의 차이로 설명할 수 있다. 라디오 소리가 너무 크면 볼륨을 낮추는 것처럼, 뇌는 너무 많은 도파민이 분비되면 도파민을 적게 생산하거나 신호를 받는 도파민 수용체의 수를 줄임으로써 압도적으로 증가된 도파민을 조절한다. 그 결과, 약물을 남용하는 사람의 뇌의 보상회로에 대한 도파민의 영향은 비정상적으로 낮아져 쾌감을 느끼는 능력이 감소된다. 결과적으로, 약물을 남용하게 되면 이전의 자연보상에서 느끼던 즐거움을 느낄 수 없으므로, 삶이 밋밋하고 생기가 없으며 우울하게 된다. 따라서 도파민 기능을 정상으로 되돌리고 싶어서 더 많은 약물을 자주 사용하게 되기 때문에 뇌는 점점 더 많은 도파민을 필요로 하게 되고 결국 중독에 빠지게 된다.

이러한 약물 중독과 남용은 예외 없이 모두에게 심각한 고통을 준다. 처음에는 약물 사용에 대해 긍정적인 효과만을 인지하고 언제든지 원하면 약물을 끊을 수 있을 것이라 생각한다. 그러나 계속 약물을 남용하게 되면 즐거움은 점차적으로 감소되고, 이전과 같은 쾌감을 얻기 위해서 더 많은 양의 약물을 필요로 하게 된다. 결과적으로, 약물을 갈망하고 남용하는 일이 가족과 직업 등 어느 일보다 가장 중요한 일이 되어서 약물을 끊고 싶어도 자의적으로는 끊을 수 없게 된다. 예방과 치료가 가능하지만 치료하지 않고 이를 방치하면 평생 동안 지속된다.

3) 약물과 건강

약물은 질병의 진단이나 치료 또는 예방 목적으로 사용하는 의약품과 본드, 시너, 부탄가스 등과 같이 의약품으로 사용되지 않으면서 인간의 신체적·정신적 기능에 변화를 초래하는 물질이 포함되어 있다(한부식·황인옥, 2017). 우리나라에서는 1980년대 암페타민 등의 각성제와 청소년의 휘발성 용매인 본드와 부탄가스의 남용이 문제되었고, 최근에는 환각제나 코카인 등의 약물이 사회적 문제를 일으키고 있다.

(1) 아편류

아편계 약물은 양귀비에서 추출된다. 아편을 정제할 경우 모르핀을 비롯한 20여 종의 약물이 추출된다. 일부에서는 합성 마약을 만들어 내기도 하는데, 가장 문제가 되는 것은 헤로인이다. 이 외에 대표적인 아편계 약물로는, 모르핀, 코데인, 메페리딘, 메타돈, 펜타닐 등이 있다. 아편류는 의료계에서는 진통, 마취, 지사제(설사약), 해소제 등의 목적으로 사용된다. 아편계 약물은 사용 시 기분의 변화를 유발할 수 있는데 주로 진통, 진정, 의식혼탁, 무감정, 주의집중장애, 기분 고양, 행복감, 불안 감소, 자존심의 증가 등이다. 헤로인을 투여할 경우 화끈거리는 느낌, 짧은 기간 동안의 쾌감, 이완, 만족감, 성적 절정감 등을 느낄 수 있다. 이러한 느낌은 초기에만 나타나며 반복 사용 시 내성에 의해 효과가 감소하며 중단 시 금단 증상을 유발하게 된다(포항중독관리통합지원센터, 2022).

(2) 각성제-암페타민류

암페타민을 대표로 하는 각성제는 중추신경을 자극하는 특성을 가지고 있다. 흔히 '히로뽕'이라고 불리는 메타암페타민이 가장 널리 알려진 약물이다. 이는 간혹 비만 치료제, 주의집중 개선제 등의 명목으로 사용되기도 하며, 드물게 의료적 목적으로 사용되기도 하지만 대부분 불법적(병원에서 사용하는 치료 약물과는 다름)으로 사용되고 있다. 각성제의 효과는 기분을 좋게 하고 피로감을 줄이며 에너지가 상승하는 느낌을 줄 수 있다. 각성제의 금단증상으로는 불안, 떨림, 악몽, 불쾌감, 무력감, 권태감, 피로감, 진땀, 초조, 통증, 심한 공복감과 식욕증가 등이 있다(포항중독관리통합지원센터, 2022).

(3) 코카인

코카인은 볼리비아나 페루 지역의 코카나무에서 추출한 약물로 과거 원주민들은 이를 씹어 행복감을 즐기려 했다. 국내에서는 코카인이 메타암페타민에 비해 널리 남용되고 있지는 않다. 코카인은 행복한 느낌을 고취시키는 효과를 가지고 있다. 따라서 이 물질을 경험한 사람들은 짧은 기간의 사용만으로도 의존 상태에 이르게 된다. 또한 코카인은 반감기가 짧기 때문에 기분 고조 상태를 유지하기 위해 빈번하게 투여해야 한다. 코카인의 금단증상은 뚜렷하지 않은 경우가 많으나 초기에 약물을 갈망하거나 불쾌감, 피로감, 악몽, 식욕 증가 등의 증상이 나타나며, 3~5일째에는 극심한 우울증상을 보이게 된다. 이때 자살을 시도하는 경우가 많아 주의가 필요하다. 심한 우울감을 극복하기 위해 약물을 다시 찾게 되는데, 이러한 효과 때문에 다른 약물에 비해 약물을 중단하기가 쉽지 않다(포항중독관리통합지원센터, 2022).

(4) 환각제

환각제는 지각, 감각, 사고, 자기인식, 감정 등에 영향을 미치는 약물로 시간에 대한 감각, 망상 등을 유발하며, 환시, 환청, 환촉, 환취 등의 환각 현상을 유도하게 된다. 비교적 젊은 층의 사용이 많고, 약물에 의한 신체적 손상이 다른 약물에 비해 적은 편이다. 원래는 미국 서남부에 자생하는 버섯에서 추출한 실로사이빈과 멕시코의 선인장에서 추출한 메스칼린 등이 원주민들에게서 사용되었으나 1943년 LSD라는 물질이 합성되어 널리 알려지게 되었다. 기타 많이 사용되는 환각제에는 PCP가 있다.

LSD는 매우 강력한 환각제로 소량의 사용만으로 강한 생리적, 심리적 변화를 초래하게 된다. PCP도 유사한 환각제이나 약물 사용량에 따라 다른 양상을 보이는데, 저용량에서는 해방감과 공중에 떠있는 것 같은 느낌과 마비 증세를 보일 수 있고 고용량에서는 흥분과 혼돈, 도취감 등을 보이며 근육의 경직, 언어장애, 판단장애 등도 보일 수 있다. LSD, PCP 모두 약물 중단 후 보이는 금단 증상은 비교적 뚜렷하지 않다(한양대학교구리병원, 2022).

(5) 마리화나

마리화나는 대마의 잎과 꽃에서 얻어지는 물질이다. 대부분의 경우 파이프나 궐련 형태로 사용하기 때문에 '대마초'라는 이름으로 불린다. 마리화나를 사용할 경우 초기에 기분이 뜨는 느낌이 들고 부적절한 웃음, 앙양된 기분을 경험하며 긴장이 풀리는 것 같은 진정 효과를 보이게 된다.

장기적으로 사용할 경우 의욕상실과 무기력증, 무관심을 보이는 '무동기 증후군'을 보일 수 있다. 상습적으로 사용 시 내성도 빠르게 나타나는 것으르 보고되고 있으며, 금단증상으로는 손이 떨리거나 눈동자가 떨리는 안구진탕, 땀이 많이 나고, 메슥거리는 느낌, 구토, 설사, 흥분, 식욕부진, 수면장애 등을 초래할 수 있다. 하지만 대부분의 금단증상은 다른 약물에 비해 심하지 않은 편으로 의료적 개입이 필요하지 않을 때가 많다(포항중독관리통합지원센터, 2022).

(6) 흡입제

흡입제는 인체에 유해한 화학성분으로 구성되어 있어 본래 목적 이외의 용도로 사용할 경우 인체에 치명적인 해를 입히게 된다. 흡입제에는 본드로 사용되는 아교, 페인트 시너, 매니큐어 제거제, 드라이클리닝 용매, 톨루엔, 가솔린, 아세톤, 벤젠 등이 포함된다. 우리나라에서는 과거 본드, 부탄가스 등의 사용이 사회적 문제를 유발하였다. 흡입제는 중추신경을 억제하는 작용을 하는데 금단증상은 약하지만 내성이 잘 생긴다. 흡입제를 코나 입을 통해 들이마실 경우 폐를 통해 흡수되며 약 5분 이내에 약리적 반응을 유발하게 된다. 일반적으로 효과는 즉각적으로 나타나며 빠른 쾌감효과가 있다. 본드나 가스는 회복되는 기간이 길거나 정신이 되돌아오지 않는 경우가 많으며, 다른 약물에서 볼 수 없는 대뇌 파괴 현상이 있어 매우 위험하다(국가건강정보포털, 2021).

3. 약물정보, 알면 약이 된다

1) 약물 사용 권유에 대한 거절방법

각 약물은 고유의 특성을 갖기 때문에 급성기의 치료는 약물의 특성에 맞추어 치료해야 한다. 또한 약물에 따라 약물 작용을 차단하는 효과가 있는 약물이 있는 경우 이러한 약물의 투여가 남용을 억제하는 데 도움이 된다.

약물 남용자들의 대부분은 사회나 가정에서 스스로를 격리시키고 혼자만의 세계에 갇혀있는 경우가 많다. 따라서 사회적인 관계 형성을 통해 세상과의 소통하는 법을 익히고 약물 이외의 즐거움을 찾을 수 있는 대안을 제시해야 한다. 가정이나 사회의 일원으로 활동할 수 있도록 주위의 격려와 지지가 매우 필요하다.

약물중단을 결심한 이후에 실패하는 주된 이유 중 하나는 약물중단에서 발생하는 불쾌한 감정이다. 따라서 환자가 불쾌한 감정에 적응할 수 있도록 도와주며,

그러한 감정의 원인을 이해하고 이겨낼 수 있도록 도와주는 주위의 노력이 필요하다. 약물남용이나 의존은 개인의 의지의 한계를 넘어선 질병이다. 단순히 의지가 약하거나 성격적 문제가 있어 끊지 못하는 것이 아니다. 따라서 이미 중독 상태에 있다고 판단되는 경우는 반드시 전문가의 도움을 받아야 한다. 사람마다 중독물질에 빠지는 원인이 다르기 때문에 전문가의 평가를 받는 것이 중요하다. 조기에 발견하고 적절한 치료를 하는 경우 회복 가능성이 높아진다(국가건강정보포털, 2021).

약물 사용의 권유에 대한 거절방법

① 친구가 권하면 다른 것을 하자고 제안해 본다.
  예 "난 약물 안 해. 우리 농구하러 가자."
② 눈을 똑바로 쳐다보고 완고하게 거절한다.
③ 그 자리를 떠난다.
  예 "내가 여기 있는 건 현명하지 못한 것 같아. 난 가겠어."
④ 싫다고 말하고 믿을 만한 어른과 상의한다.
⑤ 상황을 피한다. 언제 모여서 약물을 한다는 사실을 알면 가지 않는다.
⑥ 약물을 사용하지 않는 친구들을 사귄다.

2) 약물의존에 대한 진단기준

약물의존은 내성, 금단 그리고 강박적으로 약물을 추구하는 행동 등의 복잡한 행동들이 포함된다. 각각의 약물에 대한 의존 증상들은 약물의 각 범주 내에서 완전히 똑같은 건 아니지만 비슷하다. 12개월 동안 다음의 기준을 만족하면 약물의존이라 판단할 수 있다(마인드힐정신건강의학과, 2020).

약물의존 진단기준

- 원래 의도했던 것보다 더 많은 양이나 더 오랫동안 약물을 사용한다.
- 약물 사용을 중단하거나 줄이려는 욕망이 계속 있지만 뜻대로 안 된다.
- 약물을 구하거나 약물의 효과에서 벗어나기 위해 많은 시간을 보낸다.
- 약물 사용에 몰두하고 있기 때문에 중요한 사회적·직업적 활동 및 여가 활동을 무시한다.
- 물질 사용으로 인해 반복적으로 신체적·심리적 문제가 생기는 데도 불구하고 물질을 계속 사용한다.

약물중독 주의, 증상체크

- 멍청한 상태로 앉아서 허공을 본다.
- 옷이나 외모에 관심이 저하된다.
- 비정상적으로 화를 낸다.
- 창고, 지하실에 이유 없이 드나든다.
- 학교나 집에서 갑자기 규칙을 지키지 못한다.
- 사소한 일에도 자주 웃는다.
- 책임회피의 태도를 보인다.
- 외모가 보기 싫게 변한다.
- 콧물이나 눈물을 과도하게 흘린다.

출처 : 한국일보(2000. 6. 20).

4. 공유시대 GOGO-토론

1) 'GMO' 안전할까? 위해할까?

GMO의 허위와 진실(기사 요약)

GMO의 허위와 진실(일송재단, 2019년 7월)은 유전자변형 작물과 식품의 안전성 및 효율성에 관한 근거를 밝힌 해외보고서를 번역한 책이다. 이 책은 유전자변형에 관한 이슈를, 뉴스를 통해 전달한 GMO 관련 보고서를 번역하여 출판했다. 이 책은 GMO와 관련하여 불편한 진실을 고발하고 있다.
2016년 통계로 전국 17개 광역자치단체, 226개 기초단체에 5,000만이 넘는 우리 국민들이 연간 2,000여만 M/T, 1인당 116kg의 양곡을 소비한다. 그중 Non-GMO 국산식량 자급률은 23.8%에 불과하다. 나머지 76.2%의 양곡은 미국, 캐나다, 브라질, 아르헨티나 등 주로 GMO(유전자조작식품) 생산국에서 수입한다. 특히 콩과 옥수수, 카놀라, 목화씨, 감자 등 수입곡물은 70~80%가 유전자 변형 괴물생물체이다. 우리 국민들은 연간 1인당 42kg에서 66kg을 소비해 미국의 68kg 다음으로 많다. 그런데 대한민국에 판매되고 있는 식품들 중 그 어느 것 하나 GMO 함유 여부 사실을 표시하지 않아 소비자들은 GMO 식품인지 아닌지조차 알지 못한다.

출처 : 인천뉴스(2019. 11. 29).

2) 청소년의 약물 오남용이 사회문제가 되는 이유는 무엇일까?

청소년 약물중독 '유행' 혹시 우리집 아이도?

약물중독이라고 하면 우리는 히로뽕이나 헤로인을 맞거나 길거리에서 쓰러져 있는 사람들을 떠올린다. 그러나 지루함을 잊기 위해, 친구들과 어울리기 위해, 긴장을 풀고 기분 좋게 하려고, 혹은 모험을 해보고 용감해지려고 술을 마시거나 줄담배를 피고, 본드를 마시거나 시너를 흡입한다면 그 사람은 약물에 중독된 것이다. 서양 아이들이 파티에서 마리화나를 피운다면 '그럴 수도 있겠지' 하면서도 우리 아이들이 친구들과 어울려 빈집이나 놀이터에서 본드를 마신다는 사실은 믿으려고 하지 않는다. 그러나 본드, 부탄가스 등 환각물질을 흡입하거나 신경안정제, 진해제 등을 복용하는 청소년들이 30% 이상이나 된다는 연구들은 사태의 심각성을 경고해 준다. 청소년들이 가장 손쉽게 접할 수 있는 약물 종류는 흡입제(본드, 시너, 부탄가스)이다. 그러나 1998년을 기점으로 흡입제 사용은 줄어들기 시작하고 신경안정제, 진해제(기침약), 수면제 등 복용하는 약물을 더 많이 찾고 있다.
청소년 사이에 약물남용 문제가 유행처럼 번져가고 있지만, 실제로 상담원에 찾아와서 호소하는 경우는 거의 없다. 약물중독자의 중요한 특징이 자기문제에 대한 부인이기 때문이다. 우리에게 너무나 익숙한 술과 담배도 포함된다는 사실을 생각하면, 청소년들의 약물중독 문제는 더욱 심각한 수준이다. 남자 고등학교 3학년의 41%, 여자 고등학교 1학년의 10.5%가 흡연을 하고 있으며, 남여 중 · 고등학생의 20% 정도가 주 1회는 꼭 술을 마신다고 한다. 약물중독의 문제는 이제 더 이상 남의 나라 얘기만은 아니다.

출처 : 한국일보(2000. 6. 20).

3) 불행해서 중독되고, 중독되어 불행해진다

영화 중독(Addiction, 2019)

멀거나 가까운 인연 중에 알코올, 도박 게임, 마약 등 중독자 하나쯤 없는 사람이 드물다. 한심하다는 비난이나 잠시 안타까운 동정의 눈길을 주는 것으로 끝낼 수 있다면 다행이다. 중독자의 망가진 삶을 다 끌어안고 고통을 고스란히 받아내는 가족과 주변 사람들의 인생은 당사자만큼 처참하다. 역설적으로 그들이 중독에 빠지기도 한다. 사실 중독의 문제는 개인의 건강이나 질환의 문제이기 이전에 우리 사회의 문제이다. 단지 치료가 어려운 질병의 문제가 아니며, 우리 사회에 숨겨져 있는 산업논리와 약자에 대한 강자의 일방성과도 맞닿아 있는 중요한 사회문제이다.
"균형과 조절" 이 두 가지는 중독으로부터 벗어나거나 예방하는 데 중요하다. 건강을 잃어버리거나, 사랑하는 사람과의 이별, 꿈과 비전의 상실, 경제적으로 무너져버릴 때 우리의 균형은 함께 허물어진다. 이때 누구나 본능적으로 그 균형을 맞추려 한다. 문제는 여기에 있다. 무엇으로 "균형을 채우는가?" 이 질문으로 중독과 중독에서의 회복은 양립하게 된다.
중독의 원인 역시 이미 많은 매체에서 보도되었고, 지금도 접하고 있다. 그래서 영화 "중독"은 여기에서 한 발자국 더 걸었다. "회복"이다. 무너진 균형의 "회복"에 초점을 맞추었다. 중독에서 벗어나려면 의사들과 상담사(심리 등)의 도움을 받아야 한다. 그런데 또 하나가 있다. 종교이다. 이 문제는 유신론자와 무신론자의 차이가 없다. 왜냐하면 사례가 너무 많기 때문이며, 실제로 의사와 상담사들도 경험했고 인정하고 있다.

식품안전과 약물안전을 위한 TIP, 중독!

'중독'이라는 용어는 우리 사회에서 다양한 의미로 사용되고 있다. '알코올중독'이나 '마약중독'처럼 술이나 마약 등을 장기간 사용하여 그것 없이는 정상적인 생활을 할 수 없게 된 상태를 의미하는 중독이 가장 대표적이다. '일중독'이나 '사랑중독' 등 무언가에 너무 빠져 버린 상태를 표현할 때도 중독이라는 용어를 사용한다. 또한 '식중독', '농약중독'과 같이 음식물이나 약물 따위의 독성으로 인해 신체에 이상이 생기거나 목숨이 위태롭게 되는 경우와 '급성 카페인중독', '급성 알코올중독'과 같이 정신에 작용하는 약물을 일시적으로 과량 섭취하여 급성 가역성으로 도취된 상태에도 중독이라는 용어를 사용한다(국가정신건강정보포털, 2022). 사전적인 의미에서의 중독은 '① 생체가 음식물이나 약물의 독성에 의하여 기능 장애를 일으키는 일, ② 술이나 마약 따위를 지나치게 복용한 결과 그것 없이는 견디지 못하는 병적 상태, ③ 어떤 사상이나 사물에 젖어버려 정상적으로 사물을 판단할 수 없는 상태(국립국어원, 2022)'의 세 가지 의미가 있다.

또한 '음식물, 물, 섹스, 양육' 같은 자연보상은 우리가 먹고, 마시고, 종을 번성하고 양육할 때 즐거움을 느낄 수 있도록 한다. 이러한 즐거운 감정은 행동을 강화하여 반복하게 되는데 이것이 중독의 원리이다. '조절능력 상실'은 중독으로 진행되고 있다는 중요한 신호이다. 중독과 함께 사용되는 용어로는 내성과 금단이 있다. 내성은 약물의 반복 복용에 의해 약효가 저하하는 현상으로서 중독에서 종전과 같은 만족을 경험하려면 더 강한 강도나 지속 기간의 자극을 필요로 한다. 금단은 물질 중독이나 행동 중독에서 그것의 강박적 사용 행동을 중단했을 때 나타나는 견디기 어렵고 고통스러운 증상을 말한다.

제7장
서로를 존중하면 모두가 행복하다!! 폭력안전

모든 국민은 인간으로서의 존엄과 가치를 가지며, 행복을 추구할 권리를 가진다. 이와 같은 절대적 가치가 최근 각종 폭력으로부터 위협받으며 일상 속 삶이 위험해지고 있다. 무엇보다 폭력은 그 자체로서도 발생되어서는 안 되지만, 폭력 피해자들이 자살, 사망으로까지 이어지는 2차, 3차 피해의 보다 심각한 상황이 발생하기 때문에 높은 관심과 예방이 필요하다.

우리들 삶 주변에서 발생하는 각종 폭력에 대하여 국가적 차원에서 법령 제정 및 개정, 폭력 예방을 위한 제도 마련 등 다양한 노력을 기울이고 있다. 시민사회단체들도 다양한 예방활동, 캠페인, 상담 등을 통하여 사전 예방 및 사후 대책 등을 마련하여 국민들이 각종 폭력으로부터 안전한 삶을 영위할 수 있도록 지원하고 있다. 그럼에도 불구하고 폭력은 더욱 잔인하고 지속적이며 은밀하게 확대되고 있다.

폭력은 복수 이상의 사람들이 관련된 것으로 단순히 가해자와 피해자라는 이분법으로 구분되는 것이 아니다. 자동차 사고가 나서 엔진을 수리한다고 해도 자동차가 가지고 있는 본래의 엔진 성능을 원상태 그대로 유지할 수 없는 것과 같이 폭력도 '가해자 처벌 및 피해자 보호'라는 단순한 개념으로 접근할 수 없는 매우 복잡한 양태를 지니고 있다. 무엇보다 폭력은 몰인격적이기 때문에 평생 회복될 수 없는 피해를 가져다준다. 폭력으로부터 안전을 담보하기 위하여 법적인 사례, 판례, 폭력에 대한 사회적 인식 등을 포괄적으로 살펴보면서 폭력으로부터 안전한 사회를 어떻게 만들어 가야 할 것인가에 대한 담론의 장을 마련하고자 한다. 무엇보다 생활 속에서 인식하지 못했던 각종 폭력에 대해 이해하고, 감수성을 높여 생활 속에서 존재하는 각종 폭력을 사전에 예방할 수 있도록 하고자 한다.

이에 본 장에서는 폭력 양상을 성폭력, 가정폭력, 사이버폭력, 일상생활 속 폭력, 언어폭력, 데이트폭력으로 구분하여 각 폭력의 개념, 원인 및 실태, 대처 방안에 대해 살펴보고자 한다.

1. 일상생활 속 폭력, 왜 발생하는가?

폭력은 최소 2인 이상의 쌍방이 존재해야 한다. 따라서 폭력이 동일하다는 것은 존재할 수 없다. A가 막대기로 B와 C를 동일한 강도로 엉덩이를 2대씩 때리는 폭력을 가했다고 가정해 보자. '동일한 강도'라는 것은 A의 생각일 뿐, B와 C는 신체적, 정신적 차이에 따라 엉덩이를 2대 맞은 것에 대하여 폭력 강도는 매우 다를 것이기 때문이다.

1) 폭력의 개념

폭력에 대한 정의는 매우 다양하다. 사전적으로 폭력(暴力, violence)은 남을 거칠고 사납게 제압할 때 쓰는 물리적 수단이나 힘을 의미한다. 법령에서는 폭력에 대한 적용 양상에 따라 다소 간 차이를 보인다.

폭력 발생 장소와 폭력행위자의 신분에 차이만 있을 뿐, 우리나라에서 가장 포괄적으로 폭력의 개념을 규정한 것으로 「학교폭력예방 및 대책에 관한 법률」을 들 수 있다. 이 법률에서는 학교폭력을 '학교 내 · 외에서 학생을 대상으로 발생한 상해 · 폭행 · 감금 · 협박 · 약취 · 유인 · 명예훼손 · 모욕 · 공갈 · 강요 · 강제적인 심부름 및 성폭력, 따돌림, 사이버따돌림, 정보통신망을 이용한 음란 · 폭력정보 등에 의하여 신체 · 정신 또는 재산상의 피해를 수반하는 행위'로 규정하고 있다.

「학교폭력예방 및 대책에 관한 법률」에서 학교 내 · 외라는 폭력 발생 장소, 학생이라는 폭력 행위자의 신분적 특징을 삭제한다면, 우리들 주변에서 발생하는 폭력을 모두 포괄하는 것으로 본다.

폭력 피해는 '피해자가 신체 · 정신 또는 재산상의 피해를 당하거나, 신체적 또는 심리적 공격을 가하여 상대방이 고통을 느끼도록 하는 모든 행위'로 대우 다의적 개념이다. 따라서 놀이, 오락, 장난 등의 행위가 자칫 폭력으로 이어질 수 있음을 항상 염두에 두어야 한다.

2) 폭력의 원인과 유형

폭력은 발생 장소에 따라 가정폭력, 학교폭력, 사이버폭력 등으로 구분되고, 폭력 유형에 따라 성폭력, 상해, 따돌림, 사이버따돌림, 데이트폭력, 괴롭힘, 갈취, 신체폭력, 모욕 등 다양하게 구분된다. 따라서 폭력의 원인은 매우 다양하여, 원인을 밝혀내는 것 자체가 불가능할 수도 있다. 폭력은 전 세계 모든 국가들이 겪고 있는 문제이며 수많은 연구와 대처 방안들이 모색되어 왔음에도 불구하고 폭력 발생의 원인에 대한 명쾌한 결론이나 메커니즘을 밝혀내지 못하고 있다. 이와 같은 폭력은 왜 발생하는 것일까? 심지어 가해자가 피해자가 되고, 피해자가 가해자가 되는 악순환이 발생하는 원인은 무엇일까? 폭력의 양상이 다양한 만큼 그 원인도 다양할 것이다.

폭력이 발생하는 원인은 다차원적 측면에서 분석되어야 한다. 폭력이 발생하는 원인은 개인의 심리적 · 신체적 요인, 자신의 사회적 우월성을 확보하기 위하여 타인을 희생시키고 스스로를 내세우려는 행위, 성별 · 인종 · 사회계층 · 종교적 성향 · 신체적 또는 심리적 장애 등에 의해 나타나는 사회 · 문화적 요인, 사회적 맥락 요인으로 폭력이 발생한다고 본다(문용린 외, 2012).

폭력 발생 원인은 발생 장소 및 유형에 따라 매우 다양하다. 그 원인과 메커니즘에 대한 지속적 관심으로 폭력이 발생했을 때의 처방보다는 폭력을 사전에 예방하여 우리들의 일상 생활 속에서 '폭력=Zero' 사회를 만들어 가야 할 것이다.

2. 폭력의 유형과 특징

1) 성폭력

언론을 통하여 자주 보도되고 있는 것이 성을 매개로 한 폭력이다. 성폭력은 '성(sexuality)과 폭력(violence)'의 합성어로 성이라는 다의적 개념과 폭력이라는 다의적 개념의 결합어이므로 그 정의 또한 매우 다의적이다. 사전상 의미로는 성을 매개로 한 물리적 강제력을 의미하지만, 성폭력을 포괄적으로 정의한다면 반드시 폭력성을 전제로 하지 않는 것도 성폭력이다.

(1) 성폭력의 개념

일반적으로 성폭력이란 강간만이 아니라 원치 않은 신체적 접촉, 음란 전화, 인터넷 등을 통해 접하게 되는 불쾌한 언어와 추근거림, 음란한 눈빛으로 바라보는 등 성을 매개로 상대의 의사에 반해 성적으로 가해지는 모든 신체적, 언어적, 정신적 폭력을 말한다(한국학교폭력상담협회, 2013).

법제처에서는 성폭력이란 성적인 행위로 남에게 육체적, 정신적 손상을 주는 물리적 강제력으로서 강간이나 강제추행뿐만 아니라 언어적 성희롱, 음란성 메시지 및 몰래카메라 등 상대방의 의사에 반해서 가해진 신체적, 정신적 폭력을 포함하는 것으로 정의하고 있다(한국아동청소년안전교육협회, 2016).

성폭력에 대한 법률적 개념은 통상적 개념과 다소 간 차이를 보인다. 「성폭력범죄의 처벌 등에 관한 특례법」에 명시되어 있는 성폭력은 형법에 명시된 성풍속에 관한 죄 중 음행매개, 음화반포, 음화제조, 공연음란의 죄, 약취(略取), 유인(誘引) 및 인신매매의 죄 중 추행, 간음 또는 성매매와 성적 착취를 목적으로 범한 죄 및 약취, 유인, 매매된 사람을 상해하거나 상해에 이르게 하거나 살해하거나 사망에 이르게 한 경우, 강간, 유사강간, 강제추행, 준강간, 준강제추행, 미수범, 강간 등 상해 · 치상, 강간 등 살인 · 치사, 미성년자 등에 대한 간음, 업무상 위력 등에 의한 간음, 미성년자에 대한 간음, 추행의 죄 등 다양한 조항을 두어 보다 구체적으로 성폭력을 규정하고 있다(성폭력범죄의 처벌 등에 관한 특례법, 2022).

(2) 성폭력의 법률적 특징

우리나라 성폭력의 법률적 특징을 살펴보면, 가장 특징적인 것으로 고소 제한에 대한 예외 규정을 마련한 것이다. 즉, 성폭력범죄에 대하여는 형사소송법 제224조(고소의 제한) 및 군사법원법 제266조에도 불구하고 자기 또는 배우자의 직계존속을 고소할 수 있다는 점이다. 또한 음주나 약물 복용에 따른 심신 장애 상태에서 감경 규정에 관한 특례 조항을 두어 성폭력 범죄자의 경우 감경 규정을 적용하지 아니할 수 있도록 하는 점, 공소시효에 관한 특례를 적용하는 등 성폭력 범죄에 대해서는 엄격히 법령을 적용하고 있다.

무엇보다 아동·청소년 대상 성범죄의 처벌과 절차에 관한 특례를 규정하고 피해아동·청소년(19세 미만)을 위한 구제 및 지원 절차를 마련, 아동·청소년 대상 성범죄자를 체계적으로 관리함으로써 아동·청소년을 성범죄로부터 보호하고 아동·청소년이 건강한 사회 구성원으로 성장할 수 있도록 「아동·청소년의 성보호에 관한 법률」을 제정·시행하고 있다. 그리고 2013년부터는 성범죄에 대해 친고죄 조항이 전면 폐지됨으로써 성범죄는 합의를 봐도 처벌을 피하기가 어렵게 되었다.

(3) 성폭력 실태

〈표 7-1〉 성폭력범죄의 발생건수 및 발생비 추이(2010~2019년)(단위 : 건, 발생비, %)

연 도	발생건수	발생비	증감률
2010	20,584	40.7	-
2011	22,168	43.7	7.2
2012	23,376	45.9	12.6
2013	29,097	56.9	39.6

연 도	발생건수	발생비	증감률
2014	29,863	58.2	42.8
2015	31,063	60.3	47.9
2016	29,357	56.8	39.4
2017	32,824	63.4	55.6
2018	32,104	61.9	52.0
2019	32,029	61.8	51.6

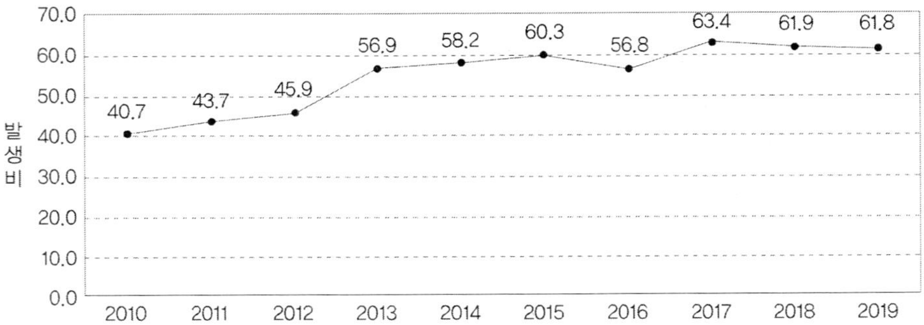

출처 : 대검찰청. 2020 범죄분석.

<표 7-1>에서와 같이 성폭력 범죄는 해를 거듭할수록 지속적으로 증가하고 있다. 우리 사회의 성폭력 발생 위험 정도에 대한 설문조사 결과(우리나라 19세 이상 64세 이하 10,106명 조사; 여성 48.7%, 남성 51.3%)를 지난 1년 전과 비교하여, 위험 정도가 '감소했다'를 선택한 응답자들에게 그 이유를 조사한 결과, 전체 응답자 중 '미투 운동 등 사회 전반의 경각심, 성의식 변화(41.1%)'가 가장 높게 나타났고, '성폭력 범죄에 대한 처벌 강화(32.5%)'가 두 번째로 높게 나타났다.

그에 비하여 지난 1년 전 대비 성폭력 발생 위험 정도에 대해 '증가했다'를 선택한 응답자에게 성폭력 발생 위험이 증가했다고 생각한 이유에 대해 조사한 결과, '성폭력 범죄에 대한 처벌이 약함(56.5%)'이 과반 이상을 차지하였으며, '성폭력 전과자에 대한 관리/감시가 잘 되지 않음(18.3%)', '성폭력 범죄 신고가 제대로 되지 않음(16.8%)' 순으로 나타나고 있다(한국여성정책연구원, 2019).

2) 가정폭력과 대책

(1) 가정폭력의 개념

가화만사성(家和萬事成)이란 집안이 화목하면 모든 일이 잘된다는 의미이다. 포근한 안식처를 제공하는 가정이 사회 구성의 일차적 요소이기 때문이다. 가정을 이루고 있는 인적 구성원은 다양하여, 부부 간, 조부모 간, 부모와 자식 간, 자식 간, 조부모와 손자 손녀 간 가정 구성원 상호 간의 다양한 인적 네트워크가 형성된다. 이와 같은 인적 네트워크가 긍정적으로 작동되어야 행복한 가정이다. 그러나 부정적 네트워크 작동으로 절대 발생되어서는 안 될 가정폭력이 증가하고 있다.

무엇보다 부모 간 가정폭력에 대해 직·간접적 경험을 한 자녀들은 부모로부터의 공격성을 학습하며, 공격행동과 가출, 약물남용과 같은 비행을 저지를 가능성이 높고, 사회성 문제에서는 일반 아동에 비해 현저하게 낮은 문제해결 능력이나 낮은 공감 능력을 보임으로써 사회적 능력이 떨어진다(정선영, 2021).

가정폭력이란 가정 구성원 사이의 신체적·정신적 또는 재산상 피해를 수반하는 행위이다(가정폭력범죄의 처벌 등에 관한 특례법 제2조). 가정 구성원이란 배우자(사실상 혼인관계에 있는 사람을 포함) 또는 배우자였던 사람, 자기 또는 배우자와 직계존비속 관계에 있거나 있었던 사람, 계부모와 자녀의 관계 또는 적모(嫡母)와 서자(庶子)의 관계에 있거나 있었던 사람, 동거하는 친족을 의미한다.

(2) 가정폭력의 원인과 실태

가정폭력이 발생하는 원인은 다양하다. 주요 원인으로 개인내적 이론(intraindividual theory), 사회심리학적 이론(social-psychological theory), 사회문화적 이론(sociocultural theory)을 들 수 있다. 개인내적 이론은 폭력 행위자 개인의 내적 또는 인적 특성에 초점을 맞추어 약물 남용, 정신병, 성격적 결함, 알코올, 비정상적인 심리 특성에 맞추어 가정폭력의 원인을 설명하는 이론이다. 사회심리학적 이론은 가정폭력의 원인으로 개인과 사회의 상호작용에서 얻는 사회적인 경험에 초점을 두는 이론이다.

사회문화적 이론은 개인의 사회심리학적 관점뿐만 아니라 사회적 가치나 구조, 제도, 규범 등의 사회적 조건을 고려하여 설명하고자 한다(서효정, 2019).

이와 같이 가정폭력이 발생하는 원인은 매우 다양하여 어느 한 가지 요인만으로 가정폭력이 발생한다고 볼 수는 없다. 무엇보다 가정폭력은 이웃과 단절된 폐쇄적인 사적 공간의 영역에서 발생하여 그 원인을 밝혀내기가 쉽지 않은 것도 사실이다. 가족 구성원 간 나이가 많은 사람이 나이가 적은 사람에게 폭력을 행사하는 경우도 있지만, 나이가 적은 사람이 나이가 많은 사람에게 폭력을 행사하는 경우도 존재한다. 가정폭력이 발생하는 다양한 원인을 파악하고 이에 부합하는 다양한 제도, 법령, 교육, 사회적 인식 전환 등의 노력을 병행하는 것이 가정폭력을 줄일 수 있는 방법이다.

〈표 7-2〉 가정폭력 피해자 현황(단위 : 명)

연도	15세 이하	20세 이하	30세 이하	40세 이하	50세 이하	60세 이하	60세 초과	계
2019	3	1	6	4	9	5	13	41
2018	-	3	2	4	12	4	5	30
2017	-	1	-	2	1	2	-	6
2016	-	2	2	7	5	4	6	26
2015	2	1	3	3	5	4	1	19

출처 : 대검찰청. 범죄분석(2016~2020년).

<표 7-2>는 「가정폭력범죄의 처벌 등에 관한 특례법」상 피해자 숫자로 2017년을 제외하고는 2015년부터 2019년까지 지속적으로 가정폭력이 증가하고 있음을 알 수 있다. 무엇보다 표의 숫자는 법적인 처벌에 따른 피해자 현황으로 실제 발생하는 가정폭력 피해자 숫자는 그 이상일 것으로 추측된다. <표 7-2>는 최종적으로 법원의 판결에 의한 피해자 현황이다. 가정폭력의 성격상 피해자가 범죄사실을 검찰 등 수사기관에 신고하기를 꺼려하는 경향성 때문인 것으로 판단된다.

무엇보다 평화로운 공간이어야 할 가정에서의 폭력이 증가하는 것과는 별개로 모든 폭력, 특히 가정폭력은 또 다른 폭력의 매개체로 작동할 수 있기 때문에 절대 발생되지 않아야 한다.

박현숙(2019)은 경기지역에 거주하는 20대 이상의 기혼여성을 대상으로 총 500부의 설문지를 배부하여 가정폭력을 조사하였다. 그 결과 폭력 행사 원인으로 '자기를 무시한다고 생각'하는 것이 가장 높은 비율을 보이고 있다. 그 이외에 '남성중심적 사고와 문화(66.6%)', '폭력에 대한 민감성 문제(35.2%)', '배우자 폭력을 부부 싸움과 동일시하는 문화(31.4%)'를 폭력 행사의 원인으로 보고 있다.

폭력 유형으로는 언어폭력, 신체폭력, 정서폭력, 성적 폭력, 경제적 폭력 등 다양한 양상을 띠고 있다.

(3) 가정폭력에 대한 대책

가정폭력을 예방하고 피해자를 보호하기 위하여 국가 및 지방자치단체 차원에서 다양한 시책이 실시되고 있다. 즉, 즉각적인 가정폭력 신고체계 구축과 운영, 가정폭력의 예방과 방지를 위한 다양한 활동, 피해자 보호·지원 시설 설치·운영, 임대주택에 대한 우선 입주권 부여, 다양한 직업훈련 등 자립·자활을 위한 서비스 제공, 피해자 신변노출 방지 및 보호·지원 체계 구축 등이 그것이다.

또한 특별시·광역시·특별자치시·도·특별자치도 및 시·군·구에 가정폭력 예방·방지 및 피해자의 보호·지원을 담당할 기구와 공무원을 두고 있으며, 가정폭력 예방과 방지를 위하여 교육을 실시하는 등 가정폭력을 예방하기 위한 활동이 이루어지고 있다(naver.com).

〈표 7-3〉 가정폭력 실태조사(단위 : 명, %)

성 별	내 용	분석대상수	A	B	C	D
전체	폭력 허용적 사회문화의 개선	9,058	0.7	3.4	50.9	45.0
	가정폭력 관련 법 및 지원 서비스 홍보	9,058	0.3	2.7	43.8	53.3
	지역사회, 직장 등 접근이 쉬운 곳에서 가정폭력 예방교육	9,057	0.4	3.1	43.3	53.2
	성평등 의식교육	9,058	0.4	4.0	44.5	51.1
	학교에서 아동기부터 폭력예방교육	9,058	0.3	2.7	37.3	59.7

성 별	내 용	분석대상수	A	B	C	D
전체	가정폭력 발생 가정에 대한 경찰의 지속적 사례 관리	9,058	0.3	2.8	42.5	54.4
	가해자에 대한 법적 조치 강화	9,056	0.3	2.2	35.7	61.9
	상담, 교육 등 가해자 교정치료 프로그램	9,056	0.2	2.0	43.2	54.6

※ A : 전혀 필요하지 않다, B : 필요하지 않은 편이다, C : 필요한 편이다, D : 매우 필요하다
출처 : 통계청(2019).

<표 7-3>은 통계청의 가정폭력 실태조사이다. 우리나라 시민들의 경우, 가해자에 대한 법적 조치 강화, 학교에서 아동기부터 폭력예방교육, 상담·교육 등 가해자 교정치료 프로그램 제시 등을 실질적으로 가정폭력을 줄일 수 있는 방안으로 인식하고 있음을 알 수 있다.. 그러나 무엇보다 선행되어야 할 것은 가족 구성원 간 서로를 이해하고 신뢰하는 분위기가 우선되어야 할 것이다.

다음 동요를 부르며, 나의 존재, 타인의 존재, 우리 모두의 존재가치에 대하여 생각해 보는 시간을 가져보자(naver.com).

당신은 사랑받기 위해 태어난 사람

당신은 사랑받기 위해
태어난 사람
당신의 삶 속에서
그 사랑 받고 있지요

당신은 사랑받기
위해 태어난 사람
당신의 삶 속에서
그 사랑 받고 있지요

태초부터 시작된
하나님의 사랑은
우리의 만남을 통해
열매를 맺고

당신이 이 세상에
존재함으로 인해
우리에게 얼마나
큰 기쁨이 되는지

3. 사이버폭력 : 이제 그만 멈추기

21세기 위대한 발명품은 단연 인터넷 공간일 것이다. 인터넷의 발달은 과거와는 전혀 다르게 일상생활을 편리하고 유익하게 하는 장점이 있지만, 부작용 또한

증가하고 있다. 대표적인 부작용이 사이버폭력이다. 즉, 온라인 가상 공간에서 상대방에게 정신적, 심리적 압박을 가하는 온갖 형태의 폭력이 증가하고 있다.

1) 사이버폭력 개념과 유형

사이버폭력의 개념 정의는 다양하게 정의되고 있다. 한국인터넷진흥원(2019)에서는 사이버 공간에서 언어, 영상 등을 통해 타인에게 피해 또는 불쾌감을 주는 행위로 악성 댓글, 사이버 모욕, 언어폭력, 허위사실 유포, 신상정보 털기, 사이버 성폭력, 사이버 스토킹 등을 모두 포함하는 행위를 사이버폭력으로 보고 있다.

한국지능정보사회진흥원에서는 매년 사이버폭력의 추세를 연구하고 대책을 수립하고자 사이버폭력의 개념을 보다 구체적으로 세분화하여 조사하고 있다. 즉, 사이버폭력이란 사이버(인터넷, 휴대전화) 공간에서 언어, 영상 등을 통해 타인에게 피해 혹은 불쾌감을 주는 행위로 정의하고 있다. 그리고 8개 유형으로 사이버폭력을 분류하고 있다.

〈표 7-4〉 사이버폭력의 유형

유 형	정 의
사이버 언어폭력	인터넷, 휴대전화 문자 서비스 등을 통해 욕설, 거친 언어, 인신 공격적 발언 등을 하는 행위
사이버 명예훼손	사실 여부와 상관없이 다른 사람/기관의 명예를 훼손하는 글을 인터넷, SNS 등에 올려 누구나(불특정 다수) 볼 수 있게 하는 행위
사이버 스토킹	특정인이 원치 않음에도 반복적으로 공포감, 불안감을 유발하는 이메일이나 문자(쪽지)를 보내거나, 블로그, SNS 등에 방문하여 댓글 등의 흔적을 남기는 행위
사이버 성폭력	특정인을 대상으로 성적인 묘사 혹은 성적 비하 발언, 성차별적 욕설 등 성적 불쾌감을 느낄 수 있는 내용을 인터넷이나 휴대전화를 통해 게시하거나 음란한 동영상 사진을 퍼뜨리는 행위
신상정보 유출	개인의 사생활, 비밀 등을 인터넷, SNS 등에 언급 또는 게재하거나 신상정보(이름, 거주지, 재학 중인 학교 등)를 유포하는 행위
사이버 따돌림	인터넷 대화방이나 스마트폰, 인스턴트 메시지 등에서 상대방을 따돌리는 행위
사이버 갈취	인터넷에서 사이버(게임)머니, 스마트폰 데이터 등을 빼앗는 행위
사이버 강요	인터넷이나 휴대전화를 통해 다른 사람에게 그 사람이 원치 않는 말/행동을 하도록 강요하거나 심부름을 시키는 행위

출처 : 한국지능정보사회진흥원. 2020년 사이버폭력실태조사.

이와 같이 오프라인 공간에서 발생하는 폭력 유형이 온라인 공간에서 거의 동일하게 재현되고 있는 것이다. 우리들의 생활공간 영역의 확장이 사이버폭력이라는 매우 부정적인 폭력을 유발하고 있다.

2) 사이버폭력의 실태

|그림 7-1|은 2018년부터 2020년까지 우리나라 학생 및 성인이 경험한 사이버 폭력 양상을 나타낸 것이다. 매년 3명 중 1명의 비율로 사이버폭력을 경험하고 있는 셈이다. 무엇보다 가해자와 피해자 경험을 동시에 한 사람의 비율도 13% 대로 매우 높다는 점이다. 사이버폭력은 오프라인 폭력과 매우 다른 양상의 폭력 경험을 온라인상에서 하고 있다는 점이다.

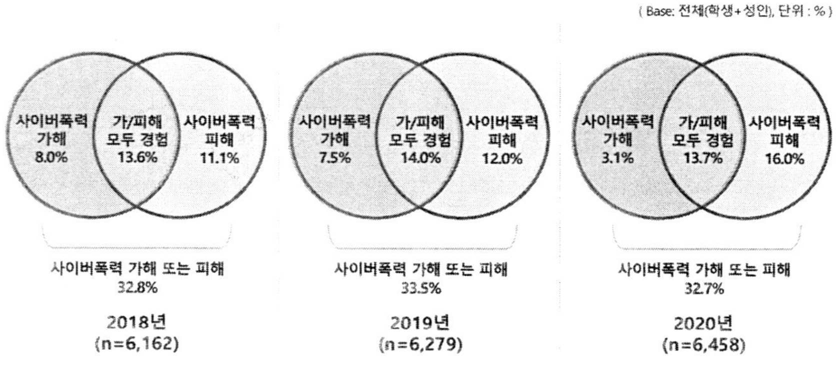

|그림 7-1| 2018~2020년 사이버폭력 경험(학생+성인)

3) N번방 : 사이버성폭력의 민낯

사이버성폭력은 해를 거듭할수록 증가하여 현재는 심각한 수준이다. 최근 일명 'N번방 방지법'이라 불리는 전기통신사업 및 정보통신망과 관련한 법령이 개정되었다. 전기통신사업법상의 전기통신이란 '유선·무선·광선 또는 그 밖의 전자적 방식으로 부호·문언·음향 또는 영상을 송신하거나 수신하는 것'을 의미한다. 특히 동법 시행령 제30조의3(불법음란정보의 유통 방지를 위한 기술적 조치 등)을 통하여 불법적인 음란정보에 대한 유통을 엄격하게 제한하고 있으며 음란정보를 이용자가 검색하거나 송수신하는 것을 엄격하게 제한하고 있다.

「정보통신망 이용촉진 및 정보보호 등에 관한 법률」에서도 불법촬영물 등 유통방지 책임자 등을 지정하고 있으며, 「성폭력범죄의 처벌 등에 관한 특례법」(제14조)에 따른 촬영물(또는 복제물)과 편집물・합성물・가공물(또는 복제물) 및 동법에 따른 아동・청소년 성착취물을 엄격하게 제한하고 있다. 특히 방송통신위원회에서는 정보통신망을 통하여 유통되는 음란・폭력정보 등 청소년에게 해로운 정보로부터 청소년을 보호하기 위하여, 내용 선별 소프트웨어의 개발 및 보급, 청소년 보호를 위한 기술의 개발 및 보급, 청소년 보호를 위한 교육 및 홍보 등 시책을 시행하고 있다.

4) 무차별적 댓글 : 타인의 정서를 해치는 폭력

사이버폭력의 가장 큰 특징은 가상공간에서 발생하는 익명성이다. 무엇보다 타인에 대한 무차별적 비방, 마녀사냥식 비방으로 상대방에게 정서적 폭력을 가하는 댓글은 그 심각성이 갈수록 증가하고 있다. 스마트 기기의 발달로 인한 폭력 양상이 모바일로까지 그 범위가 확장되는 추세와 무관하지 않다고 본다. 특히 사이버폭력은 가상공간에서 발생할 수 있는 온갖 형태로 타인에게 가해지는 다양한 종류의 괴롭힘을 포함하며, 사이버폭력 현장의 배경이 되는 가상공간이 가진 본질적 속성들인 비대면성, 익명성, 무차별 확산 등으로 인하여 가상공간에서 가해자는 피해자의 고통을 직접 눈으로 확인할 수 없으므로 자신이 가해 행위를 하고 있다는 죄책감을 망각하게 된다(김학주, 2021). 이와 같은 사이버 공간상의 특징으로 타인의 정서를 해치는 무차별적 댓글이 점차 확대되그 있다.

사이버상에서 이루어지는 댓글의 순기능도 분명 존재한다. 다른 사람의 생각에 대하여 자신의 의견(찬성과 반대, 또는 동조 등)을 피력함으로써 개인이나 단체 또는 사회 현상과 소통할 수 있는 창구를 마련해 주는 것이 대표적 장점이라 할 수 있을 것이다.

그러나 무차별적 댓글, 사실과 전혀 다르거나 사실일지라도 명예를 훼손할 수 있는 무분별한 댓글은 반드시 근절되어야 할 것이다. 상대를 비방하는 '악성 댓글'과 개인의 정보를 공개하는 '신상 털기'는 심각한 사회문제로 부상하고 있다(안태형, 2013). 무엇보다 타인에 대한 욕설이나 비방의 댓글, 사생활을 침해하는 댓글, 폭력이나 사행성을 조장하는 댓글, 성매매 알선 댓글, 음담패설 등은 심각한 사회문제로 대두되고 있다. 또한 '유언비어, 인신공격 및 비방성 댓글, 욕설 및 욕을 변형한 단어가 포함된 댓글, 타인 또는 타 단체의 권리를 침해하거나 명예를 훼손하는 댓글', '저주나 협박의 댓글', '성적 수치심을 불러일으키는 댓글', '게시글과 관련 없는 댓글(게시판의 정상 운영을 방해하는 댓글)'(안태형, 2013)은 사이버폭력으로 처벌받을 수 있음에 유의해야 한다.

5) 사이버따돌림 : 투명인간 취급하기

사이버따돌림은 언제, 어디서든, 누구에게나 발생할 수 있다. 무엇보다 가해자가 피해자가 되고, 피해자가 가해자가 될 수 있다. 왜냐하면 사이버따돌림은 우리가 인지하지 못하는 상황에서도 발생할 수 있기 때문이다. 이내영(2020)은 온라인 기사 빅데이터의 의미연결망 분석을 통하여 집단따돌림이 우리 주변에서 누구에게나 무의식중에 발생할 수 있음을 경고하고 있다. 즉, 집단따돌림과 관련한 행위자로 아이, 청소년, 학생, 친구, 어머니, 교사 등, 가해자와 피해자를 지칭할 수 있는 키워드로 '아이, 청소년, 학생, 친구'를 말하고 집단따돌림과 관련한 행위를 나타내는 키워드로 폭력, 교육, 생각, 상담, 자살, 온라인 게임 등을 언급하고 있다. 이와 같은 언어 분석이 시사하는 바는 우리 주변 모두가 집단따돌림의 가해자와 동시에 피해자가 될 수 있음을 의미한다.

4. 일상 속으로 파고드는 폭력

1) 언어폭력

언어는 상대방에게 자신의 의사를 표현하는 대표적 방법이다. 따라서 언어는 자신의 생각이나 감정을 전달하고 소통하는 중요한 도구이다. 문제는 이와 같은 언어사용이 언어폭력 및 여타 폭력을 유발하는 원인이 된다는 점이다.

언어폭력이란 말하는 사람의 언어적 표현이 듣는 사람에게 매우 폭력적이거나 공격적인 느낌을 주게 됨으로써 상대방의 자아개념을 손상시키는 부정적 표현을 일삼는 행위를 말한다. 언어폭력은 가정해체의 증가로 인한 가정교육의 기능 약화, 경쟁중심의 학교교육으로 인한 인성교육 부재, 빠른 사회 변화 및 가치관 혼란, 비도덕적인 사회풍토가 맞물려 언어적 순화를 통한 인간성 교육 상실, 감정을 드러내는 충동성 조절의 실패 등이 그 원인이다(한국학교폭력상담협회, 2013).

언어폭력은 학생들이 경험한 사이버폭력 가/피해 경험 중 19.7%로 가장 높게 나타나고 있다(한국지능정보사회진흥원, 2020년 사이버폭력실태조사). 언어폭력은 눈에 보이는 신체적 폭력처럼 상대방에게 직접적으로 보이지는 않지만, 당하는 사람에게는 육체적 폭력 이상으로 크나큰 고통을 안겨줄 수 있다. 본인 자신은 친근감의 표현이나 언어습관 때문이라고 주장할 수 있으나, 인식 없이 사용하는 비속어, 욕 등 언어폭력으로 상처받을 타인에 대한 진정한 존중과 배려가 필요한 시점이다. 나 자신부터 일반사회나 공공장소에서 언어예절을 지켜 언어폭력 없는 밝은 사회를 만들어 가야 할 것이다.

2) 사랑이라는 이름의 데이트폭력

(1) 데이트폭력 실태

최근 언론을 통해 흉악하며 잔인한 충격적인 사례들이 보도되면서 데이트폭력의 문제점이 대중에게 심각한 문제로 인식되고 우리 사회의 민감한 사회문제로 대두되고 있다.

데이트폭력은 처음에는 사소한 문제로 발생하며, 이를 사랑이라는 이유로 방치함으로써 더욱더 잔혹한 형태로 진화하게 된다. 경찰청 자료에 의하면 데이트폭력은 2017년에 1만 4,136건, 2018년에는 1만 8,671건이 발생하여 매년 증가세를 보이고 있다.

인간은 결혼이라는 제도를 통해 새로운 인생을 시작하게 된다. 인간은 이성과의 만남, 즉 교제를 통해 사랑을 표현하는 능력이나 타인을 배려하는 마음 등 자신과 타인이 하나가 되는 귀한 경험으로 자아성장 및 자아존중감을 한층 더 향상시킬 수 있다. 그러나 두 사람이 살아온 환경에 따라 사고, 가치관, 행동 등이 하나가 되지 못하는 경우에는 갈등이 발생하고, 갈등을 원만하게 해결하지 못하는 경우에는 데이트폭력으로 이어질 수 있다(조상현, 2020). 데이트폭력의 원인은 어느 하나로 단정할 수는 없다. 데이트폭력으로부터 안전한 개인의 일상적 삶을 위해 필요한 것은 무엇일까?

(2) 데이트폭력 대책

사랑이라는 명목으로 상대방에게 깊은 상처를 안겨주는 데이트폭력이 도 넘은 애정으로 폭력을 일삼고, 심지어는 살인으로까지 이어지면서 심각한 사회문제로 대두되고 있다(광주타임즈, 2020. 8. 23).

데이트폭력이란 현재 연인이나 과거 연인이었던 사람 관계에서 발생하는 신체적 · 정신적 · 언어적 · 성적 · 경제적으로 발생하는 폭력을 뜻하며, 폭력 범죄로 분류해 당사자 간 합의가 되면 처벌을 면하는 등 그 처벌 수위가 낮아 데이트폭력의 재범률도 상당히 높은 모습을 보이고 있다.

만약 자신 혹은 주변에서 이런 데이트폭력 피해를 입는 사람이 있다면 망설이지 말고 긴급신고 112, 사이버 경찰청, 스마트폰 애플리케이션 '목격자를 찾습니다', 여성 긴급전화(1366)를 통해 신고하면 된다. 문제는 데이트폭력은 가정폭력과 마찬가지로 한번 시작되면 흉폭화, 상습화되는 경향이 있기 때문에 발생할 경우 바로 신고하거나 상담 등을 요청하는 것이 중요하다. 다만 현행법상 데이트폭력을 예방할 수 있는 법안이 없어 대응이 어려운 실정이다(광주타임즈, 2020. 8. 23).

5. 일상생활 속 층간소음, 폭력일까요?

소음이란 기계, 기구, 시설 기타 물체의 사용으로 인하여 발생하는 강한 소리로 교통소음, 생활소음, 항공기소음, 공장소음 등 다양하다. 특히 삶의 공간 중 공동주택(아파트, 빌라 등)이 늘어나면서 일상생활 속 층간소음이 문제가 되고 있다. 공동주택은 관리의 편리함, 제한된 토지에 다수의 주택 공급, 편의시설과의 접근성, 에너지 효율 등의 측면에서 많은 장점을 지니고 있다. 그러나 다수의 세대가 함께 생활하는 거주형태이므로 이웃 간 층간소음으로 발생하는 분쟁의 문제가 점차 확대되고 있다. 국가 차원에서도 바닥 충격음의 정량적인 기준을 마련하고 바닥 충격음의 측정 방법에 대한 규정 마련, 소음을 최소화하는 두께 및 재질을 개발하는 등 법적・제도적 차원에서 분쟁 해소를 위한 다각적인 노력을 시도하고 있다.

그러나 공동주택은 윗집의 바닥과 아랫집의 천장을 공동으로 공유하고 있기 때문에 층간소음은 필연적으로 발생할 수밖에 없다. 일상생활 속 층간소음이 원만하게 해결되지 못하고, 윗집과 아랫집 사이의 갈등이 심화된다면 이것 또한 폭력이라고 보아야 할 것이다.

일상생활 속에서 접하게 되는 층간소음에 대한 보다 적극적이며 세심한 제도적 장치, 법적 규제가 마련되어 공동으로 생활하는 사람들의 일상 속 삶이 행복해질 수 있는 기반이 마련되어야 할 것이다.

1) 층간소음 개념과 현황

층간소음의 범위와 기준은 환경부와 국토교통부의 공동부령으로 정하는데, 공동주택 층간소음의 범위는 입주자 또는 사용자의 활동으로 인하여 발생하는 소음으로서 다른 입주자 또는 사용자에게 피해를 주는 소음으로 규정하고 있다(국토교통부, 2014). 다만, 욕실, 화장실 및 다용도실 등에서 급수・배수로 인하여 발생하는 소음은 제외하고 있다. 층간소음의 기준은 「공동주택 층간소음의 범위와 기준에 관한 규칙」에 따라 <표 7-5>와 같이 규정하고 있다.

〈표 7-5〉 층간소음 기준

층간소음의 구분		층간소음의 기준[단위 : dB(A)]	
		주간(06:00~22:00)	야간(22:00~06:00)
직접충격소음 (뛰거나 걷는 동작 등으로 인하여 발생하는 소음)	1분간 등가소음도(Leq)	43	38
	최고소음도	57	52
공기전달소음 (텔레비전, 음향기기 등의 사용으로 인하여 발생하는 소음)	5분간 등가소음도(Leq)	45	40

<표 7-6>은 국가소음정보시스템에서 실시한 전화상담서비스 현황이다.

〈표 7-6〉 전화상담서비스 현황(단위 : 건)

연 도	접 수	처 리	
		콜센터	온라인
2012	8,795	7,021	1,774
2013	18,524	15,455	3,069
2014	20,641	16,370	4,271
2015	19,278	15,619	3,659
2016	19,495	14,204	5,291
2017	22,849	14,828	8,021
2018	28,231	20,750	7,481
2019	26,257	16,647	9,610
2020	42,250	28,132	14,118

2012년부터 2020년까지 전화상담서비스가 지속적으로 증가하고 있음을 알 수 있다. 즉, 이웃 간 분쟁과 갈등, 더 나아가 폭력으로 발전할 가능성이 농후한 층간

소음 민원이 증가한다는 것은 그만큼 폭력 발생 가능성도 증가한다는 점을 보여준다.

6. 공유시대 GOGO-토론

1) 나는 어떻게 해야 할까요?

나는 25살의 여자입니다. 부모님과 함께 인천 소재 아파트에 살고 있습니다. 아래층에 40대 중반으로 보이는 부부가 이사를 왔는데, 늦은 밤 부부 간에 싸우는 소리를 간혹 듣곤 했습니다. 심지어는 자정이 넘어서도 싸우는 소리가 나곤 합니다.

어느 날, 아래층 부부의 아이들과 엘리베이터를 함께 탔습니다. 아래층 부부 아이들의 손목 부위를 보니 파랗게 멍이 들어 있었습니다.

첫째, 아래층 부부 싸움에 개입을 해야 할까요?

둘째, 아래층 부부의 아이들이 멍든 것을 보고 나는 어떻게 행동해야 할까요?

2) 폭력 없는 아름다운 세상! 서로를 배려하는 살맛나는 세상 함께 만들어 가기

일상 생활 속	폭력 감소 방안
가정에서	
직장에서	
각종 모임에서	
기 타	

3) 댓글에 대한 이야기

여러분이 최근 단 댓글에 대하여 토론해 보기

1. 내가 최근 10일 동안 올린 댓글을 적어보자.
   - 육하원칙에 준하여 적기

2. 내가 단 댓글에 누군가가 추가 댓글을 단 것은 있는가?

3. 최근 누군가가 댓글로 나를 비방한 사람이 있는가?

4. 만약 있었다면, 나는 어떻게 대처했는가?

5. 올바른 댓글 문화 정착을 위하여 인터넷 포털사이트를 검색하여 댓글 달기의 유의점을 확인해 보자.

제8장
아이는 모두의 귀중한 자산이다!! 아동학대 예방

모든 사람은 태아부터 노년까지, 즉 요람에서 무덤까지의 과정을 필연적으로 겪으며 살아간다. 이는 빈부의 격차도 건강의 격차도 권력의 격차도 어떠한 세상의 조건도 무용지물이며, 세상에서 가장 평등하고 공정한 숙명적인 인생과정이다.

이를 비추어 볼 때 아이는 우리의 미래이며 우리를 책임질 든든한 지원군이자 이 나라의 희망이다. 아이를 지키기 위한 공식적인 법 또한 이러한 측면으로 제정되었다. 아동복지법의 경우, 아동이 건강하게 출생하여 행복하고 안전하게 자랄 수 있도록 아동의 복지를 보장하는 것을 목적으로 한다. 이러한 법이 잘 지켜지고 실현될 수 있도록 노력하는 것은 우리 모두의 책임이자 의무이다.

그동안 우리나라는 교육의 수단으로 체벌을 허용한 바 있었다. 그 기저에는 우리나라의 전통적 유교문화에서 비롯된 군사부일체의 논리가 어느 정도 작용하였다고 볼 수 있다. 체벌을 교육적 차원이라는 명목하에 정당화한 것이다. 그러나 아등학대의 대부분은 부모를 비롯한 의미 있는 타인들에 의해 발생하고 있는 것이 현실이다.

그렇다면 우리의 미래인 '우리 아이들의 행복을 지켜주기 위한 아동학대를 막는 방법은 무엇일까?' 또한 '아동학대가 증가하고 있는 슬픈 현실이 반복되지 않도록 하려면 어떻게 해야 할까?' 우리 모두의 미래를 위해서 또 더 나은 삶을 위해서 우리가 함께, 모두의 귀중한 자산인 우리 아이들을 잘 보호하고 잘 지켜주도록 앞장서야 한다. 아동학대 예방은 어린 아이의 미래와 우리 모두의 미래를 좌우할 수 있는 문제이며, "꽃으로도 때리지 마라", "사랑의 매는 없다"는 말을 왜 가슴 깊이 새겨야 하는지에 대한 답이 될 것이다.

이에 본 장에서는 '아동학대의 개념 및 유형과 발생요인 그리고 실태와 예방'에 대해 살펴보고자 한다.

1. 다~ 아이를 위한 건데, 학대라고?

학대는 상대방을 몹시 괴롭히거나 소홀히 대하는 행동 또는 고통을 주거나 가혹하게 대하는 형태로 볼 수 있다. 일반적으로 학대의 대상은 노약자나 아이 등 심신이 연약한 사람이다. 이에 본 장에서는 아동복지법에서 정의한 '만 18세 미만'의 아동을 중심으로 살펴보고자 한다.

1) 아동학대의 정의

아이(child)는 순우리말로, 사전적 정의를 살펴보면 '나이가 어린 사람 또는 아직 태어나지 않았거나 막 태어난 아기', '신체적으로나 정신적으로 성숙하지 못한 어린 사람이나 어른에 비교되는 젊은이'를 가리킨다. 종합해 보면, 아이는 '성숙하지 못한 나이가 어린 사람'을 뜻한다. 또한 아동(兒童, child)은 우리나라의 경우 관련된 법률마다 연령 기준이 조금씩 상이하다. 아동복지법에서는 18세 미만의 사람을, 형법에서는 16세 미만을 아동으로 규정하고 있다. 아동기는 신체적 · 사회적 · 정서적 · 지적 발달의 속도에 따라 이를 다시 아동전기와 아동후기로 나누기도 한다. 즉, 6~8세까지를 아동전기, 9~12세까지를 아동후기로 하여 발달단계를 구분한다. 따라서 본 장에서는 아이와 아동을 뚜렷하게 구분하지 않고, 아이에 대한 학대를 일반적으로 널리 사용되고 있는 아동학대로 보고 이를 살펴보고자 한다.

아동학대(兒童虐待)란 아동과 학대의 합성어로서 '만 18세 미만인 사람에 대한 폭력, 가혹행위, 방임' 등을 말한다. 또한 아동복지법(제3조 제7호)에 의하면 아동학대란 '보호자를 포함한 성인이 18세 미만인 사람의 건강 또는 복지를 해치거나 정상적 발달을 저해할 수 있는 신체적 · 정신적 · 성적 폭력이나 가혹 행위를 하는 것과 아동의 보호자가 아동을 유기하거나 방임하는 것'을 말한다. 즉, 아동을 신체적, 성적, 심리적으로 학대하거나 돌보지 않고 방치하는 것을 의미한다. 아동학대는 아동의 가정뿐만 아니라 아동이 속해있는 학교나 기타 모든 기관에서 발생할 수 있다. 아동학대는 아동의 권리 및 복지와도 연관성이 있다. 다시 말하면, 아동의 복지와 권리를 훼손하는 것도 아동학대인 것이다. 일상적으로 사용되는 아동학대는 잘못된 말과 행동으로 아이의 몸과 마음에 상처를 주는 것을 말하기도 한다.

종합해 보면, 아동학대란 아동과 학대의 합성어로서 '특별한 보호와 배려가 필요한 만 18세 미만인 사람에 대한 복지와 권리를 해치거나 정상적 발달을 저해할 수 있는 신체적 · 정신적 · 성적 폭력 또는 가혹행위 및 아동을 유기하거나 방임하는 것'을 말한다.

2) 아동학대의 유형

우리나라에서는 2000년에 아동복지법이 개정되면서 아동학대에 대한 법률적인 정의가 생겼다. 아동학대 유형으로는 '신체적 학대, 정서적 학대, 성적 학대, 방임'의 네 가지 유형이 있다. 또한 이러한 네 가지 아동학대 유형 중, 아동에게 두 사건 이상의 학대 유형이 동시에 발생하는 것을 복합적(중복) 학대라고 하는데, 이는 신체적 · 정서적 발달에 치명적인 영향을 끼친다.

(1) 신체적 학대

신체적 학대는 '아동의 신체에 손상을 주거나 신체의 건강 및 발달을 해치는 행위(아동복지법 제17조 제3호)'로서 보통 아동학대라 하면 거의 대부분 이 유형을 가리킨다. 보통 육체적 폭력을 수반하고, 심각할 경우 아이를 살해하는 경우도 있다. 보호자를 포함한 성인이 아동에게 직접적이고 물리적인 공격을 포함한 정도가 심한 처벌을 가하는 것, 아동을 심각한 부상이나 죽음에 이르게 할 위험이 있는 곳에 두는 것, 좋지 않은 사건들이 반복되는 것으로 '구타, 골절, 충격, 약물' 등에 의해 발생된 손상 행위 등을 대표적인 예로 들 수 있다.

(2) 정서적(심리적) 학대

정서적 학대는 '정신 건강 및 발달에 해를 끼치는 행위'(아동복지법 제17조 제5호)로서 아동에게 외모비하 및 폭언을 하거나, 부부싸움 등 가정폭력에 노출시키거나, 아동 앞에서 폭력을 행사하고 조롱이나 인신공격 등을 하는 행위를 말한다. 정서적 학대는 부모 또는 양육자가 아동의 인지적, 정서적, 사회학적, 심리학적 발달에 심각한 영향을 끼치는 것으로서 아동의 인격이나 기분을 심하게 무시 또는 모욕하는 행위, 억제와 감금, 적대적이거나 경멸적인 언어폭력 등을 포함한다.

(3) 성적 학대

성적 학대는 아동에게 강제적으로 위계를 악용해 '음란한 행위를 시키거나 이를 매개하는 행위 또는 아동에게 성적 수치심을 주는 성희롱 등의 성적 학대행위'(아동복지법 제17조 제2호)를 말한다. 성인의 성적 만족을 목적으로 아동과 함께 하는 모든 성적 행위를 말한다. 아동에게 성적인 활동을 요청, 권유하거나 강요하는 행위, 성적인 욕구를 충족하기 위해 아동에게 외설적인 자극을 노출시키는 것, 그러한 대상이 될 아동을 협박하는 행위, 아동과의 성적인 신체 접촉, 아동 포르노를 제작하기 위해 아동을 이용하는 일 등이 대표적인 성적 학대의 예라 할 수 있다.

(4) 방임(방치)

방임은 '자신의 보호·감독을 받는 아동을 유기하거나 의식주를 포함한 기본적 보호·양육·치료 및 교육을 소홀히 하는 행위'(아동복지법 제17조 제6호)이다. 고의적 혹은 반복적으로 아동에게 의식주를 제공하지 않거나, 아동을 장기간 위험한 상태에 방치하는 물리적 방임 및 유기, 아동의 무단결석을 허용하는 교육적 방임, 예방접종을 하지 않거나 치료를 소홀히 하는 의료적 방임, 아동과의 약속에 무신경하거나 마음에 상처를 입히는 정서적 방임 등이 포함된다(두산백과, 2021). 종교적 신념에 따른 치료 거부로 아이에게 해를 입히는 경우도 방임에 해당한다.

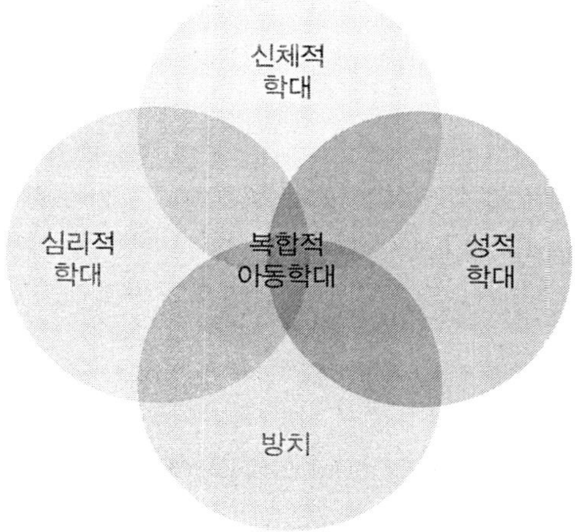

|그림 8-1| 아동학대의 유형
출처 : 네이버 지식백과(심리학용어사전, 2021). 아동학대의 유형.

2. 아동학대 발생요인 및 실태

아동이 자신의 활동에 대해서 스스로 선택하고 결정하지 못하게 하는 것이 아동학대라면 질서유지를 하면서 자유스럽게 활동할 수 있도록 도와주는 것이 안전한 아동보호에 해당될 것이다. 그러나 여전히 빈번하게 일어나고 있는 아동학대의 발생요인은 무엇일까? 그리고 아동학대의 실태는 어떠한가? 이에 대해 살펴보고자 한다.

1) 발생요인

아동학대는 단일한 요인으로 나타나는 현상이 아닌, 다양하고 포괄적인 요인으로 인해 나타나는 복잡한 현상이다. 따라서 발생요인에 대해 '아동, 부모, 가족,

지역사회 및 사회문화적' 차원에서 포괄적으로 접근할 필요가 있다.

대표적으로 가해자의 심리 및 약물 문제 등으로 인해 아동학대가 나타난다고 보는 정신병리적 관점, 아동의 정서장애 및 비행행동 등이 학대를 야기한다고 보는 발달론적 관점, 실직과 빈곤, 가족환경적 특성 및 사회문화적 환경으로 인해 아동학대가 발생한다고 보는 사회환경적 관점 등(두산백과, 2021)이 있다. 이처럼 아동학대가 발생하는 요인을 설명하는 데는 여러 가지 이론이 있다. 이러한 이론들은 결국, '아동 개인의 특성, 부모나 보호자의 상황, 가정의 문제, 사회적 환경과 문화적 배경' 등으로 구분한 경우라 할 수 있다. 이를 요약하자면, '개인, 가족, 사회'를 아동학대의 발생요인으로 구분한 경우로도 볼 수 있다(표 8-1 참고). 이처럼 아동학대의 발생요인을 여러 가지 이론과 '개인, 가족, 사회' 요인으로 각각 구분하는 경우가 있으나, 본 장에서는 아동학대 가해자가 왜 학대를 하는지에 대한 가해자의 아동학대 발생요인과 사회마다 다른 문화적 요인에 대해서 살펴보고자 한다.

〈표 8-1〉 아동학대의 발생요인

구 분	요 인
개 인	• 정신장애 • 학대경험 • 약물중독 • 자녀에 대한 비현실적 기대 • 충동 • 부모 역할에 대한 지식 부족 등
가 족	• 빈곤, 실업 • 사회적 지지체계 부족 • 원만하지 못한 부부관계 • 가정폭력 • 부모-자녀 간 애착 부족 등
사 회	• 자녀를 부모의 소유물로 여김 • 체벌의 수용 • 피해아동에 대한 법적인 보호 부재 및 미비 등

출처 : 아동권리보장원-아동학대 발생요인(http://www.korea1391.go.kr/new/page/cause.php 2021. 11. 21. 인출).

(1) 스트레스 해소

엄연히 한 명의 인간인 자녀를, '내가 키운 내 건데 어떻게 취급하든 내 권리이고 내 마음'이라며, 자신의 소유물로서 생각하고 주장하는 경우다. 심한 경우에는 자녀가 자신과 같은 사람이라고 생각하기보다는 자신이 가지고 있는 일종의 장난감으로 생각한다. 부모가 훈육할 시에도 분노의 강도가 강하면 강할수록 스트레스 해소 성격이 훨씬 더 커진다. 보통 훈육이라고 행하는 학대들을 살펴보면, 부모들이 외적으로 봐도 확연할 정도로 분노하고 있는 경우가 있는데, 이것은 제3자가 개입해야 하는 학대 행위이다. 이러한 경우는, 본인의 기대치에 아동이 미치지 못할 경우와 아동이 스트레스의 원인이라고 여기는 경우가 대표적이다.

(2) 정신적 요인

정신적 요인에 의한 부모의 아동학대는 부모가 정신질환자이거나 성격장애인 경우가 많다. 예를 들면, 자녀가 클수록 증오하는 배우자의 생김새를 닮았다며 매질을 일삼거나 성적으로 학대하는 등 상식적으로 이해할 수 없는 행동들을 한다. 그리고 그것이 부모로서 정당한 권리라고 생각한다. 정신질환으로 인해 언어폭력이나 신체폭력을 가하는 경우도 있지만, 증상으로 인해 자신이 힘들기 때문에 자식이든 뭐든 신경 쓰기 싫다며 방임하는 유형도 있다. 학대받은 아동 또한 중증 정신질환 발병 가능성이 높다. 어린 시절 학대를 경험한 사람은 그렇지 않은 사람보다 조현병, 양극성장애와 같은 중증 정신질환과 우울증, 불안장애 등 경증 정신질환이 발생할 확률이 높다.

(3) 아동혐오

아동혐오는 주로 유년기 아이들의 행동 방식이나 그 존재 자체를 싫어해 기피하는 현상이다. 단순히 아이를 싫어한다기보다, 아이가 공공장소 등에서 떼를 쓰며 시끄럽게 울거나 뛰어다니는 걸 싫어하는 것을 일컫는다. 영어권에서의 명칭은 '아동에 대한 공포(두려움)'라고도 하는 '페도포비아(Pedophobia)'로, 사실상 페도필리아(아동성애)의 대척점이라고 할 수 있다. 노 키즈 존에 대한 재조명과 함께

'아동혐오' 논란이 심화되었고, 아무리 어린아이라 하더라도 자신에게 피해를 준다면 참을 수 없다고 하는 사람들이 늘어나고 있다. 문제는 이런 것이 아동학대와 차별로 이어진다는 것이다. 공동주택이 활성화된 도시에서는 더욱더 아동혐오가 증가하고 있다. 특히 아동혐오가 늘어나는 현상은 무개념 부모와 아이들에게 피해를 보는 사람들이 그만큼 많아졌다는 것을 의미하며, 그만큼 아동학대 가능성 또한 높아지고 있다는 것을 방증한다.

(4) 부모의 성장환경

아동학대는 부모 본인의 지나친 과거사와 불행한 인생사에 대한 집착과 트라우마도 한몫한다. 부모가 어린 시절부터 자신의 부모로부터 똑같은 학대와 괄시, 그리고 박대와 멸시, 때로는 과도한 기대 등을 당하고 살아왔던 영향으로 인하여 결국은 불행한 어린 시절의 기억을 안고 성인이 되고 부모가 되면서 자기 자식에게 똑같이 행하는 경우가 많다. 이는 어린 시절의 불행하고 가슴 아픈 기억을 자식에게도 대물림하게 되는 과정일 수도 있고, 부모 자신이 이러한 과거를 가진 만큼 자녀에게만큼은 그러한 과거를 알려주고 싶지 않거나 자식이 그 사실을 알면 부모 자신을 업신여기고 무시하는 존재로 여길 수 있다는 정신적인 불안과 심리도 작용한다. 하지만 어린 시절부터 불행하게 자라게 내버려 둘수록 그 아이도 나중에 성인이 되어서 남에 대한 존중과 배려를 가지지 못하게 된다. 오늘날 사회에 존재하는 부정적인 행동의 대부분은 어린 시절부터 불행하고 비극적으로 자란 이들에게 많이 나타난다.

(5) 문화적 요인

문화적 배경에 따라 어디까지를 아동학대로 인식하는지가 달라진다. 대표적인 예로 지역이나 국가에 따라 자녀의 체벌에 대한 생각이 다르다. 그동안 우리나라는 비교적 아이들을 때리는 체벌을 교육이라고 보는 의견이 많았으며, 특히 가정에서 부모에 의한 체벌은 학대라기보다 교육이라는 생각이 강했다. 그러나 현재 전 세계 59개국에서는 어린이에 대한 체벌을 법적으로 금지하고 있다(국가건강정보포털, 2021). 우리나라에서도 1958년 제정된 이후 한 번도 개정되지 않았던 민법의 제915조인 징계권(부모가 어린이를 체벌해도 된다는 근거로 오해될 수 있음)을 삭제하는 민법 일부 개정안이 국무회의를 통과해서 2021년 1월 26일 폐지되었다. 이는 아동학대를 막기 위한 일환으로서 국민들의 높아진 시민의식을 엿볼 수 있다.

2) 학대행위 실태

아동학대의 가해자는 일반적으로 부모와 성인 그리고 주위 사람이 많다. 이처럼 아동학대의 발생 위험을 높이는 부모와 성인 등으로 인한 피해아동 및 학대행위자의 실태를 살펴보면 다음과 같다(아동권리보장원, 2021).

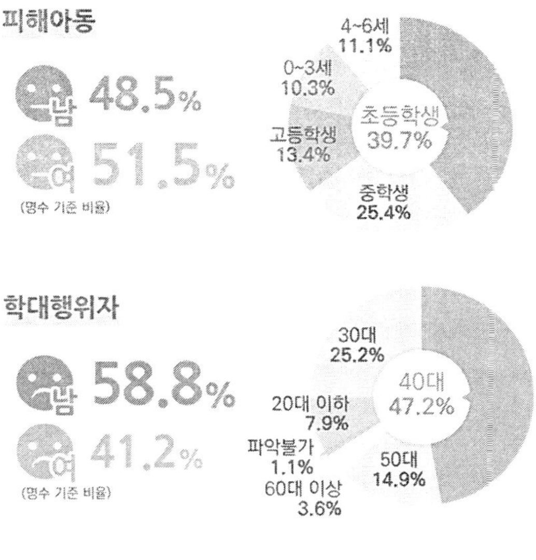

|그림 8-2| 아동학대 대상자별 특징

출처 : 아동권리보장원-아동학대 통계(http://www.korea1391.go.kr/new/page/sts_report.php 2021. 11. 21. 인출).

(1) 피해아동

피해아동을 살펴보면, 여아가 남아보다 약 3%p 높게 피해를 입는 것을 알 수 있다. 연령별 피해 상황에서 0~3세의 피해율이 10.3%로 다른 연령대에 비해서 낮은 것은 자기주장을 잘 표현하지 못해서 피해 상황이 누락된 경우가 많기 때문으로 볼 수 있다. 조금이라도 방어할 수 있는 연령대로 보이는 학령 중에서도 초등학생의 피해율이 높은 점에서 자기보호가 취약한 연령대에 대한 관심이 더욱 필요함을 생각할 수 있다.

(2) 학대행위자

학대행위자를 살펴보면, 남성이 여성에 비해서 17.6%p 많음을 알 수 있다. 이는 피해아동의 경우 여아가 남아보다 높게 나타난 것과 비교되는 상황이다. 또한 연령별 학대행위자를 살펴보면, 40대가 약 절반 가까이를 차지하고 있는 것을 확인할 수 있다. 또한 파악불가인 경우도 1.1%로 나타나 이에 대한 원인과 대책 또한 고민해 볼 필요가 있다. 무엇보다 40대가 학대행위자로 높은 비율을 차지하는 원인이 왕성한 사회활동과 자녀를 돌봐야 할 시기가 맞물리게 된 스트레스와 피로감 증폭이라면 이에 대한 사회적인 시스템, 즉 일과 가정을 양립할 수 있는 현실적인 육아정책 등 다양한 지원의 정책적 대안 마련 등을 고민해 봐야 할 것이다.

3. 아동학대 사례

아동학대로 인해 아동은 심리적으로 우울장애, 외상 후 스트레스 장애, 불안장애 등을 경험할 수 있다. 크게 소리를 지르거나, 거칠고 무례한 태도, 냉소주의적 성격 등을 나타낼 수도 있다. 또한 부적절한 애착 발달과 학습된 무기력을 보이는 등 심리적 발달에 있어서도 큰 영향을 받는다.

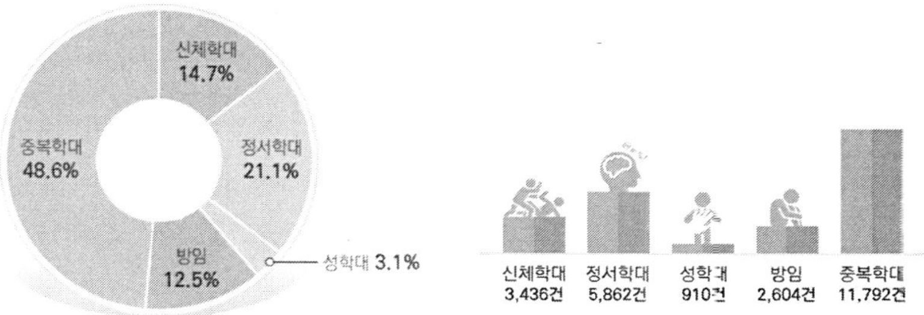

|그림 8-3| 아동학대의 유형별 실태

출처 : 아동권리보장원-아동학대 통계(http://www.korea1391.go.kr/new/page/sts_report.php 2021. 11. 21. 인출).

아동학대의 유형별 실태를 살펴보면, 중복학대가 절반 가까이로 가장 높은 비율을 차지하고 있음을 알 수 있다. 그 다음으로는 정서학대, 신체학대, 방임 순으로 나타나고 있다. 이와 같은 아동학대에서 경각심을 불러일으키는 사례와 관련한 피해아동 돌봄, 처벌 수위, 아동학대처벌법 등을 살펴보면 다음과 같다.

1) 아동학대 사례

- 조카 물고문 학대 용인 이모 항소심도 무기징역 구형(뉴시스, 2021. 12. 15)

사례	A씨 부부는 2021년 2월 8일 경기 용인시 처인구 주거지 화장실에서 조카인 C양의 손발을 끈으로 묶은 뒤 물을 채운 욕조에 머리를 집어넣는 행위를 수차례 반복해 숨지게 한 혐의를 받고 있다. 이로 인해 C양은 다발성 피하출혈에 의한 속발성 쇼크 및 익사로 사망했다. 이들은 2020년 12월 말부터 2021년 2월 7일까지 대소변을 가리지 못하고, 알아들을 수 없는 말을 중얼거린다는 이유로 파리채와 나무막대기를 이용해 C양을 수차례 때려 전신 피하 출혈 및 갈비뼈 골절상 등 신체적 부상을 입힌 것으로 조사됐다. 검찰은 재판 과정에서 친자녀에 대한 정서적 학대 혐의도 추가로 기소했다. A씨 부부는 2021년 1월 20일과 24일 2차례에 걸쳐 C양을 학대할 당시 각각 13세, 5세인 친자녀 2명에게도 이를 목격하게 해 아동의 정신건강 발달에 해를 끼친 혐의를 받는다. 이 사건은 C양 사망 당일 A씨 부부가 119에 신고를 접수하면서 외부에 알려지게 됐다. 출동한 119구급대는 C양에게 심폐소생술(CPR)을 시도하며 인근 용인세브란스병원으로 옮겼지만 숨졌다. 이 과정에서 병원 측은 C양 몸에서 멍자국을 발견하고 경찰에 아동학대가 의심된다고 신고했다.

친모의 방임	이 사건으로 숨진 C양 친모인 D씨도 아동복지법 위반(아동학대 방조 및 유기 · 방임) 혐의로 기소돼 1심에 이어 항소심 재판이 진행 중이다. D씨는 2021년 1월 25일 카카오톡 메시지 등을 통해 언니 A씨로부터 C양이 눈을 뜨지 못할 정도로 양쪽 눈에 멍들어 있는 모습의 사진을 받아보고도 아무런 조처를 하지 않은 혐의 등으로 기소됐다. 1심 재판부는 D씨에게 징역 3년을 선고하고 40시간 아동학대 치료 프로그램 이수를 명령했다.
결론	- 검찰 "판례를 보면 욕설을 하면서 아동을 때리는 것을 신체적 학대의 부수적 행위로 볼 수 있다" "하지만 이 사건처럼 개똥을 먹이는 등 정서적 학대행위가 주된 학대행위일 경우에는 이를 독자적으로 봐야 한다. 양형기준 자체도 양형위원회에서 상향 조정되고 있다. 바뀐 양형기준과 국민적 정서를 반영해야 한다"고 양형 이유를 밝혔다. - 조카(10)를 학대해 숨지게 한 혐의로 각각 징역 30년과 12년을 선고받은 30대 이모 부부에게 검찰이 1심과 동일한 무기징역과 징역 40년을 각각 구형했다. 수원고법 제3형사부(부장판사 김○○) 심리로 2021년 12월 15일 오후 열린 이 사건 결심공판에서 검찰은 살인 및 아동복지법(아동학대) 위반 등 혐의로 기소된 A(34 · 무속인) 씨에게 무기징역을 구형했다. 또 이모부 B(33 · 국악인) 씨에 대해 징역 40년과 취업제한 10년과 아동학대 치료 이수명령을 선고해 달라고 재판부에 요청했다.

2) 피해아동 돌봄 - 전문 위탁부모

- 학대피해나 장애아동 돌봄…전문가정위탁사업 전국으로 확대(KBS NEWS, 2022. 1. 11)

학대피해 아동 등을 돌보기 위한 '전문가정위탁사업'이 전국으로 확대된다.
보건복지부와 아동권리보장원은 이달부터 학대 피해 아동이나 장애아동 등을 전문적으로 돌보기 위한 '전문가정위탁사업'을 전국 단위로 확대한다고 밝혔다.
전문가정위탁은 자격을 갖춘 위탁부모(전문 위탁부모)가 학대피해 아동이나 2세 이하의 아동 등 특별한 돌봄이 필요한 아동에게 '가정형 보호'를 제공하는 제도로 현재 일부 지방자치단체에서 운영하고 있다.
사업이 전국적으로 확대됨에 따라, 복지부와 아동권리보장원에서는 해당 사업에 참여할 전문 위탁부모를 모집한다. 전문 위탁부모는 25세 이상으로 보호대상 아동과 나이 차이가 60세 미만이어야 하며, 안정적인 소득이 있어야 한다. 또 비혈연 아동을 3년 이상 가정 위탁해 양육한 경험이 있어야 하며, 사회복지사 · 교사 · 의료인 · 상담사 등의 전문자격이 필요하다. 기준을 모두 충족한 경우 20시간의 양성교육과 가정환경조사를 받고 전문 위탁부모로 선정될 수 있다.
보호대상 아동이 발생하면 각 지자체에서는 아동권리보장원을 통해 해당 시도, 인접한 시도, 전국 순으로 전문 위탁부모를 확인하고 사례결정위원회 심의를 거쳐 가장 적합한 전문 위탁부모를 결정한다.
선정된 전문 위탁부모는 가정 위탁지원센터의 사례 관리를 받게 되며, 매월 전문 아동보호비 100만원을 지원받는다. 전문 위탁가정에는 위탁 아동 1명을 배치하는 것이 원칙이며, 형제, 자매가 함께 배치될 경우 지원금이 아동 각각에게 따로 지원된다.

* 전문 위탁부모 신청은?
아동권리보장원 누리집(http://ncrc.or.kr), 대표번호(☎1577-1406)를 통해 가능!

3) 유형에 따른 처벌 수위

처벌수위	아동학대범죄처벌 등에 관한 특례법에서는 아동에 대해서 폭행 상해, 유기, 체포·감금 등의 행위로 아동학대를 한 자가 아동을 살해한 경우에는 최고 사형에서부터 무기징역 또는 7년 이상의 징역의 중형에 처하도록 하고 있다. 살해에 고의가 없더라도 위와 같은 방법으로 아동을 학대하고 사망에 이르게 한 때에도 무기징역 또는 5년 이상의 징역형에 처할 수 있도록 되어있다. 특히 아동학대처벌특별법에서는 아동학대 행위자가 친권자나 후견인일 경우에는 법원에 친권상실청구 등이 가능하도록 되어있으며, 아동학대 신고의무자가 아동학대 의심신고를 하지 않은 경우 1천만 원 이하의 과태료를 부과할 수 있도록 하였다. 우리가 생각하지 못했지만 법률에 규정되어 있는 아동학대 행위들이 상당히 많은데, 아동을 매매하는 행위, 아동에게 음란한 행위를 시키거나 아동에게 성적 수치심을 주는 등 성적 학대 행위, 아동을 유기하거나 치료·교육을 소홀히 하는 방임 행위, 장애를 가진 아동에게 구걸을 시키는 행위, 오락 또는 흥행을 목적으로 아동에게 곡예를 시키는 행위, 아동에 지급된 금품을 목적 외로 사용하는 행위 등을 모두 처벌의 대상으로 하고 있다. 신체적·정서적 학대를 비롯하여 아동을 방임하거나 구걸을 시키는 등의 행위를 한 경우 5년 이하의 징역 또는 5천만 원 이하의 벌금에 처하도록 규정되어 있다. 아동학대 사건이 발생할 경우 행위당사자는 실질적으로 동종업계에서 계속적으로 근무하는 것이 어렵기 때문에 대부분 초범인 경우가 많다. 따라서 5년 이하의 징역형의 선고가 가능하지만 실질적으로 징역 1년형을 기준으로 선고형이 결정되는 경우가 많다.

출처 : 비욘드포스트(2021. 12. 20).

4) 아동학대범죄의 처벌 등에 관한 특례법(약칭 : 아동학대처벌법)

[시행 2021. 3. 16.] [법률 제17932호, 2021. 3. 16., 일부개정]

제2장 아동학대범죄의 처벌에 관한 특례(요약)

제4조(아동학대살해·치사)
아동학대범죄를 범한 사람이 아동을 살해한 때에는 사형, 무기 또는 7년 이상의 징역에 처하며, 아동을 사망에 이르게 한 때에는 무기 또는 5년 이상의 징역에 처한다.

제5조(아동학대중상해)
아동학대범죄를 범한 사람이 아동의 생명에 대한 위험을 발생하게 하거나 불구 또는 난치의 질병에 이르게 한 때에는 3년 이상의 징역에 처한다.

제6조(상습범)
상습적으로 아동학대범죄를 범한 자는 그 죄에 정한 형의 2분의 1까지 가중한다. 다만, 다른 법률에 따라 상습범으로 가중 처벌되는 경우에는 그러하지 아니하다.

제7조(아동복지시설의 종사자 등에 대한 가중처벌)
아동학대 신고의무자가 보호하는 아동에 대하여 아동학대범죄를 범한 때에는 그 죄에 정한 형의 2분의 1까지 가중한다.

제8조(형벌과 수강명령 등의 병과)
법원은 아동학대행위자에 대하여 유죄판결(선고유예는 제외한다)을 선고하면서 200시간의 범위에서 재범예방에 필요한 수강명령(「보호관찰 등에 관한 법률」에 따른 수강명령) 또는 아동학대 치료프로그램의 이수명령을 병과할 수 있다. 아동학대행위자에 대한 위의 수강명령은 형의 집행을 유예할 경우에 그 집행유예기간 내에서 병과하고, 이수명령은 벌금형 또는 징역형의 실형(實刑)을 선고할 경우에 병과한다.

… 중략 …

수강명령 또는 이수명령은 '아동학대 행동의 진단・상담, 보호자로서의 기본 소양을 갖추게 하기 위한 교육, 그 밖에 아동학대행위자의 재범예방을 위하여 필요한 사항'의 내용으로 한다. 이 법에서 규정한 사항 외에는 「보호관찰 등에 관한 법률」을 준용한다.

4. 아동학대 예방 이야기

1) 아동학대 예방교육

아동학대 예방교육이란 아동학대를 사전에 예방하고, 아동학대로 인해 발생하는 모든 문제를 최소화, 증진시키려는 것(송준화, 2007)을 뜻한다. 아동 스스로에게는 아동학대 행위로부터 방어할 수 있는 능력을 향상시키며, 학대행위를 할 수 있는 성인들에게는 아동에 대한 올바른 지식과 개념, 정보 등을 제공함으로써 학대행위를 사전에 예방하기 위한 목적으로 실시되는 활동들을 말한다(보건복지부, 2013).

아동학대 예방교육은 법정의무교육으로서 아동학대 관련법과 아동학대 유형, 그리고 아동학대 신고방법 등을 통해 아동학대 신고 활성화 및 아동학대에 대한 인식을 높일 수 있는 내용으로 진행된다. 교육대상으로는 '국가기관, 지방자치단체, 공공기관의 운영에 관한 법률에 따른 공공기관, 대통령령으로 정하는 공공단체'이며, '아동학대 예방에 관한 법령, 아동학대의 주요사례, 아동학대 발견 시의 신고 방법' 등의 교육내용을 기본으로 한다(한국교육개발진흥원, 2021).

아동학대 예방교육은 일회성에 끝나지 않고 장기적인 교육이 필요하며, 다양한 형태의 토론, 세미나 등의 방법이 필요하다. 또한 아동학대 유형별 맞춤교육의 교육 프로그램의 개발과 가정연계 교육활동도 필요하며, 아동학대 예방교육에 참여할 수 있는 기회와 참여 방법에 대한 정보가 충분히 제공되어야 한다. 아동학대가 발생하는 복합적인 문제를 이해하고 효과적인 해결을 위한 다각도의 예방교육과 부모 및 성인들이 쉽게 접할 수 있도록 대중매체의 활용 등의 다양한 경로를 통한 홍보가 필요하다. 아동학대의 문제는 개인적인 문제로 해결하기에는 한계가 있으므로 보다 효과적이고 체계적인 해결을 위한 모니터링을 통해 국가와 사회, 유아교육기관과 가정의 참여가 더 적극적으로 개입되어야 할 것이다(김윤희, 2017).

아동학대 예방교육 수료 기관 및 홈페이지

- 중앙교육연수원 : https://www.neti.go.kr/index.go
- 서울시 평생학습포털 : https://sll.seoul.go.kr
- 경기도 지식 : https://www.gseek.kr/main/intro

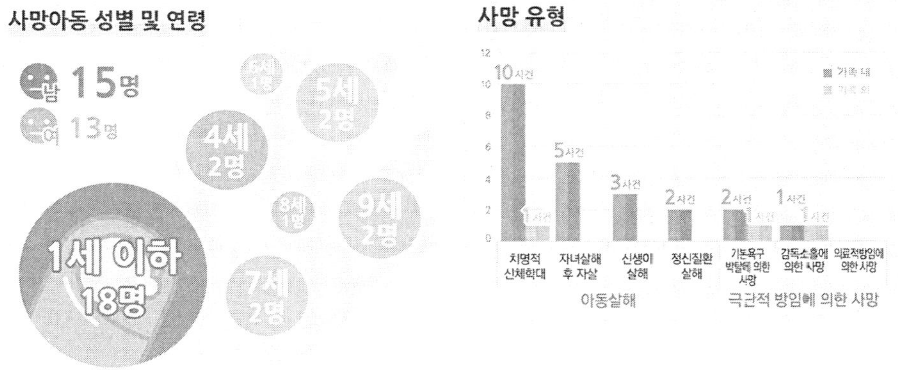

|그림 8-4| 사망아동 성별 및 연령과 유형

출처 : 아동권리보장원(2021), 아동학대 통계(http://www.korea1391.go.kr/new/page/sts_report.php 2021. 12. 20. 인출)

아동학대로 인한 사망 아동의 성별 및 연령(그림 8-4)을 살펴보면, 남아가 여아보다 많고, 1세 이하가 사망률이 가장 높으며, 대부분 10세 이하에서 발생한다는 것을 알 수 있다. 또한 사망 유형(그림 8-4)을 살펴보면, 아동살해 중에서는 가족 내의 치명적인 신체학대에서 사망률이 가장 높고, 극단적인 방임에 의한 사망에서는 가족 내의 기본욕구 박탈에 의한 사망률이 가장 높은 것을 알 수 있다. 이는 치명적인 아동학대의 대부분이 가족 내의 10세 이하 아동에서 신체적인 학대와 기본욕구 박탈에 의한 사망이 가장 높은 비율을 차지하고 있음을 알 수 있다. 즉, 아동의 기본적인 욕구 박탈은 아동의 인권뿐만 아니라 인간의 기본권을 박탈하는 것과도 상통한다고 볼 수 있다.

아동학대 문제를 환기하고 예방 프로그램의 필요성을 알리기 위한 일환으로, 여성세계정상기금(WWSF)에 의해 세계 아동학대 예방의 날이 제정(2000년 11월 19일)되었다. 우리나라에서는 2014년 「아동학대범죄의 처벌 등에 관한 특례법」이 제정되어 시행 중이며, 별도로 2012년 아동복지법에 의해 11월 19일을 '아동학대 예방의 날'로 제정하였다. 이날부터 일주일간을 '아동학대 예방 주간'으로 지정하고, 아동의 건강한 성장을 도모하며 범국민적으로 아동학대의 예방과 방지에 관한 관심을 높이기 위해 노력하고 있다. 또한 보건복지부의 보도자료(2021. 8. 19)에 의하면, 아동학대 대응체계, 예방 및 회복지원까지 촘촘히 보완할 목적으로 국정현안점검조정회의에서 「아동학대 대응체계 보완방안」을 논의하고, '사전예방(1단계) – 조기발견(2단계) – 신속대응, 보호(3단계) – 사후관리(4단계)' 등 아동학대 전 과정에 걸친 다층적 예방·대응체계를 마련하였다.

아동학대 '위기 아동 조기발견 시스템'(보건복지부 보도자료, 2021. 8. 19)
① 위기아동 발굴 및 조기개입 강화 ② 아동 관점의 대응체계 보완
③ 아동학대 인식 개선 ④ 아동학대 대응 인프라 강화

2) 아동학대 신고의무자교육

아동학대는 의심만 되어도 누구나, 24시간 언제나, 국번 없이 112로 신고할 수 있다. 아동학대의 후유증은 매우 심각하므로 의심만 되어도 즉시 신고해야 한다. 아동학대 신고건수는 매년 가파르게 증가하고 있다. 2019년에는 2018년에 비해 13.7%가 증가된 41,389건이 신고되었으며, 이 신고들 중에서 아동학대가 의심되어 실제로 조사가 시작된 의심 사례도 38,380건에 달한다. 코로나 19가 시작된 2020년에도 소폭이긴 하지만 2019년에 비해 2.1%가 증가된 42,251건이

신고되었으며, 의심 사례도 38,929건에 달한다(보건복지부, 2020).

〈표 8-2〉 연도별 신고접수 건수(단위 : 건, %)

구분 연도	아동학대 의심사례		동일신고		일반상담		해외발생 사례		계		전년 대비 증가율	비고
2016년	25,878	(87.2)	189	(0.6)	3,604	(12.1)	3	(0.0)	29,674	(100.0)		
2017년	30,923	(90.5)	292	(0.9)	2,951	(8.6)	3	(0.0)	34,169	(100.0)	15.1	국정과제 지정
2018년	33,532	(92.1)	420	(1.2)	2,464	(6.8)	1	(0.0)	36,417	(100.0)	6.6	
2019년	38,380	(92.7)	449	(1.1)	2,560	(6.2)	0	(0.0)	41,389	(100.0)	13.7	
2020년	38,929	(92.1)	557	(1.3)	2,761	(6.5)	4	(0.0)	42,251	(100.0)	2.1	

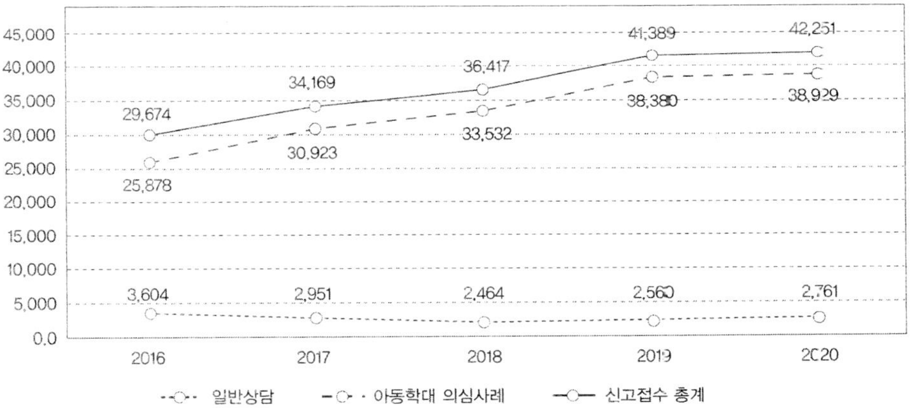

출처 : 보건복지부(2020). 2020 아동학대 주요통계.

아동학대의 대부분은 가정 내에서, 부모에 의해 발생한다(그림 8-5 참고). 아동과 가장 익숙한 공간에서, 가장 가까운 사람에 의해 발생하여 주위에서 쉽지 발견할 수 없는 경우가 많다(굿네이버스, 2021). 부모를 가해자라고 지목하면 상담을 받으려 하지 않기 때문에 다른 이유로 상담을 권하는 방식도 있지간 가장 명확한 방법은 신고다. 아동학대는 제3자의 눈을 피하려는 경향이 강한 행동이기 때문에, 제3자의 눈에 보일 정도면 이미 상태가 엄청나게 심각한 수준일 가능성이 크다. 실제로 학대당하고 있는 피해자가 신고를 결심하기 전까지 당한 학대의 횟수는 평균 50번이 넘는다고 한다. 대부분 가해자가 신고를 하거나 누군가에게 도움을 청해도 도움받기가 어렵고, 우리나라는 아직도 자녀는 부모의 소유라는 인식이 강한 편이기 때문에 아동학대에 대해 사회적으로 관대한 편이다. 몇 년 전까지만 해도 경찰도 가족의 일에 끼어들려고 하지 않는 경향이 강하여서 어찌 할 도리가 없는 경우가 대부분이었다(나무위키, 2021). 현재는 아동학대 문제에 대한 시민의식도 높아졌고 민감해져 있는 상황으로, 「아동학대범죄의 처벌 등에 관한 특례법(약칭 : 아동학대처벌법)」을 제정하고 동법 제10조(아동학대범죄 신고의무와 절차)를 두어 누구든지 아동학대범죄를 알게 된 경우나 그 의심이 있는 경우에는 아동보호전문기관 또는 수사기관에 신고할 수 있도록 의무화하고 있다.

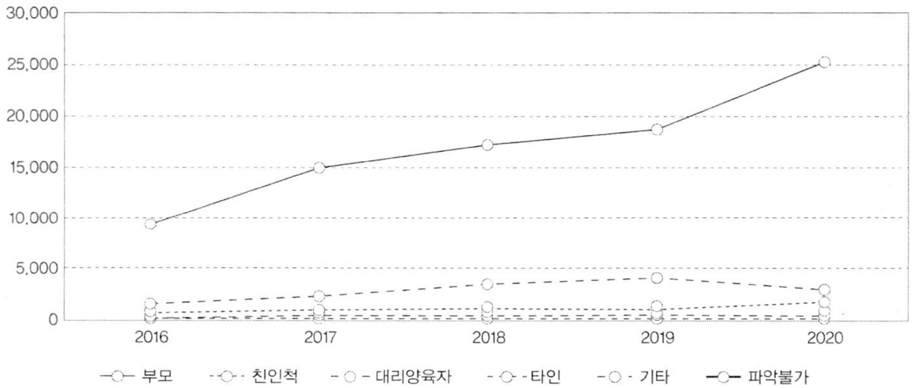

|그림 8-5| 연도별 학대행위자와 피해아동과의 관계(단위 : 건, 연도)

출처 : 보건복지부(2020). 2020 아동학대 주요통계.

「아동학대범죄의 처벌 등에 관한 특례법」 제1조(목적)에 의하면, 이 법은 아동학대범죄의 처벌 및 그 절차에 관한 특례와 피해아동에 대한 보호절차 및 아동학대행위자에 대한 보호처분을 규정함으로써 아동을 보호하여 아동이 건강한 사회 구성원으로 성장하도록 함을 목적으로 한다. “아동학대범죄신고 등”이란 아동학대범죄에 관한 신고·진정·고소·고발 등 수사 단서의 제공, 진술 또는 증언이나 그 밖의 자료제출행위 및 범인검거를 위한 제보 또는 검거활동을 말한다. 아동학대범죄에 대하여는 이 법을 우선 적용한다. 다만, 「성폭력범죄의 처벌 등에 관한 특례법」, 「아동·청소년의 성보호에 관한 법률」에서 가중 처벌되는 경우에는 그 법에서 정한 바에 따르도록 명시하고 있다. 동법에서의 아동학대범죄의 처리 절차에 관한 특례(제3장) 아동학대범죄 신고의무와 절차(제10조)에 의하면, 관련 법

어느 하나에 해당하는 사람이 직무를 수행하면서 아동학대범죄를 알게 된 경우나 그 의심이 있는 경우에는 시·도, 시·군·구 또는 수사기관에 즉시 신고하여야 한다. 또한 누구든지 신고인의 인적사항 또는 신고인임을 미루어 알 수 있는 사실을 다른 사람에게 알려주거나 공개 또는 보도하여서는 아니 된다(신고자의 신분은 동법 제10조, 제62조에 의해 보호). 이처럼 우리나라는 아동학대범죄 신고의무자에 대한 규정을 매우 폭넓고 구체적으로 명시하여 아동학대범죄에 대하여 강하게 처벌하고 있다. 그러나 우리나라 아동 10명 중 6명 이상은 학대피해를 경험하고 있지만, 학대피해 아동은 1,000명 중 4명만이 발견되고 있다. 아래 그림에서 보는 바와 같이 피해아동 발견율은 주요 선진국들에 비해 절반 이상 낮은 수치를 보이고 있다(그림 8-6 참고).

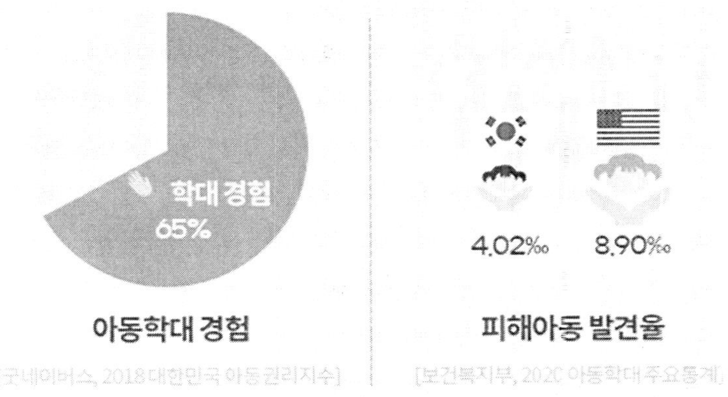

|그림 8-6| 아동학대 경험 및 피해아동 발견율
출처 : 굿네이버스(2021). 아동학대 예방 캠페인 : 아동학대 국민감시단 참여하기.

아동학대 조기발견을 위해 법에서 신고의무자를 규정하고 있지만, 실제 신고의무자에 의한 신고는 일부분을 차지할 뿐, 비신고의무자의 신고가 대부분이다(그림 8-7 참고). 우리나라의 아동학대 신고의무자는 아동복지법 제26조 및 동법 시행령 제26조에 의거하여 매년 1시간 이상 아동학대예방 및 신고의무와 관련된 교육을 이수해야 한다. 신고의무자는 대표적으로 어린이집 원장, 보육교사 그리고 의료기관 종사자 및 아동복지업무 담당 공무원 및 아동복지시설의 장과 종사자 등이 이에 해당한다.

|그림 8-7| 신고의무자 신고비율

출처 : 아동권리보장원(2021). 아동학대 통계(http://www.korea1391.go.kr/new/page/sts_report.php 2021. 12. 20. 인출).

3) 아동학대 예방 캠페인 사례

(1) **아동학대 예방 캠페인**(중앙아동전문보호기관, 현 아동권리보장원)

출처 : 중앙아동보호전문기관 페이스북(https://www.facebook.com/korea1391 2021. 11. 21. 인출).

(2) 국민감시단 캠페인(굿네이버스–한국지역난방공사)

■ 아동학대 예방 실천하기

"체벌 없는 긍정 양육, 함께 만들어 가요."

- 민법상 징계권(구 제915조) 폐지를 계기로, 민·관 협력 '915 캠페인' 전개
- 아동학대 없는 세상을 위한 국민 다짐 캠페인, 복지투 - 깨끗한 나라 업무협약, 긍정 양육 지침 등을 통해 아동 체벌 금지 인식 및 긍정 양육 문화 확산
- 아이의 마음을 먼저 생각하고, 도움이 필요한 아동 발견 시 적극 신고하겠다는 등의 다짐(보건복지부, 2021).

아동학대 국민 감시단 서명하기

- 약속1, 학대받는 아동이 있는지 살펴보겠습니다.
- 약속2, 아동학대 발견 즉시 112로 신고하겠습니다.
- 약속3, 아동학대 근절을 위한 정책도 지켜보겠습니다.

4) 아동학대 신고의무자 교육(중앙교육연수원)

• 아동학대 징후

아동학대 (행동적)징후	
<신체학대 징후> - 어른과의 접촉 회피 - 다른 아동이 울 때 공포를 나타냄 - 공격적이거나 위축적인 극단적 행동 - 부모에 대한 두려움 - 집에 가는 것을 두려워함 - 위험에 대한 지속적인 경계를 보임 - 부모가 손상을 알려옴	<정서학대 징후> - 특정 물건에 대해 계속 빨고 있거나 물어뜯음 - 반사회적, 파괴적 행동장애 - 수면장애, 놀이장애, 히스테리, 강박, 공포 - 극단 행동 - 지나친 행동 - 발달지연 - 자살시도
<성학대 징후> - 위축, 환상, 유아적 행동 - 기괴하고 미묘한 성적 행동과 지식 - 친한 친구가 없음 - 비행, 가출 - 성적 모독을 호소함	<방임 및 유기 징후> - 음식을 구걸하거나 훔침 - 장시간에 걸친 감독 소홀 - 위험한 행동에 대한 감독 소홀 - 비행 또는 도둑질 - 학교에 일찍 등교하고 집에 늦게 하교함

출처 : 서울특별시아동복지센터(https://child.seoul.go.kr/archives/146 2021. 12. 21. 인출).

• 아동학대 체크리스트

☐	사고로 보이기에는 미심쩍은 멍이나 상처가 발생한다.
☐	상처 및 상흔에 대한 아동 혹은 보호자의 설명이 불명확하다.
☐	보호자가 아동이 매를 맞고 자라야 한다는 생각을 갖고 있거나 체벌을 사용한다.
☐	아동이 보호자에게 언어적, 정서적 위협을 당한다.
☐	아동이 보호자에게 감금, 억제, 기타 가학적인 행위를 당한다.
☐	기아, 영양실조, 적절하지 못한 영양섭취를 보인다.
☐	계절에 맞지 않는 옷, 청결하지 못한 외모를 보인다.
☐	불결한 환경이나 위험한 상태로부터 아동을 보호하지 않고 방치한다.
☐	성학대로 의심될 성 질환이 있거나 임신 등의 신체적 흔적이 있다.
☐	나이에 맞지 않는 성적 행동 및 해박하고 조숙한 성지식을 보인다.
☐	자주 결석하거나 결석에 대한 사유가 불명확하다.
☐	아동에게 필요한 의료적 처치 혹은 예방접종을 실시하지 않는다.
☐	보호자에 대한 거부감과 두려움을 보이고, 집(보호기관)으로 돌아가는 것에 대해 두려워한다.
☐	아동이 매우 공격적이거나 위축된 모습 등의 극단적인 행동을 한다.

출처 : 중앙교육연수원(2021). 아동학대 신고의무자 교육.

5) 아동학대 의심 및 상담(아이마음 아이다음)

출처 : 아동학대예방 캠페인 누리집(2021)(https://www.imaum-idaum.com/Intro).

5. 공유시대 GOGO-토론

1) 부부싸움은 학대일까? 아닐까? 학대라면 어떤 학대? 학대가 아니라면 그 이유는?

2) 부모의 훈육과 학대의 경계가 있을까? 있다면 어디까지가 경계? 없다면 그 이유는? (아래의 기사 및 2021년 개정된 민법 제915조 징계권 참고)

길 한복판 10살 아들 흉기 위협 친모 입건 : 훈육하다 흥분
말을 듣지 않는다는 이유로 길 한복판에서 초등학생 아들에 물리력을 행사한 30대 친모가 경찰에 붙잡혔다. 서울 ○○경찰서는 친모 A씨(38세)를 아동복지법 위반 혐의로 입건해 조사하고 있다고 밝혔다. 경찰에 따르면 A씨는 지난 22일 오후 8시 20분쯤 서울 주택가에서 아들 B군(10세)의 머리를 잡아끌고 흉기로 위협하기도 했다. 인근 주민이 제지해 A씨의 범행은 중단됐다. B군은 별다른 외상이 없는 것으로 알려졌다. 경찰 조사에서 A씨는 아들을 훈육하다가 흥분했다는 취지로 진술한 것으로 전해졌다(뉴스1, 2020. 7. 30).

제9장
지구가 흔들린다!! 재난안전

우리들의 일상 속 삶은 무수히 많은 재난과 직·간접적으로 영향을 받으며 생활하고 있다. 무엇보다 재난은 나비효과를 유발하여, 특정 지역에서 발생한 거대한 재난이 자칫 전 지구적 문제로 확산되는 사례도 다수이다. 가령, 곡물 수출 지역에서 발생한 자연재난은 곡물 생산량의 급감으로 이어지고, 곡물 생산량 감소는 전 세계에서 곡물을 원료로 하는 제품 가격의 상승을 유발한다. 이처럼 재난은 우리가 인식하지 못하는 사이에 우리들의 일상이 되었다.

재난(disaster)은 그리스어로 '별(aster)이 없는(dis)' 상태에서 유래한 단어이다. 나침반이 발명되기 전, 이동하는 사람들에게 북극성은 방향을 알려주는 가장 확실한 방법이었다. 특히 바다를 통해 항해하는 사람들의 경우, 망망대해에서 방향을 잡기란 쉽지 않았을 것이다. 별을 보며 항해하던 사람들에게 만약 별이 없다면? 가고자 하는 방향을 상실하고, 어디로 어떻게 가야 할지 재난의 상태에 빠지게 된다.

우리는 지금까지 재난에 대비하여 안전과 대처방안 등에 대하여 교육과 훈련을 받았다. 화재에 대피하기 위한 가상훈련으로 전교생 모두 지정된 안전대피로(복도 등)를 통하여 운동장으로 대피하는 훈련, 지진대피 훈련으로 책상 밑에 들어가 본 경험, 미세먼지가 발령되어 야외에서 교육을 받다가 교실 등 실내로 들어온 경험 등이 그것이다. 화재나 지진 발생 시, 엘리베이터를 탑승하지 말라는 경고 문구도 보았다. 그런데 지진이 발생했을 경우 책상 밑에 들어가 있으면 지진으로부터 안전할까? 만약 화재로 안전대피로가 막혔다면? 영화의 한 장면처럼 건축물이 붕괴되는 현장에 내가 있었다면?

재난은 개인의 문제를 포함하여 전 지구적 차원의 문제가 되었다. 특히 우리나라는 대외 무역 의존도가 높은 나라이다. 따라서 우리나라뿐만 아니라 전 세계에서 발생하는 다양한 재난에 대한 정확한 정보, 대처 방안을 통하여 국민들의 안전과 재산을 온전하게 지킬 수 있도록 해야 한다.

이에 본 장에서는 우리들의 삶에 직·간접적으로 영향을 주는 자연재난, 사회재난, 생활 속 재난의 특징과 대처 방안을 알아보고자 한다.

1. 재난의 개념과 의미

사전적으로 재난(災難)은 뜻밖에 일어난 재앙과 고난을, 재해(災害)는 재앙으로 말미암아 받는 피해(표준국어대사전, 국립국어원)로 두 개념상의 의미 차이는 거의 없다. 그럼에도 불구하고 우리나라 법령에서는 두 개념을 구분하여 사용하고 있다.

<표 9-1>은 우리나라 재난과 재해 용어를 구분하여 사용한 법령의 일부를 발췌한 것이다.

〈표 9-1〉 재난과 재해 관련 법령 사례

구분	관련 법령
재난	· 사회재난 구호 및 복구비용 부담기준 등에 관한 규정 · 자연재난 구호 및 복구비용 부담기준 등에 관한 규정 · 재난 및 안전관리 기본법 · 재난안전통신망법 · 재난적의료비 지원에 관한 법률 · 초고층 및 지하연계 복합건축물 재난관리에 관한 특별법
재해	· 고용보험 및 산업재해보상보험의 보험료징수 등에 관한 법률 · 공무원 재해보상법 · 군인 재해보상법 · 급경사지 재해예방에 관한 법률 · 농어업인의 안전보험 및 안전재해예방에 관한 법률 · 농어업재해대책법 · 농어업재해보험법 · 어선원 및 어선 재해보상보험법 · 자연재해대책법 · 재해경감을 위한 기업의 자율활동 지원에 관한 법률 · 저수지·댐의 안전관리 및 재해예방에 관한 법률 · 지진·화산재해대책법

출처 : 국가법령정보센터(www.law.go.kr).

<표 9-1>의 다수 법령 중, '자연재난'과 '자연재해'는 법률에서도 볼 수 있듯이, 두 개념이 의미상 큰 차이 없이 혼용되어 사용되고 있다. 재난과 재해가 어떻게 정의되건, 발생될 경우 우리들의 삶에 치명적 영향을 주거나 막대한 인적, 물적, 경제적 피해를 동반한다.

1) 재난과 재해는 같은 것인가? 다른 것인가?

재난과 재해를 혼용하여 사용하고 있지만 이 둘은 의미상 거의 동일한 개념으로, 본 장에서는 재난으로 통일하여 사용하고자 한다. 차제에 각종 법령이나 공식적 자료에서는 '재난'으로 개념을 일원화할 것을 제안한다. '재난'으로 일원화할 경우 보다 체계적인 법 체계와 일관성을 가질 수 있으며, 국가 차원에서도 각 부처별로 통합된 예방 · 지원시스템이 가능하리라 본다.

2) 재난의 개념

재난은 뜻밖에 일어난 재앙과 고난으로 국민의 생명, 신체 및 재산과 국가에 피해를 주거나 줄 수 있는 것으로서, 태풍 · 홍수 · 호우 · 폭풍 · 폭설 · 가뭄 · 지진 · 황사 등 자연현상으로 인하여 발생하는 재해와, 화재 · 붕괴 · 폭발 · 교통사고 · 환경오염 사고 등 국가 기반 체계의 마비와 전염병 확산 등으로 인한 피해를 의미한다(학교안전교육, 2016).

국민재난안전포털에서는 재난을 자연재난, 사회재난, 생활안전재난으로 구분한 후, 각 재난에 대한 행동요령을 구체적으로 제시하고 있다.

〈표 9-2〉 재난의 유형과 종류

재난유형	종 류
자연재난	태풍, 호우, 낙뢰, 강풍, 풍랑, 대설, 한파, 폭염, 황사, 지진, 해일, 지진해일, 화산폭발, 가뭄, 홍수, 해수면상승, 산사태, 침수, 자연우주물체 추락
사회재난	화재, 산불, 건축물 붕괴, 폭발, 교통사고, 전기·가스사고, 철도, 지하철, 유·도선사고, 해양 선박사고, 식용수, 원전사고, 공동구재난, 대규모수질오염, 가축질병, 댐붕괴, 정전 및 전력부족, 금융전산(보이스피싱), 감염병예방, 해양오염사고, 화학물질사고, 항공기사고, 인공우주물체 추락, 미세먼지
생활안전재난	여름철물놀이, 산행안전사고, 응급처치, 해파리피해, 심폐소생술, 붉은불개미, 승강기 안전사고, 어린이 놀이시설 안전사고, 식중독, 실종유괴예방, 학교폭력, 가정폭력, 억류 및 납치, 석유제품 사고

출처 : 국민재난안전포털(www.safekorea.go.kr).

3) 재난의 의미

재난은 매우 상대적 의미를 지닌다. 따라서 절대적 수치로 측정되는 재난에 대하여 일반인들이 생활 속에서 느끼는 재난에 대한 체감은 매우 다르다. 울산 지역에 지진이 발생할 경우, 동일한 지진 강도라 할지라도 지진건축물에 있는 사람과 도보로 이동하는 사람, 교실에서 수업을 듣는 학생들에 따라 체감 정도는 다르기 때문이다.

우리나라 서울의 연강수량은 대략 1,400ml 내외이다. 강수총량인 1,400ml가 연간 일정하게 내려 사람들이 수용할 수 있는 강수량의 총량이라면 전혀 문제가 되지 않으며, 백 년 동안 폭우가 연간 일정한 비율로 내리고 지표면이 강수량을 수용 가능한 정도라면 강수에 따른 재난은 발생하지 않을 것이다. 그런데 시간당 30ml의 집중호우가 1시간 지속되고 지표면의 강수 수용 한계를 넘어선다면, 백 년간 한 번도 경험해 보지 못한 호우로 인한 재난을 경험하게 될 것이다.

이처럼 재난이란 단순하게 측정 수치만으로 해석되어서는 안 된다. 집중도, 집중시간, 수용 역량, 건축년도 등을 포괄적이며 종합적으로 파악해야 한다. 또한 자연현상이나 사회현상은 인간의 대처 한계 이상으로 나타나거나 발생할 수 있다. 따라서 각종 재난을 완벽하게 대처하는 유일한 방법은 재난으로 이어질 자연

현상이나 사회현상이 발생되지 않도록 하는 것이다. 하지만 이는 불가능하며, 재난이 발생하지 않도록 최대한의 예방조치와 발생했을 경우의 대처 방안을 종합적이고 체계적으로 수립하여 안전한 환경에서 우리들의 일상 속 삶이 이루어지도록 해야 한다.

2. 물불 안 가리는 자연재난 : 예방과 대처

자연재난은 물불 가리지 않고 발생한다. 자연재난 대비 안전교육은 이처럼 뜻밖에 일어날 수 있는 사고를 사전에 방지하거나 감소시킴으로써 국민들이 편안하게 생활할 수 있도록 돕는 교육이다. 즉, 자연재난 대비 안전교육은 재난이 발생할 수 있는 상황을 미리 예측해 보고, 사전에 계획·준비하여 국민들의 재난 대응 위기 대처 능력을 향상시키는 것이다.

자연재난은 언제, 어디서 발생할지 예측하기 어렵다. 정부에서 운영하는 국민재난안전포털의 자연재난 사례만 보더라도, 태풍, 강풍, 한파, 지진, 화산폭발, 해수면 상승, 호우, 풍랑, 폭염, 해일, 가뭄, 산사태, 낙뢰, 대설, 황사, 지진해일, 홍수, 침수 등 우리 일상생활과 밀접하게 관련되어 있으며 연중 발생할 가능성이 있다. 자연재난에 따른 피해금액은 2,162억이며, 자연재난 피해복구액은 1조 3,487억여 원이다(행정안전통계연보, 2021). 따라서 재난 대비 안전교육과 예방책 마련은 우리 일상의 행복과 기본적인 삶을 영위하기 위하여 반드시 필요한 공기와 같은 것이다.

재난 대비 안전교육은 우리들 각자 개개인이 처한 다양한 위기 상황 속에서도 적극적으로 대처해 나갈 수 있는 역량을 키워준다. 특히 재난 대비 사전교육을 통하여 불안전한 상태나 불안전한 행동의 전이를 차단할 수 있는 능력을 기를 수 있다(현성호 외, 2009). 막연한 불안감과 무지에서 오는 불안전한 행동을 최소화시킬 수 있기 때문이다. 국가 차원에서는 각종 재난으로부터 발생할 수 있는 다양한 사고들을 종합적으로 분석하고 대책을 수립하여 모든 국민들이 궁극적으로 편안한 삶을 영위할 수 있도록 해야 할 것이다.

1) 태풍 : 지혜롭게 막아내기

(1) 태풍의 발생

태풍은 열대저기압의 한 종류로 전 세계 여러 곳에서 발생한다. 다만, 발생 지역에 따라 부르는 명칭이 다르다. 가령, 북태평양 서부에서 발생할 경우 '태풍', 북태평양 동부·북대서양·카리브 해에서 발생할 경우 '허리케인', 벵골만·인도양 등에서는 '사이클론'이라 불린다.

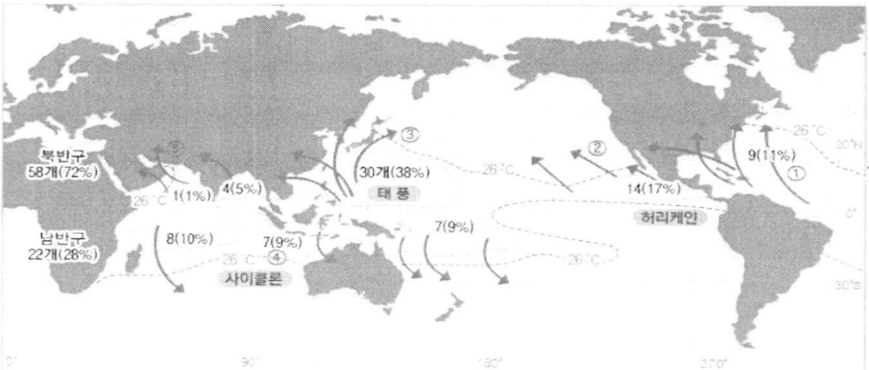

①~③ 지역은 7~10월에, ④~⑤ 지역은 4~6월, 9~12월에 많이 발생한다.

|그림 9-1| 태풍 발생 지역 및 시기

미국에서 발생하는 자연현상으로 토네이도가 있다. 토네이도는 태풍과 다른 개념의 자연현상이다. 태풍은 적도 부근에서 발생하며 지역별로 부르는 명칭이 다르고 규모가 크지만, 토네이도는 미국에서 발생하는 매우 강력한 바람의 명칭으로 태풍보다 상대적으로 반경이 좁다. 토네이도가 발생하는 주된 원인은 로키산맥을 넘어오는 차고 건조한 공기와 멕시코만에서 불어오는 따뜻하고 습한 공기가 충돌하면서 만들어지는 것으로 파악되고 있다.

(2) 태풍의 역기능과 순기능

태풍은 자연현상이다. 열대저기압인 태풍으로 인한 피해를 현대 과학기술로 완벽하게 막아내기에는 한계가 있다. 자연현상인 태풍은 가뭄 해소, 수자원 확보, 적조 해소에도 도움이 될 수 있다. 태풍과 강풍은 적조가 발생한 지역의 바닷물을 완전히 뒤집어 놓아, 적조 해소에 도움을 줄 가능성이 있다. 태풍은 무엇보다 지구 전체의 열 평형을 맞추는 데 기여한다. 즉, 태풍이 발생하는 적도 부근 지역의 열이 극지방으로 이동, 전 지구적 차원에서 열적인 평형 상태를 유지할 수 있게 해준다.

문제는 태풍이 자연현상을 뛰어넘어 자연재해로 발전하는 경우가 훨씬 많다는 점이다. 바닷가, 산간·계곡, 하천가, 침수예상지역, 농경지 피해 방지 등 다각도의 예방책 및 피해 발생 시 신속한 복구 등 태풍 발생 전, 태풍 발생 시, 태풍 발생 후 다양한 태풍 대처 매뉴얼을 수립, 피해가 최소화되도록 대처해야 한다.

(3) 태풍 피해와 대처

태풍의 피해는 강도와 지속 기간, 미치는 범위(도시지역, 비도시지역 등) 등에 따라 다양하다. 태풍은 막대한 인명피해를 유발할 뿐만 아니라 엄청난 폭우와 강풍으로 인하여 토양이 침식되고, 산사태가 발생, 강이나 호수의 범람, 농작물 피해, 해일 발생, 건축물 침수 및 붕괴 등 인적·물적으로 막대한 피해를 야기한다.

필리핀에서는 2021년 12월 태풍 '라이'로 208명의 사망자와 52명의 실종자가 발생하고, 30만 명이 집을 떠나 대피하고 있으며, 300만 명이 정전 피해를 보았다. 재산 피해는 파악조차 어려운 상황(월드투데이, 2021. 12. 20)으로, 태풍 재난으로 발생한 인적·물적 피해는 가히 상상을 초월한다. 미국에서 발생한 토네이도는 전체 경로가 최소 263km로, 2시간 14분간 지속되면서 미국 9개주를 강타하여 89명의 사망자와 16명의 실종자가 발생하였으며 가장 큰 피해를 입은 켄터키에서만 주택 1,000여 채가 파괴되는 막대한 피해를 주었다(한국경제, 2021. 12. 17).

태풍 재난에의 대처는 현재 자신이 처한 상황과 위치에 따라 다양하다. 농부라면 태풍의 이동 경로 등 태풍 예보에 따라 바람에 의한 건물붕괴, 강풍과 호우에 의한 농작물 피해를 최소화하기 위한 대책 등이 마련되어야 할 것이며, 강에서 야영을 하는 중이라면 산사태 · 침수 가능성 등을 종합적으로 판단하여 철수 등의 대응을 해야 한다.

2) 우리나라는 지진 안전지대인가?

전 세계적으로 지진은 주로 환태평양 조산대와 알프스 - 히말라야 조산대에 위치한 지역들에서 발생하고 있다. 우리나라는 지진의 안전지대인가?

(1) 지진 발생 현황

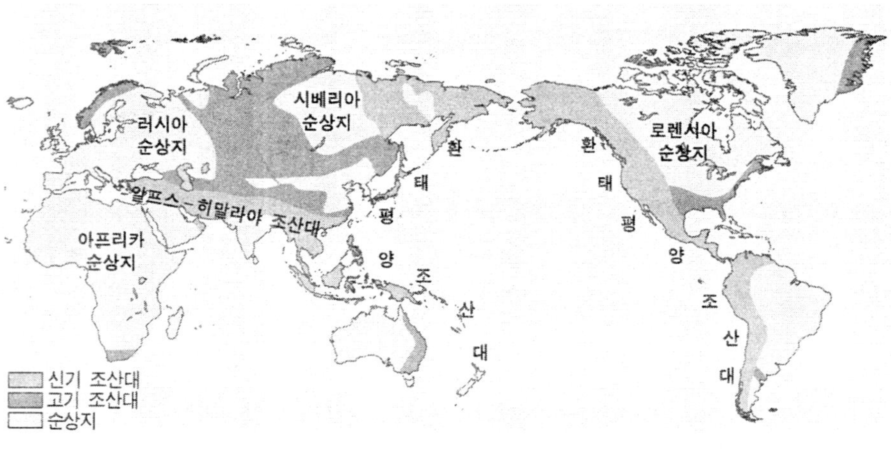

|그림 9-2| 지진 발생 지도

|그림 9-2|에서와 같이 우리나라는 환태평양 조산대에 위치해 있음에도 불구하고 지진으로부터 안전하다고 생각해 왔다. 그러나 최근 우리나라에서 발생한 지진의 발생빈도와 규모를 보면 지진은 우리들의 일상생활과 밀접하게 관련되어 있으며, 우리나라도 지진으로부터 안전지대가 아님을 확인할 수 있다. |그림 9-3|은 우리나라의 1978년부터 2020년까지 발생한 지진 현황이다. 혹자는 우리나라가 디지털 관측 등 아주 미세한 지진까지 관측할 수 있는 기계를 도입해서

측정해 지진 발생이 과거보다 많은 것으로 나타났기 때문에, 지진 발생 빈도와 관계없이 우리나라는 지진으로부터 안전하다고 주장하기도 한다.

그러나 2017년 11월 경북 포항에서 발생한 지진으로 대학수학능력시험이 연기되는 등 사회적 불안을 야기한 것과 같이 더 이상 우리나라는 지진으로부터 안전지대가 아니다.

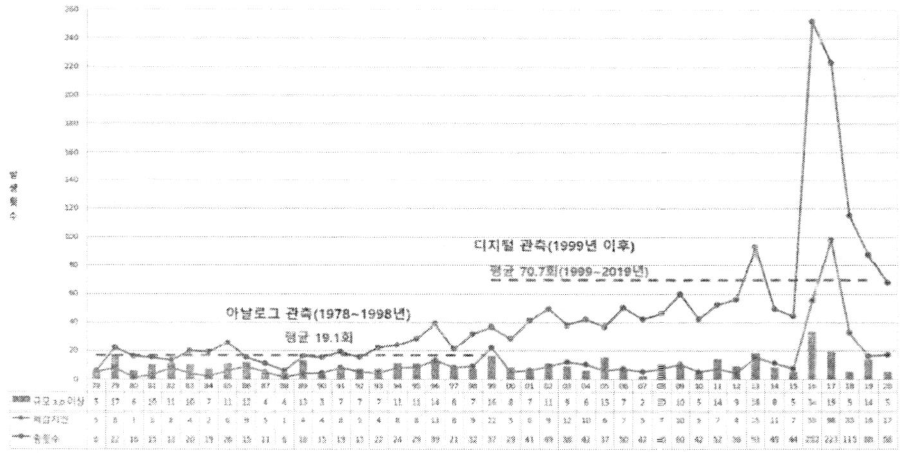

|그림 9-3| 우리나라 지진 발생 현황(1978~2020년)

(2) 지진에 대처하기

지진 대피 시 훈련의 일환으로 의자 밑으로 피하는 경험을 해 보았을 것이다. 그런데 강도가 센 지진이 발생한다면, 의자 밑으로 피하는 것이 정말로 지진의 피해를 막을 수 있을까? 운동장 등 넓은 공처로 대피하면? 지진 발생 영화나 피해 사진들을 통해 땅이 갈라지고 그 밑으로 사람들이 쓸려 내려가는 장면을 본 적이 있을 것이다. 넓은 공터로 대피했는데, 영화에서와 같이 땅이 갈라질 정도의 지진이 발생한다면 어떻게 해야 할까? 국민안전재난포털의 자료를 중심으로 대비 요령을 살펴보면 다음과 같다.

〈표 9-3〉 상황별 지진 대비 요령

상황별	대비 요령
평소 대비	1. 집 안에서의 안전을 확보 • 탁자 아래와 같이 집 안에서 대피할 수 있는 안전한 대피 공간을 미리 파악해 둠 • 유리창이나 넘어지기 쉬운 가구 주변 등 위험한 위치를 확인해 두고 지진 발생 시 가까이 가지 않도록 함 • 깨진 유리 등에 다치지 않도록 두꺼운 실내화를 준비 • 화재를 일으킬 수 있는 난로나 위험물은 주의하여 관리 2. 집 안에서 떨어지기 쉬운 물건을 고정 • 가구나 가전제품이 흔들릴 때 넘어지지 않도록 고정 • 텔레비전, 꽃병 등 떨어질 수 있는 물건은 높은 곳에 두지 않도록 함 • 그릇장 안의 물건들이 쏟아지지 않도록 문을 고정 • 창문 등의 유리 부분은 필름을 붙여 유리가 파손되지 않도록 함 3. 집을 안전하게 관리 • 가스 및 전기를 미리 점검 • 건물이나 담장은 수시로 점검하고, 위험한 부분은 안전하게 수리 • 건물의 균열을 발견하면 전문가에게 문의하여 보수하고 보강 4. 평상시 가족회의를 통하여 위급한 상황에 대비 • 가스 및 전기를 차단하는 방법을 알아 둠 • 머물고 있는 곳 주위의 넓은 공간 등 대피할 수 있는 장소를 알아 둠 • 비상시 가족과 만날 곳과 연락할 방법을 정해 둠 • 응급처치하는 방법을 반복적으로 훈련하여 익혀 둠 5. 평소 비상용품을 잘 준비해 두기 • 지진에 대비하여 비상용품을 준비해 두고, 보관 장소와 사용방법을 알아 둠 • 지진 발생 시 화재가 발생할 수 있으니 소화기를 준비해 두고, 사용방법을 알아 둠
지진 발생 시 (장소별)	1. 집에 있을 때 • 가구, 텔레비전 등 낙하물을 피해 탁자 아래로 들어가 탁자 다리를 꼭 잡고 머리와 몸을 보호 • 주방에서는 가스를 차단하여 화재 발생에 주의 • 욕실에서는 몸을 낮추고 목욕대야, 수건, 목욕가운 등으로 머리와 몸을 보호 2. 학교에 있을 때 • 책상 아래로 들어가 몸을 웅크리고 책상다리를 꼭 잡고 몸을 보호 • 흔들림이 멈추면 선생님의 안내에 따라 질서를 지키면서 운동장으로 대피 • 복도에서는 창문 유리가 깨질 우려가 있으니 창문과 떨어져 이동 3. 고층 건물에 있을 때 • 높은 층의 건물일수록 흔들림이 크고 오래 지속될 수 있으므로 실내에서 떨어지는 물건에 더욱 주의 4. 사무실에 있을 때 • 사무실은 컴퓨터 본체, 모니터 등 무거운 물건들이 많아 다칠 위험이 큼 • 사무실 책상 아래로 들어가 몸을 웅크리고 책상다리를 꼭 잡고 몸을 보호 5. 백화점·마트에 있을 때 • 진열장에서 떨어지는 물건으로부터 몸을 보호 • 계단이나 기둥 근처로 피하고, 흔들림이 멈추면 안내에 따라 밖으로 대피 • 에스컬레이터를 타고 있다면, 손잡이를 잡고 앉아서 버틴 후 침착히 벗어남

상황별	대비 요령
지진 발생 시 (장소별)	6. 극장·경기장에 있을 때 • 흔들림이 멈출 때까지 가방 등 소지품으로 몸을 보호하면서 잠시 동안 자리에 머물러 있음 • 사람이 많이 있는 곳에서는 한 곳으로 갑자기 몰리게 되면 사고의 우려가 있으니, 안내에 따라 대피 7. 엘리베이터를 타고 있을 때 • 지진이 발생하면 엘리베이터를 타지 말아야 함 • 엘리베이터를 타고 있다면 모든 층의 버튼을 눌러 가장 먼저 열리는 층에서 신속하게 내린 후, 계단을 이용하여 대피 • 만약 엘리베이터 안에 갇혔을 때는 인터폰이나 휴대전화를 이용하여 구조를 요청 8. 자동차를 타고 있을 때 • 비상등을 켜고 서서히 속도를 줄여 도로 오른쪽에 차를 세우고 긴급차량을 위해 도로의 중앙 부분을 비워둠 • 대피해야 할 때에는 열쇠를 꽂거나 놓아둔 채 문을 잠그지 않고 이동 9. 전철을 타고 있을 때 • 전철 안의 손잡이나 기둥, 선반을 꼭 잡고 넘어지지 않도록 함 • 전철이 멈췄다고 해서 서둘러 출구로 뛰어가는 것은 위험하므로 안내에 따라 행동 10. 산이나 바다에 있을 때 • 돌·바위가 굴러 내려오거나 큰 산사태가 발생할 수 있으므로, 급한 경사지를 피해 평탄한 곳으로 대피 • 지진해일 특보가 발령되면 지진해일 긴급대피장소 등 높은 신속하게 곳으로 대피

출처 : 국민재난안전포털(www.safekorea.go.kr).

<표 9-3>은 일상 생활 속에서 지진이 발생했을 때 국민 개개인의 행동 요령이다. 국가적 차원에서도 지금까지 마련된 지진 대비계획에 대한 면밀한 검토와 더불어 이에 부합하는 대비책이 마련되어야 한다.

3) 황사와 미세먼지로부터 보호받기

(1) 황사와 미세먼지의 개념

황사(Yellow Sand, Asian Dust)는 몽골, 중국 사막지역, 황하 유역 건조지대, 황토고원에서 불어오는 강한 바람을 타고 이동하면서 지표에 낙하하는 자연 현상으로 주로 봄철에 발생한다. 발원지의 건조한 토양들이 강한 상승 기류와 바람을 타고 날아와 우리나라에도 영향을 준다.

미세먼지란 우리 눈에 보이지 않을 정도로 가늘고 작은 먼지 입자로 공기역학적 직경 10μm 이하를 미세먼지(PM-10, Particulate matters less than 10μm in diameter)라 부르며 이보다 작은 입자인 초미세먼지(PM-2.5, Particulate matters less than 2.5μm in diameter)와 더 작은 나노 입자로 구분된다(어수미 · 조석주 · 안미진, 2016).

과거 황사는 봄철 불청객으로 불렸다. 중국 등 우리나라 서쪽에서 작은 모래나 흙먼지가 바람을 타고 날아와 우리들 일상생활에 많은 불편함을 주곤 하였다. 조선왕조실록에 보면 황사는 '흙비'로 기록되어 있으며, 상서롭지 못한 자연현상으로 받아들여졌다.

> "오랫동안 비가 오고 흐려서 열흘이나 연하여 흙비가 내리고 괴려(乖戾)한 기운이 금액(禁掖)에 나타나니, 하늘이 변(變)을 보이는 것이 또한 크지 아니합니까? 전하께서는 마땅히 두려워하고 경계하며 삼가여 몸을 꾸짖고 자기를 허물하여 천례(天禮)를 혹시 폐기하고 천작(天爵)을 남용(濫用)하고 천직(天職)을 닦지 아니하고, 생각을 넓게 하여…"(성종실록 242권, 성종 21년 7월 16일)

성종실록뿐만 아니라 조선왕조실록 전체에 걸쳐 황사현상에 의한 기록이 다수 나타나고 있으며, 모두 상서롭지 못한 자연현상으로 인식하고 있다. 이로 미루어 보아 우리나라에서 황사와 미세먼지는 과거부터 존재했을 것이나 미세먼지라는 개념은 인식조차 하지 못했다. 그런데 사회가 점차 산업화되면서 황사와 미세먼지에 대한 우려가 더욱 가중되고 있는 상황이다.

(2) 황사와 미세먼지 실태

〈표 9-4〉 연도별 황사관측일수 : 서울(단위 : 일)

구 분	1~3월	4~6월	7~9월	10~12월
2021	7	7		
2020	1	2		3
2019				3
2018		3		2
2017	1	6		
2016	2	5		
2015	13	2		

<표 9-4>는 연도별 서울의 관측일수로, 전국적 상황을 본다면 그 빈도는 더욱 커질 것이다. 빈도의 횟수에 관계없이 이와 같은 황사는 발원지인 중국과 그 인접국가들의 급속한 산업화로 인해 중금속 물질 등 유해물질이 포함될 수 있다는 염려가 크다. 특히 납, 카드뮴, 크롬 등 유해 중금속이 황사에 포함되는 경우가 있는데, 이는 중국의 공업화 과정에서 나타난 환경오염에 의한 것으로 시야 장애, 호흡기능 장애, 정밀기기의 오작동 우려, 옷·차량·건물 등을 더럽히고 식물의 생장에 장애를 주는 등 인체 및 생활은 물론 항공 및 정밀산업에 많은 영향을 미친다. 황사입자보다 크기가 더 작아 인체 위해성에 대한 관심이 고조되고 있는 미세먼지의 경우, 호흡기계 질환뿐만 아니라 심혈관 및 뇌혈관 질환에도 영향을 미치는 것으로 보고되고 있다(어수미·조석주·안미진, 2016). 이처럼 황사와 눈에 보이지 않는 미세한 먼지들이 우리들의 건강과 생활을 위협하고 있다. 무엇보다 어린이·노인·호흡기 질환자 등 미세먼지에 대해 민감한 사람들의 경우 미세먼지로부터 안전한 환경을 위하여 보다 각별한 관심과 주의가 필요하다.

4) 자연현상의 두 얼굴 : 홍수와 호우, 그리고 가뭄

우리들의 일상생활과 밀접한 관련을 맺으며 안전을 위협하는 대표적 자연재난은 홍수와 호우, 그리고 가뭄이다. 대중매체나 매스컴에서 자주 듣게 되는 '주의보' 또는 '경보'는 다음과 같은 기준으로 발령된다.

〈표 9-5〉 홍수 및 기상 특보 발령기준

종류	주의보	경 보
홍수	홍수주의보 발령 : 하천의 수위가 계속 상승하여 다음 각 사항에 따른 수위를 고려하여 정한 홍수특보지점의 기준수위(이하 "주의보수위"라 한다)에 가까워지거나 이를 초과할 것이 예상되는 경우 1) 계획홍수량의 100분의 50에 해당하는 유량이 흐를 때의 수위 2) 최근 5년의 평균 저수위로부터 계획홍수위까지 100분의 60에 해당하는 수위 3) 1) 및 2)에 따른 기준을 적용하기 곤란한 경우에는 주변상황 및 제방 정비상태를 고려한 수위	홍수경보 발령 : 하천의 수위가 계속 상승하여 다음 각 사항에 따른 수위를 고려하여 정한 홍수특보지점의 기준수위(이하 "경보수위"라 한다)에 가까워지거나 이를 초과할 것이 예상되는 경우 1) 계획홍수량의 100분의 70에 해당하는 유량이 흐를 때의 수위 2) 최근 5년의 평균 저수위로부터 계획홍수위까지 100분의 80에 해당하는 수위 3) 1) 및 2)에 따른 기준을 적용하기 곤란한 경우에는 주변상황 및 제방 정비상태를 고려한 수위

종류	주의보	경 보
호우	3시간 강우량이 60mm 이상 예상되거나 12시간 강우량이 110mm 이상 예상될 때	3시간 강우량이 90mm 이상 예상되거나 12시간 강우량이 180mm 이상 예상될 때
건조	실효습도 35% 이하가 2일 이상 계속될 것이 예상될 때	실효습도 25% 이하가 2일 이상 계속될 것이 예상될 때
태풍	태풍으로 인하여 강풍, 풍랑, 호우, 폭풍해일 현상 등이 주의보 기준에 도달할 것으로 예상될 때	태풍으로 인하여 다음 중 어느 하나에 해당하는 경우 ① 강풍(또는 풍랑) 경보 기준에 도달할 것으로 예상될 때 ② 총 강우량이 200mm이상 예상될 때 ③ 폭풍해일 경보 기준에 도달할 것으로 예상될 때
대설	24시간 신적설이 5cm 이상 예상될 때	24시간 신적설이 20cm 이상 예상될 때. 다만, 산지는 24시간 신적설이 30cm 이상 예상될 때
황사	'황사주의보'는 '미세먼지경보'로 대체(2017. 1. 13. 시행)	황사로 인해 1시간 평균 미세먼지(PM10) 농도 800㎍/㎥ 이상이 2시간 이상 지속될 것으로 예상될 때
풍랑	해상에서 풍속 50.4km/h(14m/s) 이상이 3시간 이상 지속되거나 유의파고가 3m 이상이 예상될 때	해상에서 풍속 75.6km/h(21m/s) 이상이 3시간 이상 지속되거나 유의파고가 5m 이상이 예상될 때

출처 : 홍수특보(수자원의 조사 · 계획 및 관리에 관한 법률 시행규칙), 그 외 특보들은 기상청 날씨누리 (www.weather.go.kr).

홍수와 관련한 자연 재난의 주요 원인은 태풍이나 호우 등 집중호우에 의한 침수이다. 즉, 절대적인 호우량도 중요하지만 그것보다는 호우 기간 동안의 강우강도 및 총강수량과 밀접하게 관련되어 있다. 홍수는 농작물 피해, 산사태 유발, 공공시설물 파괴 및 피해, 교통통신망 파괴 및 피해, 침수 가옥 발생 등 막대한 유 · 무형의 피해를 야기한다.

홍수와 대비되는 자연재난으로 가뭄을 들 수 있다. 가뭄은 홍수, 태풍, 지진 등 다른 자연재난과 비교하여 시간적 · 공간적으로 진행 속도가 느리고 관측하기가 용이하지 않다. 그러나 가뭄은 지속기간이 길어질수록 사회적, 경제적, 환경적으로 미칠 파장이 매우 큰 자연재난이다. 특히 우리나라의 경우 봄철 가뭄은 산불화재 발생 가능성을 높이며, 지하수의 과도한 개발로 자연생태계에 미치는 파장이 큰 만큼 강수 부족에 의해 발생하는 가뭄과 가뭄지속기간에 따른 문제점에 대비하기 위한 단기적, 중장기적 대책이 마련되어야 한다.

3. 심각한 사회재난, 세세하고 세심한 관찰부터 시작하기

최근 사회가 점차 다변화되고 다양한 산업들이 나타나면서 과거 없었던 사회재난이 크게 증가하고 있다. 특히 화재, 산불, 건축물 붕괴, 폭발, 교통사고, 전기·가스사고, 원전사고, 해양오염사고, 감염병, 미세먼지 등으로 발생하는 다양한 사회재난으로부터 안전한 삶을 영위하기 위하여 보다 세세하고 세심한 관찰에서부터 타인을 배려하는 자세, 경제성보다는 사람의 생명이 보다 소중하다는 고차원적인 안전 인식 등 사회재난으로부터 우리들의 삶과 가정을 지킬 수 있도록 해야 할 것이다.

1) 사회재난 피해 현황

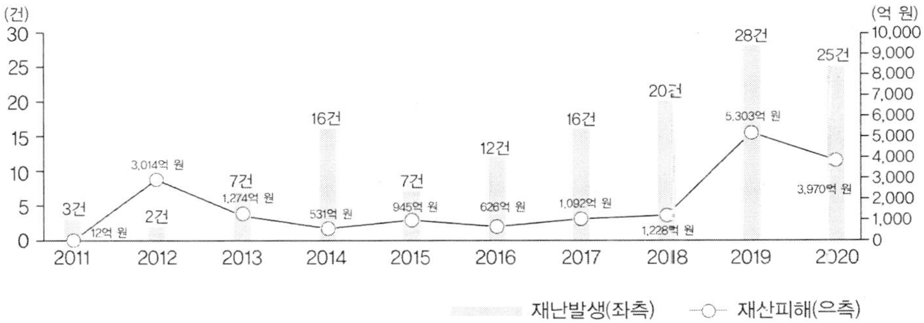

구 분	2011	2012	2013	2014	2015	2016	2017	2018	2019	2020
재난발생(건)	3	2	7	16	7	12	16	20	28	25
재산피해(억원)	12	3,014	1,273.7	530.9	944.65	626.06	1,092.07	1,228.08	5,303.1	3,970.2

|그림 9-4| 사회재난 발생 및 재산피해(2011~2020)

출처 : 행정안전부. 2021 행정안전통계연보.

2) 화재재난에의 대처

화재재난은 연중 발생할 가능성이 있다. 발생하면 한순간에 인명 피해와 막대한 재산 피해를 유발한다. 화재는 건축물뿐만 아니라 가정의 각종 전열기, 에어컨 실외기, 전자제품 등 예기치 못한 곳들에서 발생하고 있다. 2017년 충북 소재 스포츠센터 화재로 29명 사망, 2018년 경남 소재 노인요양병원 화재로 46명 사망, 2020년 경기 소재 물류창고 공사현장 화재로 38명이 사상하는 등 크고 작은 화재재난이 지속적으로 발생하고 있다.

화재재난 Zero가 되기 위한 다양한 논의와 방법들이 있다. 우선적으로 화재예방을 위한 교육, 안전문화 조성, 화재예방 설비, 화재에 대한 안전지식, 화재안전 실천이 이루어져야 한다(채 진, 2020). 최근에 들어 소화기를 집이나 자동차, 사무실 등에 비치해 두는 사람들이 증가하고 있다. 화재재난 예방 실천의 가장 기초라 할 수 있다. 다만, 소화기도 유효기간이 있어 개인이 보관하고 있는 소화기의 유효기간 및 사용 방법 등을 사전에 숙지하는 것이 필요하다.

우리들의 일상생활 속에서 다수의 멀티탭 사용 금지와 같이 미시적인 화재예방을 위한 실천에서부터 제도적 차원의 대응까지 세밀하고 구체적으로 계획되고 실천하여 화재로부터 발생하는 인명피해 및 재산피해를 최소화함과 동시에 우리나라에서 화재발생 Zero가 되는 날에 도전해야 할 것이다.

3) 싱크홀과 맨홀 사고 예방

싱크홀(sinkholes)이란 암반 혹은 토양층이 붕괴되거나 공동으로 토양이 유실되어 지반이 침하되어 생긴 함몰지를 의미한다(안세진 · 성효현, 2017). 최근 대구 안심역 인근에서 가로 10m, 세로 10m, 깊이 5~7m 크기의 싱크홀이 발생(매일신문, 2021. 12. 15)하였고, 경기도 구리시에서는 지하철 공사구간에서 싱크홀이 발생(뉴시스, 2021. 12. 22)하는 등 지반함몰로 인하여 우리들의 일상이 위협받고 있다.

싱크홀이 발생하는 원인은 명확하게 규명된 것은 아니다. 다만, 싱크홀 발생 가능성이 있는 취약한 지반, 함몰된 지반이 이동할 수 있는 빈 공간이 존재하는 곳,

지하수 흐름의 급격한 증가가 나타나는 곳 등에서 상하수도 관수로와 개수로의 누수, 터파기 · 지하철 공사 등 지하공간 개발이 그 원인으로 볼 수 있다(김윤승, 2015).

맨홀 사고는 여름철 기온이 상승하면서 오폐수처리장, 맨홀 등 밀폐공간에서 자주 발생한다. 고용노동부의 최근 10년간(2010~2019년) 밀폐공간 질식 사망자 166명 중 오폐수처리장, 맨홀, 분뇨처리시설 등에서 59명(36%)이 사망했다는 통계에서 볼 수 있듯이 밀폐공간을 보유한 고위험 사업장에 대한 보다 체계적이고 철저한 안전사고 예방이 이루어져야 한다.

밀폐공간에서 발생하는 질식재해는 무엇보다 기본적인 안전 수칙만 준수해도 충분히 예방할 수 있는 재해이기 때문에, 사회재난으로 안전한 삶을 영위하기 위해서 무엇보다 안전수칙 준수라는 가장 기본적 자세가 선행되어야 할 것이다.

<표 9-6>은 밀폐공간에서 발생하는 질식재난 현황이다. 2019년 기준 밀폐공간 질식 재난으로 13명이 사망하는 등 매년 사망사고가 지속적으로 발생하고 있다.

〈표 9-6〉 밀폐공간 질식재난 현황(단위 : 년, 건, 수)

구 분		2014	2015	2016	2017	2018	2019
사고 건수(건)		27	19	19	14	15	16
재해자	총계	41	25	33	23	26	24
	사망자	16	14	14	18	14	13
	부상자	25	11	19	5	12	11

출처 : 고용노동부(2020).

다음은 맨홀사고 예방을 위하여 반드시 밀폐공간 작업자들이 지켜야 할 일명 '3-3-3' 안전수칙이다.

맨홀사고 예방을 위한 '3-3-3 안전수칙'

- 원청, 협력업체, 작업근로자 등 3자 간 유해 · 위험정보를 상호 공유하고
- 사업장 내 밀폐공간 조사 · 확인, 해당 공간에 출입금지 표시, 충분한 안전조치가 확인된 경우에만 밀폐공간 작업을 허가토록 하는 3대 사전예방조치를 취하고
- 밀폐공간 작업 시 산소농도 등 측정, 환기, 보호구 착용 등 3대 안전수칙을 준수하기

4. 인재(人災) 없는 사회 만들기

자연재난과 사회재난은 우리들의 일상 생활을 위협하고 있다. 국가 차원에서 이와 같은 재난으로부터 국민들이 삶을 안전하게 영위할 수 있도록 각종 법규와 규제들이 만들어져 적용되고 있다.

2022년부터 적용되는 「중대재해처벌 등에 관한 법률」도 각종 사회재난으로부터 국민의 안전을 보호하기 위한 제도적 장치이다. 이 법은 사업(또는 사업장), 공중이용시설 및 공중교통수단을 운영하거나 인체에 해로운 원료나 제조물을 취급하면서 안전·보건 조치 의무를 위반하여 인명피해를 발생하게 한 사업주, 경영책임자, 공무원 및 법인의 처벌 등을 규정함으로써 중대재해를 예방하고 시민과 종사자의 생명과 신체를 보호함을 목적으로 제정되었다.

이 법에서는 중대재해를 '중대산업재해'와 '중대시민재해'로 구분하고 있다. 중대산업재해란 산업안전보건법 제2조 제1호(산업재해란 노무를 제공하는 사람이 업무에 관계되는 건설물·설비·원재료·가스·증기·분진 등에 의하거나 작업 또는 그 밖의 업무로 인하여 사망 또는 부상하거나 질병에 걸리는 것)에 준하여 '사망자가 1명 이상 발생'하거나 '동일한 사고로 6개월 이상 치료가 필요한 부상자가 2명 이상 발생', '동일한 유해 요인으로 급성중독 등 대통령령으로 정하는 직업성 질병자가 1년 이내에 3명 이상 발생'할 경우 사업주, 경영책임자, 관련 공무원 및 법인을 처벌하도록 하고 있다. 또한 중대시민재해란 특정 원료 또는 제조물, 공중이용시설 또는 공중교통수단의 설계, 제조, 설치, 관리상의 결함을 원인으로 하여 발생한 재해에 대하여 처벌할 것을 명시하고 있다.

국가 차원에서의 제도적 장치 마련과 병행되어야 할 것이 성숙한 시민의식이다. 지금까지 우리나라에서 발생한 수많은 재해(자연재해, 사회재해)에 대한 원인으로 '인재(人災)'라는 단어가 항상 따라다녔다. 강수와 태풍 같은 자연현상은 인간의 힘으로 조절할 수 있는 것은 아니다. 그러나 자연 현상이 자연재난으로 나아가지 않도록 하는 것은 국가나 사회의 힘으로 충분히 예방과 방지가 가능하다. 무엇보다 사회재난이라는 용어 속에는 사회나 국가가 충분히 통제 가능하다는 의미가 내포되어 있다.

법령 등 제도적 장치 마련을 통한 처벌보다는 사전 예방 조치를 취하는 것이 보다 중요하며, 이와 같은 예방의 선결은 경제적 여건보다 사람의 성명이 우선이라는 생명 존중 의식이 가장 선행된다면 우리나라는 전 세계에서 각종 재난으로부터 가장 모범적인 국가가 될 것이다.

5. 공유시대 GOGO-토론

1) 자연재해가 경제활동에도 영향을 준다

브라질은 철광석 수출이 많고, 미국은 곡물생산이 세계적인 나라이다. 만약 브라질에 자연재해로 인하여 철광 채굴이 지연되거나 어렵게 된다면? 미국에서 사이클론이 발생, 농작물 생산에 큰 타격을 받아 생산량이 반으로 줄어든다면? 우리나라 경제활동에 어떤 영향을 줄 것으로 예상되는가?

우리나라에서 철강업을 운영하는 대기업 CEO 입장	
1남 1녀의 자녀를 둔 부모(또는 어머니) 입장	
취업을 준비하는 대학교 4학년 학생 입장	
농촌에 거주하며 연금으로 생활하는 노인 입장	

2) 각종 재난에 대응하기

홍수로 침수된 지역에 봉사활동을 가서 침수된 주택에 들어가기 전 취해야 할 안전대책은?	
우리나라는 물 부족 국가에 속한다. 가정에서 물을 절약할 수 있는 방법은?	
내가 우리나라 가뭄대책 TF 팀장이 되었다면 국가기관 중 어느 부서에 있는 사람들로 TF를 구성해야 할까?	
내가 작성한 내용을 옆 사람과 함께 이야기해 보자. - 중복되는 내용으로 무엇이 있는가? - 옆 사람이 작성한 내용이 현실성이 있는가?	

제10장
꺼진 불도 다시 보자!! 화재안전

요란한 경적을 울리며 어딘가를 향하여 달려가는 119 소방차를 우리 주변에서 손쉽게 볼 수 있다. 어딘가에서 발생한 화재를 진압하기 위해 가는 것이다. 불은 인간이 살아가는 데 없어서는 안 될 대단히 중요한 요소 중의 하나이다. 추위를 막거나 음식을 조리하고 불필요한 물건을 소각하는 데 필요하기 때문이다. 그러나 우리에게 이로움을 주는 불도 잘못 다루면 우리의 생명을 위협하고 많은 재산상의 피해를 입힌다. 요즈음은 대형건물이 많아 작은 불씨가 대형사고로 이어지고 있어 자나깨나 불조심을 해야 한다.

소방청 통계 자료에 의하면 2019년에 40,102건의 화재가 발생하여 286명이 사망했고 2,230명이 부상을 당했으며 8,572억 원에 이르는 재산 피해가 발생했다고 한다. 하루에 110건의 화재가 발생하여 평균 0.8명이 사망하였으며, 22억 원의 피해가 발생하였음을 자료를 통해 알 수 있다. 조금만 더 조심하고 안전을 생활화했다면 충분히 막을 수 있었던 것을 한순간의 잘못으로 재산과 인명 피해를 입고 있으니 안타까울 뿐이다.

이에 본 장에서는 화재의 원인과 대처방안 그리고 소화기 사용법에 대하여 알아보고자 한다.

1. 불이야!! 불

인간이 불을 사용하는 한 화재로부터 자유로워질 수는 없다. 따라서 불을 사용하지 않을 수 없다면 안전을 생활화하여 피해를 줄일 수 있도록 해야 한다. 하지만 오늘도 이곳저곳에서 발생한 화재를 진압하기 위하여 소방차는 달리고 있다. 어떻게 해야 화재로부터 자유로워질까?

1) 화재란?

화재란 불로 나타나는 재앙을 말하며, 영어로는 fire(화재 불, 소방의), blaze(불타다, 불내다), conflagration(큰 화재, 돌발, 대형화재)으로 표현된다. 불은 연소물질, 공기(O_2), 점화원 3요소가 합쳐져서 일어난다. 불은 인간에게 도움도 주지만 잘못 사용하게 되면 큰 피해가 따른다. 가장 무서운 것이 인명피해와 재산상의 피해다. 특히 요즈음은 대형건물이 많아 작은 실수가 큰 사고로 이어지기 때문에 불을 사용할 때는 조심해서 다루지 않으면 안 된다. 조심해야 함을 알고 있음에도 하루에 100여 건 이상의 화재가 발생하고 있으니 국민 모두 자나깨나 불조심을 해야겠다.

우리 주변에서 발생하는 화재는 대상, 원인 등에 따라 구분한다. 대상에 따라서 건물, 임야, 차량, 선박, 항공기, 기타 화재 등으로 분류하고, 원인에 따라서는 사람이 의도적으로 불을 낸 방화(放火), 사람의 고의성이 없는 실화(失火), 자연 발화, 천재지변에 의한 발화, 기타 등으로 분류할 수 있다. 또 건물의 피해 정도에 따라서는 전소, 반소, 부분 연소로 분류할 수 있다.

2010년에서 2019년까지 10년간 발생한 주요 화재를 원인별로 분석한 소방청 통계연감에 의하면 부주의가 49%, 전기적 요인이 23%, 기계적 요인이 10%, 원인 미상이 10%, 방화 의심이 2%, 기타가 6%이다. 이를 그래프로 나타내 보면 다음과 같다.

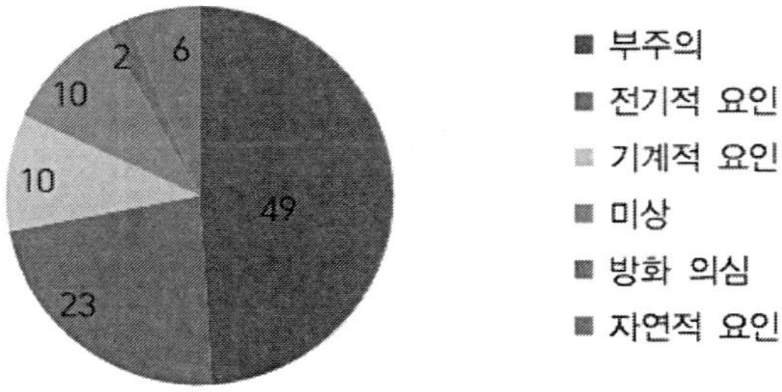

|그림 10-1| 화재요인별 유형(단위 : %)

2019년에 발생한 화재를 대상으로 발화 요인별 현황을 좀 더 자세하게 살펴보면 담배꽁초로 인한 화재가 5,989건, 음식물 조리 3,532건, 쓰레기 소각 2,589건, 불꽃·불씨 방치 2,796건, 불장난 147건, 용접·절단·연마 1,193건, 논·밭두렁 임야 태우기 894건, 가연물질 방치 1,256건, 부주의 1,530건, 빨래 삶기 106건, 유류 취급 중 잘못이 87건, 폭죽놀이 30건이다. 대부분 조금만 주의를 했더라면 피해를 막을 수 있는 화재들이다(소방청 통계 자료, 2019).

2) 화재 안전교육

화재안전이란 화재로부터 위험 요인이 없어 피해를 입지 않는 것을 말한다. 즉, 위험이 발생하거나 사고가 날 염려가 없이 편안하고 온전한 상태이다. 화재로부터 자유로워지려면 화재안전이 최우선되어야 한다. 대부분의 화재는 사소한 부주의에서 발생한다. 따라서 불을 사용할 때는 항상 조심해야 하고 화재를 대처하는 방법을 알아야 한다.

통상 화재가 발생하면 일반인이 쉽게 대처할 수 있지만 전문적 지식이 있어야 하는 경우도 있다. 따라서 누구나 화재예방 안전교육을 받아야 한다. 화재예방 안전교육은 화재의 위험으로부터 자신을 보호할 수 있도록 지식·태도·기능을 익혀 피해를 최소화할 수 있도록 예방하고, 화재가 발생하지 않도록 하며 안전한 생활을 실천할 수 있도록 하는 교육이다(김현자 외, 2020). 즉, 화재 안전교육은 화재로부터 피해를 줄이기 위한 방법을 주된 내용으로 하는 교육이다. 그러나 우리 사회 전반에 만연되어 있는 안전 불감증과 안전교육이 부실한 상황에서 이러한 피해를 막기는 역부족이다. 따라서 지속적인 교육을 받아야 함은 물론 항상 미리 점검하고 실천하려는 의지를 갖도록 오프라인, 온라인 교육이 이루어져야 하고 모든 사람들은 이러한 교육에 적극 참여하고 협조해야 한다.

2. 화재발생 시 상황별 대처요령

한순간의 방심으로 화재가 발생할 때 어떻게 대처하느냐에 따라 피해 규모와 피해액이 다르다. 화재는 초기에 발견하여 초기에 진화하는 것이 매우 중요하다. 그래야 피해액이 줄어들고 인명의 피해도 줄일 수 있다. 우리의 인체 구조는 이러한 것을 잘 감지할 수 있는 구조로 되어있다. 눈은 연기를, 코는 냄새를, 귀는 화재로 나는 소리나 사람들의 아우성과 비상벨 소리를, 피부는 뜨거움을, 입은 소리를 질러 화재 발생 사실을 알리고 대피를 도울 수 있다. 오감을 잘 이용만 하여도 화재를 쉽게 탐지할 수 있어 피해를 줄일 수 있다(국민재난안전포털).

1) 신고요령

화재는 119에 신속하게 신고해야 하며 신고 시는 다음 사항에 유의해서 신고를 해야 한다. ① 화재에 대한 상황을 간단명료하게 설명하고 정확한 위치를 알려주어야 한다. ② 소방서에서 알았다고 할 때까지 전화를 끊지 않는다. ③ 휴대전화는 개통 여부, 사용제한 여부와 관계없이 신고가 가능하다. ④ 공중전화의 경우 동전을 넣지 않아도 긴급전화를 누르면 신고가 가능하다.

2) 소 화

화재는 상황에 따라 초기에 적절한 조치를 취해서 소화를 해야 피해를 최소화 할 수 있다.

(1) 초기

- 전기 스위치를 내린다.
- 전기화재에는 감전의 위험이 있으므로 물을 사용하지 않아야 한다.

- 유류화재의 경우는 이불이나 담요를 물에 적셔 덮어씌운다. 급하다고 물을 뿌리면 불을 더 번지게 할 수 있으므로 주의해야 한다.
- 가스화재는 가스 밸브를 먼저 잠가야 한다.
- 가스화재는 폭발성이 있기 때문에 문을 열거나 전기 스위치를 조작하면 안 된다.

(2) 대피요령

- 불을 발견하면 큰 소리로 다른 사람에게 알린다.
- 화재를 알리는 비상벨을 누른다.
- 엘리베이터를 이용하면 절대 안 되고 계단을 이용한다.
- 낮은 층으로 대피가 어려우면 옥상으로 대피한다.
- 낮은 자세로 안내원의 지시에 따른다.
- 불길을 통과하려면 물에 적신 담요나 이불, 수건을 이용하여 몸과 얼굴을 감싸야 한다.
- 방문을 열기 전에 문에 손등을 대보거나 손잡이를 만져보아 뜨겁지 않으면 문을 열고 나가고 뜨거우면 다른 방법을 찾아야 한다.
- 대피한 경우에는 바람이 불어오는 방향에서 구조를 기다린다. 반대 방향에서 있으면 불길이 가까이 오고 연기로 인하여 더 큰 피해를 입을 수 있다.
- 밖으로 나온 후에는 절대로 다시 안으로 들어가지 않는다.
- 다른 출구가 없으면 구조대원이 구조해 줄 때까지 기다린다(이때 연기가 방안에 들어오지 못하도록 이불이나 담요, 옷 등을 물에 적셔 문틈을 막는다).

① 연기가 많은 경우

- 위보다는 아래쪽에 공기가 많으므로 연기가 많은 곳에서는 낮은 자세로 기어서 이동한다.
- 코와 입은 수건으로 막아 연기의 흡입을 최소화해야 한다.

② 옷에 불이 붙었을 때

- 옷이 불이 붙었을 때는 소화될 때까지 바닥을 구른다.
- 두 손으로 눈과 입을 가려 연기로부터 몸을 보호한다.
- 노인이나 휠체어 사용자는 수건이나 담요로 덮는다.

③ 고층 건물에서 대피

- 화재경보기를 누르고 소방서에 신고한다.
- 화재가 발생한 사무실에서 탈출할 때는 사무실 문을 반드시 닫고 열린 문도 모두 닫는다.
- 건물 밖으로 빠져나오면 안전한 장소에서 인원을 확인한다.
- 대피를 못한 사람이 있을 경우 즉시 소방관에게 알리고 최종 위치를 알려준다.
- 대피한 후에는 절대 다시 안으로 들어가지 않는다.
- 건물 밖으로 대피할 수 없으면 창문이 있는 방으로 옮겨 구조를 기다린다.
- 방으로 연기가 들어오지 못하도록 이불이나 담요, 옷 등을 이용하여 문틈을 가리고, 옷에 물을 적셔 입과 코를 막고 숨을 쉰다.

④ 지하상가 화재 시 대피

- 방향 감각을 상실할 수 있으므로 당황하지 말고 침착하게 행동해야 한다.
- 대부분 양쪽 측면에 비상구가 있으므로 한 방향을 향해 이동해야 한다.
- 정전 시에는 대피 유도등을 따라 이동하며, 유도등이 없을 경우에는 벽을 짚거나 시각장애인용 보도블록을 이용하여 이동한다.
- 화재가 발생한 반대쪽 바람이 불어오는 방향으로 이동하여 열기와 화기가 확산되기 전에 빨리 대피해야 한다.

⑤ 지하철 화재 시

- 화재 경보 벨을 눌러 화재 사실을 알린다.

- 승강장의 비상 통화 장치, 벽 등에 부착된 긴급전화 연락 번호를 이용하여 역무원과 소방서에 신고한다.
- 초기에는 역사 내에 보관된 소화기나 소화전을 이용하여 진화에 힘쓴다.
- 역무원이나 소방관의 안내에 따라 신속하게 대피한다.
- 유독가스가 많이 발생한 경우에는 옷이나 수건, 역사 내 비치되어 있는 방독면을 착용하고 낮은 자세로 신속하게 대피한다.
- 벽면이나 통로에 부착된 통로 유도 등을 따라 대피한다.
- 화재 발생 반대 방향으로 대피한다.
- 통로에 연기가 많아 대피가 어려울 경우 선로 쪽으로 대피한다.
- 열차가 진입할 수 있으므로 주의한다.
- 터널로 이동할 경우 레일 중앙은 위험하므로 레일 좌우 주변을 따라 전방을 주시하며 이동한다.
- 주변에 있는 사람들과 손을 잡아 서로 격려하면서 침착하게 이동한다.

⑥ 열차 내 화재 시

- 비상통화 장치 또는 직접 관계자에게 화재 발생 사실을 통보한다.
- 119에 화재 신고를 한다.
- 객실에 보관된 소화기로 진화한다.
- 좌석 양옆 하부 또는 상부에 있는 비상코크를 이용하여 출입문을 양쪽으로 개방하여 탈출한다.
- 선로에 내릴 때는 다른 열차가 오는지 확인한다.

㉠ 화재 시 열차 출입문 수동으로 개폐하기

- 출입문 쪽 의자 옆 아래에 있는 조그만 뚜껑을 연다.
- 뚜껑 속의 비상 코크를 잡아당기고 공기가 빠지는 소리가 멈출 때까지 3~10초간 기다린다.
- 공기가 빠진 후 출입문을 연다.

㉡ 대피 시 유의사항

- 노약자, 어린이, 부녀자 등을 먼저 대피시키고 차장, 기관사, 역무원의 안내를 받아 신속하게 대피한다.
- 대피 시에는 손수건이나 옷소매로 코와 입을 막고 낮은 자세로 출입구 방향으로 신속하게 대피한다.

⑦ 아파트 화재 발생 시

아파트에는 많은 사람이 거주하고 있어 화재가 발생하면 많은 인명피해가 발생하기 때문에 화재 예방에 주의를 기울여야 하고 소방서에 신고한 후 다음과 같은 조치를 취해야 한다.

- 먼저 상황을 신속히 파악한 후 침착하게 화재가 발생을 사실을 가족과 이웃에게 알려 대피할 수 있도록 해야 한다.
- 소방서에 신고를 할 때는 침착하게 건물의 위치, 건물의 동·호수, 화재 진행 상황, 불길에 갇힌 사람의 유무 등을 119로 신고한다.
- 화재의 발견이 늦어 초기 소화 작업이 곤란하게 불이 번진 경우에는 젖은 수건이나 이불 그리고 옷가지 등으로 코와 입을 막은 후 낮은 자세로 대피한다.
- 아래층에서 불이 난 경우에는 계단을 통하여 밖으로 대피하되, 아래층으로 대피가 곤란한 경우에는 아파트 옥상으로 대피하고 엘리베이터는 이용하지 않는다.
- 아파트 계단이 연기로 가득 차 대피가 곤란한 경우에는 비상탈출구(경량칸막이)를 파괴 후 옆집으로 대피한다.
- 소화기나 소방시설을 이용하여 초기 진화에 힘쓴다.
- 화재와 동시에 대부분 엘리베이터가 멈추고 실내가 유독가스로 가득 차기 때문에 복도와 계단을 이용하여 옥외로 대피하여야 한다.
- 아파트 화재 시는 유독한 연기가 엘리베이터 수직통로나 계단을 따라 빠르

게 이동하여 위험하기 때문에 방화문을 닫아야 하고, 평상시에도 방화문은 꼭 닫아두어야 한다.

㉠ 아파트 화재대비! 이것만은 꼭 실천하자

- 소화기를 비치하고 수시로 이상 유무를 점검해야 한다.
- 누전차단기의 시험 스위치를 월 1회 점검하여 이상 유무를 확인하여야 한다.
- 전기기구는 반드시 규격제품을 사용하고 하나의 콘센트에 여러 개의 전열기구를 사용하지 않아야 한다.
- 화재발생 시를 대비하여 평상시 피난방법, 피난로 등을 숙지하여야 한다.
- 가스레인지 밸브와 중간밸브는 사용 후 항상 잠그고, 월 1회 이상 누설 여부를 확인하여야 한다.
- 보일러실에 불에 타기 쉬운 물건 등을 방치하지 말아야 하고, 보일러는 정기점검을 받아 이상 유무를 확인하여야 한다.
- 비상탈출구(경량칸막이) 앞에는 피난에 장애가 되는 물건 등을 적재하지 말아야 한다.

3. 화재 원인 및 예방법

1) 전기화재 예방

전기는 우리 생활에서 없어서는 안 될 중요한 도구이며 문명이 발달할수록 사용량은 늘어나고 있다. 이에 비례하여 화재도 늘어가고 있어 조심하지 않으면 안 된다. 소방방재청에서는 ① 불법시설 금지와 임의시설 공사 시 안전하지 시공하기 ② 허용전류 이상의 과부하를 주지 않고 사용하기 ③ 누전 차단기를 주기적으로 점검하고 노후 시설은 즉시 교체하는 등의 '전기 안전 3대 수칙'을 제정 발표하고 이 원칙만 잘 지켜도 전기화재의 90% 이상을 예방할 수 있으므로 이를 생활에서 실천하도록 강조하고 있다. 전기화재는 주로 합선, 누전, 과전류(과부하), 스파크, 접촉불량으로 발생한다. 전기화재의 유형과 예방법을 정리해 보면 다음과 같다.

〈표 10-1〉 전기화재의 유형과 예방법

유 형	원 인	예방법
합선	전선이 꺾이거나 무거운 것에 눌림 또는 전선의 피복이 손상된 두 개 이상의 전선이 접촉되는 경우	- 전기재료는 정부규격품 사용 - 사용기간이 지나거나 정기 점검으로 손상된 곳은 즉시 수리 - 주변에 가연성 물질이나 전기가 통하는 물질 제거 - 못이나 스테이플러로 전선 고정 금지 - 문을 여닫는 곳은 피복 손상이 예상되므로 배관에 주의
누전	정해진 회로 이외의 곳으로 전류가 흐르는 것	- 재료는 정부규격품을 사용 - 이중 절연 전선 사용 - 누전차단기 설치 및 수시 점검 - 한 전원에 많은 전기기기를 사용하지 않기(문어발식 전기 사용 금지) - 습기나 먼지가 없는 곳에 전기 시설물 설치 - 금속체나 젖은 구조물에 직접 접촉되는 전기 배선 금지
전기스파크	전기를 사용할 때 발생하는 불꽃	- 전기기기 사용 후 플러그 뽑기 - 전기기기 주변에 가연성 물질 비치 금지하기 - 분진이나 먼지가 쌓이지 않도록 수시로 청소
과부하	기기나 장치가 감당할 수 있는 정상치를 넘는 부하	- 전기재료는 정부 규격품을 사용 - 콘센트에 문어발식 플러그 사용 금지
접촉불량	접촉 부분이 끊어지거나 전기 납땜한 곳이 떨어져 조임 나사가 풀리고 기기가 노후화되면 접촉 저항의 증가로 발생	- 플러그를 뽑을 때 전선을 잡아당기지 않고 플러그 몸체를 잡고 뽑기 - 플러그를 완전하게 꼽거나 맞는 것으로 교체

2) 가스화재 예방

가스는 LPG(액화석유가스)와 LNG(액화천연가스)가 있다. 가스는 연기가 거의 없어 사용이 편리하고 화력이 세며 공해도 적기 때문에 다양하게 이용되고 있다. 하지만 잘못 사용하면 폭발로 인해 대형사고로 이어지기 때문에 세심한 주의를 기울여야 한다.

(1) 가스 연료의 특징

LPG 가스는 프로판과 부탄이 주성분으로 공기보다 무겁다. 누설되면 낮은 곳에 깔려 있어 환기만으로는 제거하기 어려우며 빗자루나 방석 같은 것으로 쓸어내야 한다. 마늘 썩는 냄새가 나는 부취제가 섞여 있어 냄새로 누설 여부를 판단할 수 있다. LPG 가스인 프로판 가스는 음식점이나 가정에서 조리용이나 난방용으로 많이 사용하며, 부탄가스는 히터, 자동차 연료, 이동식 가스 연료로 많이 사용되고 있다.

반면에 LNG 가스는 메탄이 주성분으로 공기보다 가볍다. 누출되면 높은 곳에 체류하기 때문에 위쪽 통풍구나 창문을 열어 환기시켜야 한다. 메탄 성분이 주를 이루고 있어 열량이 매우 높고 청정연료로 주로 도시가스토 많이 이용된다. LPG보다 폭발 위험은 적으나 기화하면서 부피가 늘어나 산소농도가 저하되어 질식사로 이어질 수 있다. 누출되면 안개가 생기기 때문에 조금만 관심을 가져도 쉽게 알 수 있다.

(2) 가스화재의 원인

가스화재의 원인은 공급자의 측면과 수요자 측면으로 나누어 볼 수 있다. 공급자 측면에서 보면 용기 밸브의 오조작, 용기교체 작업 중 가스 발생, 잔량가스 처리 미숙, 가스 충전 과정에서 폭발, 운반기준 미이행, 배관 내 공기치환작업 미숙, 배달원의 안전 의식 불감증 등이다. 수요자 측면에서 보면 실내에 용기 보관 가스 누출, 점화 미확인으로 인한 누설로 폭발, 환기 불량에 의한 질식, 가스를 사용하는 곳에서 오랜 시간 이탈, 성냥불로 누설 확인 중 폭발, 호스 접속 불량 방치, 조작 미숙, 조정기 분해 오조작, 인화성 물질 동시 사용 등이다(daum.net).

(3) 가스 안전 점검 요령

가스는 사용이 편리하기는 하나 잘못 다루면 대형 사고로 이어지기 때문에 사용 전, 사용 중, 사용 후 등 잠시라도 주의를 게을리하면 안 된다.

① 사용 전

가스가 새는 곳이 없는지 비누물이나 세제로 배관과 호스의 연결 부분 그리고 가스레인지를 점검하여야 한다. 또한 가스가 누출되지 않았는지 냄새로 확인하는데 불쾌한 냄새가 나면 가스가 새고 있다는 증거이다. 만약 이런 증상이 발견되면 LNG와 LPG의 특성에 따라 환기하여야 한다.

② 사용 중

가스레인지 불을 켤 때는 불이 붙었는지 확인을 해야 한다. 불이 붙은 것으로 오인하여 방치하다가 가스 누출로 화재를 당하는 경우가 많다. 사용 중에는 가스레인지 근처를 벗어나지 말고 지켜보아 요리하는 음식물이 넘치거나 바람에 의해 불이 꺼져 가스 누출로 화재가 발생하지 않도록 주의해야 한다. 이 외에도 불이 꺼지면 가스가 자동으로 차단되는 제품을 사용하고, 자동 차단장치를 자주 확인해야 한다. 또한 창문을 열어 새로운 공기를 공급해야 불완전 연소로 인한 일산화탄소와 유독가스의 피해도 막고 연료도 절약할 수 있다.

③ 사용 후

사용 후에는 코크와 안전밸브를 꼭 잠그고 가스레인지는 자주 이동하지 않는 것이 좋다. 외출 시에는 밸브 잠김 여부를 확인하는 습관을 갖도록 한다.

④ 휴대용 가스레인지

밀폐된 장소에서는 사용을 금해야 하며 실내에서 사용할 경우에는 반드시 환기를 시켜야 한다. 또한 용기를 접속할 때는 가스가 누출되지 않도록 완전하게 결합해야 한다. 휴대용 가스레인지보다 큰 용기는 사용하지 말아야 하고, 가스가 누출될 때는 신속히 연결 레버를 올려 가스용기를 분리시켜야 하며 다 사용한

가스용기는 구멍을 내서 버려야 폭발의 위험을 막을 수 있다. 제품은 한국가스안전 표시 합격품이나 KS제품을 사용하고 취급설명서를 확실하게 살펴보고 이해한 후에 사용한다.

3) 유류화재 예방

땔감의 변화로 이용이 많아지고 기계 등에서 기름을 사용함으로써 화재 위험발생이 증가하고 있으며 사고가 발생하면 대부분 대형화재로 이어져 조심해야 한다.

(1) 유류화재의 원인

가정이나 직장에서 석유난로에 석유를 주입할 때 불을 끄지 않고 넣다가 주로 발생한다. 주유소에서는 주유하는 과정에서 세어 나온 유증기가 공기와 혼합된 상태에서 불씨가 닿을 경우 발생하기도 한다. 가정에서는 주로 불을 켜놓고 자리를 비울 경우 난로가 가열되고 주변에 가연성 물질이 있을 때, 튀김 요리 중 튀김 기름이 가열되어 넘칠 때, 유류를 이용하는 도구를 이동할 때 등의 상황에서 화재가 발생한다.

(2) 유류화재 예방법

- 연료는 반드시 난로용 등유를 사용하고 연료를 용기에 넘치게 붓지 않으며 급유는 실외에서 불을 끄고 해야 한다.
- 기름이 넘치면 흘린 기름을 깨끗이 제거한다.
- 환기가 잘 되는 곳에서 사용하고 열기구 가까이에 가견성 물질을 두지 않아야 한다.
- 초기의 진화를 위하여 난로 곁에는 소화기나 방화사 또는 방화수 등을 준비해 놓아야 한다.

4) 기타화재

전기, 가스, 유류 외에 화재로 이어지는 경우가 많은데 유형별 원인과 예방법을 알아보면 다음과 같다.

〈표 10-2〉 화재의 유형별 원인과 예방법

화재의 유형	원 인	예방법
담뱃불 화재	잠자리에서 흡연하다가 이불이나 가연성 물질에 붙어 발화되거나, 꺼지지 않은 담뱃불을 함부로 버림으로 인해 발생	- 가스, 휘발유 등 발화성 물질이 있는 곳에서는 절대 금연 - 잠자리에서 흡연 금지(특히 술에 취한 채 흡연 금지) - 보행 중 흡연 금지와 담배 꽁초를 함부로 버리지 않기 - 담뱃불이 확실하게 소화되었는지 확인 - 흡연은 정해진 장소에만 하기
불티 화재	용접 중 불티가 주변의 가연성 물질에 옮겨 붙어 발화, 모닥불이나 소각장의 불티가 바람에 날려 발화, 배관 시 보온 재료에 불티가 옮겨 붙어 발화	- 용접작업이나 쓰레기 소각 시에는 소화기나 방화수 미리 비치 - 작업 주변에 가연성 물질 제거 - 모닥불이나 쓰레기를 소각한 후에는 흙을 덮어 재발화 위험 제거 - 완전히 소각될 때까지 자리 이석 금지
불장난에 의한 화재	성냥 라이터, 화약놀이, 난롯불, 전기다리미, 촛불놀이, 폭죽놀이 등에 의해 발생. 6세에서 13세 어린이들이 부모님이 외출했을 때 음식을 하거나 장난으로 많이 발생	- 성냥, 라이터 등은 어린이들 손이 닿지 않는 곳에 보관 - 어린이들이 위험한 불장난을 하지 않도록 주의 - 불에 대한 올바른 인식을 갖도록 교육 실시 - 어린이에게 불을 켜거나 끄는 일 시키지 않기 - 외출 시에는 화기에 대한 안전 점검 철저
주택화재	전기, 불장난, 방화, 가스의 순으로 발생	- 집에 불필요한 가연성 물질을 쌓아놓지 않기 - 인화성 약체나 기체를 함부로 방치하지 않기 - 쉽게 눈에 띠지 않는 곳에 전선 늘어뜨리지 않기 - 어린이들의 손이 닿는 곳에 성냥이나 라이터 등을 놓지 않기 - 가스레인지에 요리를 올려놓고 주방을 비우지 않기 - 집에서 흡연 금지 - 하나의 콘센트에 여러 개의 플러그 꽂지 않기 - 가정에도 소화기 비치와 사용법 알기
자동차 화재	엔진에서 새어 나온 가솔린이 전기 배선 합선이나 피복이 벗어진 곳에서 스파크가 일어나거나 점화계통의 합선에 의해 발생. 차량은 승용차, 화물차, 승합차, 버스 등에서 발생	- 냉각수를 자주 점검하고 보충 - 경고등과 온도게이지를 관찰하고 이상이 있으면 수리 - 주기적인 점검 - 차 내에 성냥이나 라이터 방치 금지 - 주행 중에는 흡연을 삼가고 꽁초를 함부로 버리지 않기 - 차량에 소화기 비치

4. 소화기의 종류와 사용법

소화기는 불을 끄는 데 쓰이는 기구로, 화학물질로 채워져 있다. 손으로 들고 사용할 수 있으며 조금만 관심을 가지면 누구나 사용이 가능하며 화재 초기 진압에 사용한다. 소화기는 주입된 약재의 종류에 따라 물 소화기 · 이산화탄소 소화기 · 분말 소화기 · 포말 소화기 등으로 분류한다(국민재난안전포털).

1) 소화기의 종류

(1) 물 소화기

물을 약재로 하는 소화기로 주로 냉각 작용으로 소화하고 일부 질식 작용을 하는 소화기도 있다. 주로 일반화재(A급) 진화용으로 사용되며, 유류(B급) 및 전기(C급)화재에는 부적합하다.

(2) 이산화탄소 소화기

이산화탄소를 압축 · 액화하여 사용하는 소화기이다. 주로 질식 작용으로 소화하고 액화된 이산화탄소가 기화하면서 냉각 작용도 한다. 거의 모든 화재에 사용이 가능하며 소화 약재가 남지 않고 소화 대상물의 손상이 적기 때문에 박물관이나 미술관에 많이 비치된다. 그러나 질식의 우려로 지하 및 일반 가정에는 비치 및 사용이 금지되어 있다.

(3) 분말 소화기

분말 형태의 소화 약재를 사용하는 소화기이다. 다양한 화학 약재로 된 미세 분말을 가압된 가스를 이용해서 분출한다. 일반적으로 가장 흔하게 비치된 것이 ABC분

말소화기로 일인산암모늄이 주요 성분이다. 냉각 및 질식, 억제 작용으로 소화한다. 대부분의 화재에 모두 사용 가능하며 가격이 저렴하여 가장 널리 보급되어 있다.

(4) 포말 소화기

액체 상태의 화학 약재를 사용하는 소화기이다. 본체를 거꾸로 뒤집은 다음에 흔들어서 황산알루미늄 용액과 이산화탄소가 함께 혼합되어 거품 형태로 분사시켜 화재를 진압한다. 주로 일반화재(A급), 유류화재(B급) 진화용으로 사용된다. 소화 성능은 매우 뛰어나지만 사용방법이 번거롭고 약재에 의한 부식 가능성이 높다는 단점이 있어서 현재는 생산되지 않는다.

이 외에도 할로젠 화합물 가스를 이용하는 하론 소화기와 액체 상태의 소화약제가 든 케이스를 불이 난 곳에 직접 던져 불을 끄는 투척식 소화기가 있다.

2) 소화기 사용법

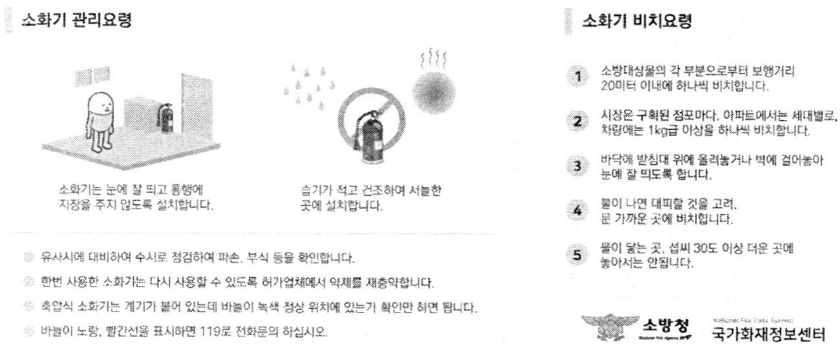

3) 소화전 사용법

소화전은 옥내와 옥외 소화전 두 가지가 있는데 옥외 소화전은 소방관이 화재 진압 시 주로 사용하기 때문에 여기서는 옥내 소화전의 사용에 대해서만 안내한다.

1. 호스 이동 및 관창(노즐) 체결
   - 한 사람은 소화전함의 관창(노즐)과 호스를 꺼내 불이 난 곳으로 향한다.
   - 또 한 사람은 호스의 접힌 부분을 펴준다.
2. 물 밸브 개방
   노즐을 가져간 사람이 물 뿌릴 준비가 되면 소화전함의 개폐밸브(물밸브)를 왼쪽 방향(시계 반대 방향)으로 돌려 개방한다. 단, 기동스위치로 작동하는 경우 ON(적색) 스위치를 누른 후 밸브를 연다.
3. 호스 전개 및 진화
   두 손으로 관창(노즐)을 잡고 불을 향해 물을 뿌려 화재를 진화한다.
4. 물밸브 잠근 후 정리
   화재진화를 마치면 개폐밸브(물밸브) 사용 시 반대 방향인 오른쪽 방향(시계 방향)으로 돌려 잠근다.
   기동식의 경우 녹색정지 스위치를 누른 후 밸브를 잠그도록 한다.
   펌프를 정지시키고, 호스를 정리하여 원위치 시킨다.

※ 옥내 소화전 주의사항
- 옥내 소화전은 화재 이외에는 절대 사용을 금한다. 부득이 사용해야 할 경우에는 방재센터(☎3119)의 허가를 득해야 한다.
- 비상시 신속한 이용을 위해 소화전 주변에 물건 적재를 금지한다.

5. 공유시대 GOGO-토론

[토론 1]

2020년 9월 16일 인천에서 발생한 라면 형제 화재 사건에 대한 글을 읽고 화재의 발생의 원인과 문제점, 개선방안에 대하여 이야기해 보자.

2020년 9월 16일 인천 미추홀구 4층 빌라에서 화재가 발생했다. 화재의 원인은 부모가 없는 상태에서 10살, 8살인 형제가 라면을 끓여 먹으려다 화재가 발생한 것이다. 형제는 집에서 탈출하지 못하고 119에 집 주소를 알려주고 살려달라고 외쳐 소방당국이 휴대전화의 위치를 추적하여 화재 현장에 도착하여 화재는 10분 만에 진압되었으나 형은 40% 동생은 5%의 화상을 입은 상태에서 구조되었다. 그러나 동생은 유독한 연기를 많이 마셔 숨지고 형은 현재 치료를 받고 있다. 위급한 상황에서도 119에 신고하고 동생을 보호하기 위해 노력한 형의 노력을 보며 어른의 잘못된 행동으로 죄 없는 아이들이 입은 피해에 안타까움이 더해진다.

[토론 2]

제천 스포츠센터 화재와 울산 주상복합 화재를 비교해 보고 공통점과 차이점을 찾아보고 대형건물에서 발생하는 화재에서 인명 피해를 최소화할 수 있는 방안을 찾아보자.

제천 스포츠센터 화재

2017년 12월 21일 충청북도 제천시에 있는 노블휘트니스앤스파 스포츠센터에서 화재가 발생했다. 1층 주차장 배관에 열선 설치 작업을 하던 중 천장 구조물에 불이 옮겨 붙어 천장 구조물이 차량으로 떨어져 큰 불로 이어졌다. 이 불로 인해 29명이 사망하고, 36명이 부상을 입는 큰 피해가 발생했다.

제천화재는 작업을 실시한 사람들의 안전 불감증이 가장 큰 문제지만 건물의 구조와 관리도 피해를 키운 원인이 되었다. 이 건물은 7층짜리로 되어 있는 것을, 9층으로 테라스를 불법으로 증축하고, 옥상 기계실을 주거용도로 불법으로 사용한 문제도 있다. 스포츠센터 2층 여성용 목욕탕은 비상구가 창고처럼 활용되었으며, 대피를 유도하는 직원도 없었고, 출입구도 고장나 피해가 증가하였다. 또한 건물이 필로티 구조로 건축되어 1층 주차장에서 화재가 발생하면 주입구로 탈출할 수 없어 인명구조가 힘들었다는 지적도 있다. 건물의 외장재를 드라이비트 재질로 하여 화재가 외벽의 스티로폼을 타고 급속도로 번졌다는 주장도 제기되었다. 소방시설관리업체에서 진행한 소방안전점검에서 자동화재 탐지설비가 제대로 작동하지 않았다는 지적이 있었으며 스프링클러의 알람 밸브가 잠겨 스프링클러도 작동하지 않았으며 정전에 이은 비상전원도 공급이 되지 않았다. 또한 화재 발생 직후 제천소방서 출동대가 제대로 대처하지 못했다는 지적이 있다. 1층 화재를 진압해야 2층으로 진입할 수 있다고 판단했으며, 불법 주차 차량으로 인해 굴절차를 전개할 수 없었다고 밝혔다. 광역지방자치단체의 의지가 부족해 초래한 소방장비와 인력부족이 재난을 키웠다는 지적도 존재한다. 제천화재는 희생자들을 살릴 수 있었음에도 불구하고 소방당국이 골든타임을 놓쳐 피해가 커졌다는 논란이 제기되었다. (위키 백과)

울산 주상복합 화재

2020년 10월 8일에 울산광역시 남구에 있는 주상복합 건물 삼환아르누보에서 화재가 발생했다. 이 화재로 건물 12층부터 33층까지 외벽을 태우고 93명이 병원에 옮겨졌다. 불행 중 다행인 것은 사망자는 없었다는 것이다.

이 화재는 10월 8일 밤 11시경 12층에서 바람을 타고 꼭대기인 33층까지 번졌다. 강풍주의보 속에서 초속 10m가 넘는 바람과 알루미늄 복합 패널로 만들어진 외벽 때문에 초기 진화에 어려움을 겪었다. 본 아파트의 높이는 113m인데 울산 소방서에는 52m 사다리차가 최고의 높이라 다른 지역의 고가 사다리차를 이용하여 화재를 진압했다. 이번 화재로 사망자는 발생하지 않았는데 그 원인은 신고를 받고 출동해 현장을 지휘하는 소방관의 대처와 주민들의 협조가 함께했기 때문으로 알려졌다. 소방관들은 신속히 주민들을 대피시켰고 주민들은 물에 적신 수건으로 입과 코를 감싸고 침착하게 대피했다.

제11장
여차하면 늦는다!! 교통안전

교통수단의 발달은 인간의 삶을 편리하게 해주었을 뿐만 아니라 삶의 장을 확장시켜 산업화와 도시화를 앞당기게 하였다. 교통 발달로 인간은 도움을 받기도 하지만 동시에 교통사고, 환경오염 등과 같은 피해를 받기도 한다. 대한민국의 교통안전 수준은 OECD 회원국 34개국 중 29위로 하위권에 머물고 있으며, 교통사고로 인한 사회적 비용은 연간 25조 856억 원(GDP의 약 1.5%)으로 국가 발전에 심각한 저해 요인이 되고 있다(도로교통공단, 2019). 2021년 교통안전연차보고서에 의하면 과거 10년(2011~2020) 동안 도로, 철도, 항공, 해양 부문에서 2,333,235건의 교통사고가 발생하여 46,106명이 사망하였고, 3,332,729명이 부상을 당하였다. 교통사고의 원인을 보면 천재지변에 의한 사고보다는 운전자나 보행자의 과실에 의한 사고가 훨씬 많다. 따라서 운전자나 보행자가 교통규칙을 지키고 조심하면 지금보다 교통사고를 줄일 수 있다는 것을 알 수 있다. 그러나 사고는 계속되고 있다. 이에 교통사고 예방과 경각심을 주기 위해 기존의 교통 관련법 외에 윤창호법, 민식이법, 하준이법, 세림이법 등과 같이 사고 희생자의 이름을 붙인 교통사고 관련법이 만들어졌다. 신설된 법의 특징은 희생자들이 겪은 사고와 동일한 종류의 교통사고를 방지하기 위하여 만들어진 법이라는 점이다.

교통사고는 언제 어디서나 발생할 수 있고 누구나 가해자 또는 피해자가 될 수 있다. 따라서 모두가 안전을 위해 노력하도록 교통안전 문화 조성에 힘을 기울이고, 적극적인 참여가 합해지면 모두가 안전한 교통안전 국가로 바뀔 것이다. 이런 점에서 본 장에서는 교통사고의 유형, 교통사고로부터 나와 나의 이웃을 지킬 수 있는 방법, 교통사고 예방 법령 등에 대하여 알아보고자 한다.

1. 차는 Yes, 사고는 No

1) 교통사고가 뭔가요?

인간은 지금보다 나은 삶을 살기 원하고 이러한 꿈이 과학기술의 발전으로 이루어지고 있다. 이런 노력에 의해 교통수단이 발달하였으며, 교통수단의 발달로 인간의 삶의 질은 향상되었고, 자신의 차를 소유하는 것이 최대의 꿈이기도 하였다. 이로 인해 차량의 수요는 증가하였고 이에 비례하여 교통사고의 발생도 증가하게 되었다. 일단 교통사고가 발생하면 인명피해는 물론 재산피해 또한 크게 나타난다. 그래서 재난 및 안전관리 기본법에서는 교통사고를 사회재난의 하나로 정의하고 있다.

도로교통법에서 말하는 차는 자동차, 건설기계, 원동기장치자전거, 자전거, 사람 또는 가축의 힘이나 그 밖의 동력으로 도로에서 운전되는 것으로 규정하고 있으며 교통사고는 이러한 차로 인하여 발생하는 사고이다. 교통사고는 교통수단의 종류와 그 운송수단을 교통에 이용하는 영역에 따라 광의의 교통사고, 협의의 교통사고로 나눌 수 있다. 광의의 교통사고는 차량, 열차, 항공기, 선박 등 모든 교통기관이 운행 중 다른 교통기관, 사람 또는 사물에 충돌 접촉하거나, 충돌 접촉의 위험을 야기하여 사람을 사상하거나 물건을 손괴한 결과가 발생하는 것을 말한다. 이에 반하여 협의의 교통사고는 차로 인하여 사람이 사상하거나 물건을 손괴한 경우를 말한다(안정민, 2010). 즉, 차의 운전자, 조종자 또는 그 밖의 보조자 등의 고의・과실에 의하여 다른 차, 사람 또는 물건에 접촉 충돌하거나 접촉 충돌할 수 있는 위험을 야기하여 사람을 사상하게 하고 물건을 손괴하여 피해 결과를 발생하는 것이다. 일반적으로 도로에서의 교통사고는 좁은 의미의 교통사고를 의미한다.

2) 교통사고는 예방이 중요하다

거의 모든 재난이 예고 없이 일어나듯이 교통사고도 순식간에 발생하기 때문에 예측이 불가능하다. 가장 큰 문제는 교통사고가 발생하면 인명피해가 동반한다는 것이다. 한국교통장애인 협회 자료에 의하면 질병으로 인한 장애자 수는 줄어드는 데 비해 교통사고로 인한 장애자 수는 계속적으로 증가하고 있다. 교통사고를 당하면 부상자 10명 중 1명은 장애인이 된다고 한다. 사고로 인해 장애를 입으면 삶이 이전과는 송두리째 달라진다. 한국장애인고용공단에 의하면 장애 발생 요인 중 후천적 요인이 차지하는 비율이 73.3%인데 이 중에는 교통사고로 인해 발생한 장애인이 높은 비율을 차지한다. 또 교통사고는 재산상의 피해도 막대하기 때문에 모두가 교통사고 예방에 힘을 기울여야 한다.

교통사고 예방을 위해서는 사회적으로 교통안전 시스템을 구축하는 것과 동시에 운전자와 보행자 상호 간에 교통안전 규칙을 준수하는 것이 무엇보다 중요하다. 나의 생명이 중요하듯이 타인의 생명도 소중히 여기는 마음으로 교통안전 규칙을 준수하여야 한다.

2. 교통사고 왜! 빨리 줄어들지 않을까?

1) 10년 동안 일어난 교통사고, 얼마나 될까?

2011년부터 2020년까지 발생한 교통사고 현황을 보면 사고 건수가 10년 동안 거의 변함이 없음을 <표 11-1>을 통해서 알 수 있다. 교통 관련 시설과 법이 달라졌기 때문에 사고의 수가 줄어들어야 하지만, 10년 전에 비해 차량도 늘어나고 운전하는 사람의 수도 늘었으며, 차의 이용량이 많아져 이는 사고가 많이 발생하는 요인으로 작용한다.

그러나 교통사고의 원인을 보면 대부분이 교통규칙을 철저히 지키면 막을 수 있었던 사고를 한 순간의 잘못으로 인하여 발생함을 알 수 있어, 차량의 수 증가와 교통량의 증가를 교통사고 증가의 이유로 내세우기는 어려워 보인다. 그래도 다행인 것은 사망자 수가 꾸준히 감소하는 경향을 보이고 있다는 것이다. 자료에 의하면 2020년에 발생한 전체(도로, 철도, 항공, 해양) 교통사고는 대부분이 도로에서 발생하였으며, 전체 교통사고 발생건수의 98.5%, 전체 사망자의 95.2%, 전체 부상의 99.8%를 차지하고 있다.

〈표 11-1〉 도로 교통사고 현황(단위 : 명)

구분	2011	2012	2013	2014	2015	2016	2017	2018	2019	2020	계
사고건수	221,711	223,656	215,354	223,552	232,035	220,917	216,335	217,148	229,600	209,654	2,209,962
사망자수	5,229	5,392	5,092	4,762	4,621	4,292	4,185	3,781	3,349	3,081	43,784
부상자수	341,391	344,565	328,711	337,497	350,400	331,720	322,829	323,037	341,712	306,194	3,323,056

출처 : 도로교통공단 교통사고분석 시스템(경찰청 교통사고 기준).

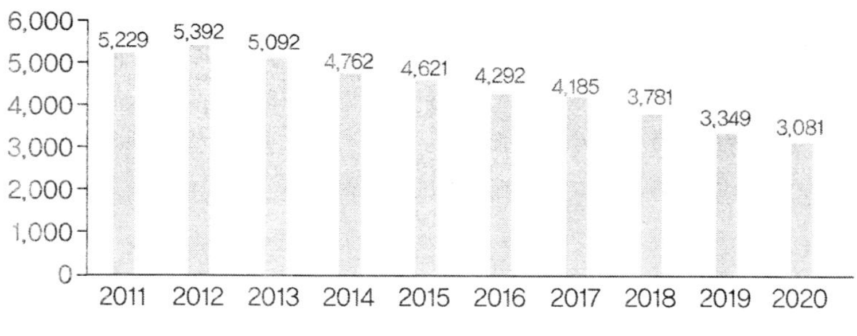

|그림 11-1| 도로 교통사고 사망자 수 추세

2) 원인을 알면 대책이 보인다

교통안전공단에서 2020년 한 해 동안 발생한 교통사고 209,654건을 위반 요인별로 분석한 자료에 의하면 신호위반 24,512건, 안전거리 미확보 21,469건, 불법유턴 1,439건 과속 1,241건, 안전운전 불이행 11,672건, 교차로 운행방법 위반

14,079건, 보행자 보호위반 1,666건, 차로위반 3,841건, 직진우회전 진행방해 6,385건, 기타 5,716건, 알 수 없음이 170건인 것으로 나타났다. 이를 그래프로 나타내 보면 다음과 같다.

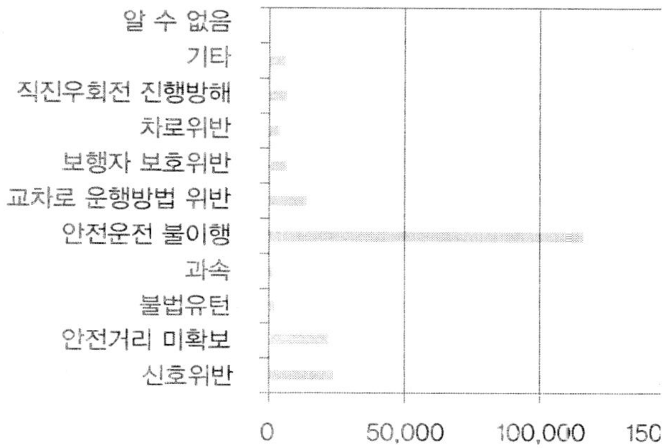

|그림 11-2| 위반요인별 교통사고

출처 : 교통안전정보관리시스템.

|그림 11-2|에서 보는 바와 같이 위반 요인별 교통사고는 안전운전 불이행이 대부분을 차지하고 있으며, 다음으로는 신호위반, 안전거리 미확보의 순으로 나타나고 있어 운전자가 교통규칙을 철저히 지키면 대부분의 사고는 막을 수 있으며, 교통사고 피해를 처음보다 줄일 수 있다.

이해를 돕기 위하여 사고 유형별 통계를 보면 횡단 중 13,147건, 차도 통행 중 3,702건, 길 가장자리 통행 중 2,079건, 보도 통행 중 2,015건, 차대사람-기타 15,278건, 정면충돌 7,494건, 측면직각충돌 74,742건, 추돌(진행 중) 32,993건, 후진 중 추돌 3,253건, 차대차-기타 46,070건, 공작물 추돌 3,233건, 도로이탈(추락) 413건, 기타 199건이다. 이를 그래프로 나타내 보면 다음과 같다.

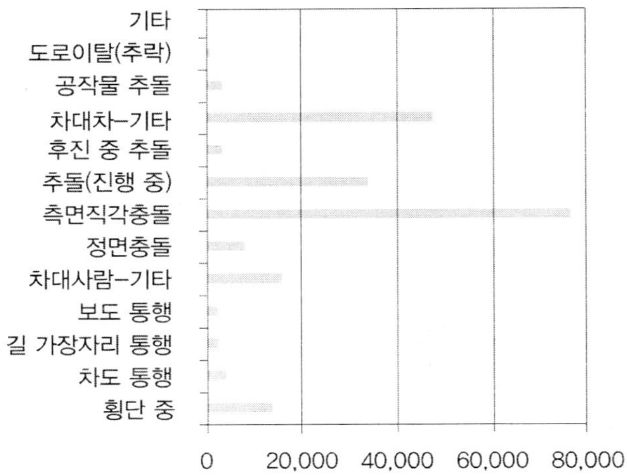

|그림 11-3| 사고유형별 교통사고

출처 : 교통안전정보관리시스템.

|그림 11-3|에서 보는 바와 같이 유형별 사고에서는 측면직각추돌이 가장 많았으며 그 다음이 차대차-기타, 진행 중 추돌사고 순이다. 운전자는 운전 시 모든 경우의 수를 감안하여 안전운전을 해야 하지만 유형별 통계를 보고 빈도가 높은 사고에 더욱 주의한다면 교통사고도 줄어들고 피해도 줄일 수 있다.

3. 법을 제 · 개정하면 사고가 줄어들까?

교통사고를 완전하게 막기는 어렵다. 도로 문제, 천재지변, 운전자의 잘못, 통행자의 잘못, 기타 다양한 이유로 발생하기 때문이다. 하지만 모두가 관심을 가지고 주의를 기울이면 어느 정도는 막을 수 있다. 교통사고분석시스템(TAAS, http://taas.koroad.or.kr)에 의하면 2019년 교통사고의 경우 제일 많이 발생한 시간대는 금요일 오후 16~20시이고, 연령은 40대~50대 운전자들이며, 사고의 원인은 신호위반, 중앙선 침범이 주원인이었다. 차량은 택시와 렌터카가 많았으며, 차종은 승용차와 화물차가 높은 비율을 차지하였다. 이는 주 5일 근무로 주말을 이용한 레저 활동, 친척 방문 등의 가정 행사, 관광 등 차량의 이동량이 증가된 것과 관련지어 볼 수 있다. 부득이하게 차량을 이동하여야 한다면 운전자나 보행자 모두 조심해야 한다. 사망자 수는 해마다 감소하고 있으나 불행하게도 스쿨존(어린이 보호구역) 내 어린이 사망자와 노인의 사망자가 증가하였고, 차종으로는 이륜차 사고 사망자가 증가하고 있다. 특히 노인의 경우 수명이 연장됨에 따라 65세 이상의 고령 인구가 급속하게 증가하고 있어 이들이 운전하는 차량에 의한 교통사고도 꾸준히 증가하고 있으며 보행 중에 사고도 많이 당한다. 이에 정부에서는 교통안전을 보다 강화하고자 관계기관이 합동으로 보행자 최우선 교통체계 구축, 화물차·이륜차 등 취약 분야 안전 강화를 포함하는 「2021 교통사고 사망자 감소대책」(3. 25)을 수립하여 추진 중이다. 또한 운전자의 부주의로 같은 피해가 다시는 발생하지 않도록 하기 위해 교통 관련법을 제・개정하여 경각심을 불러일으키고 있다. 최근에 신설된 교통안전 관련법은 희생자의 이름을 따서 불리기도 한다.

1) 윤창호법[1)]

2018년 9월 25일 음주운전 차량이 인도를 덮쳐서 윤창호 씨가 사고를 당해 치료를 받다가 11월 9일에 사망하는 일이 발생하였다. 이 사고로 사망한 고 윤창호의 친구들은 청와대에 음주운전자의 처벌을 강화해 달라는 청원을 올림으로써 사회적인 관심을 이끌어 내 법안이 만들어지게 되었다. 주 내용은 음주운전으로 사고를 낸 운전자의 처벌을 높이고, 음주운전 기준을 강화하는 내용을 골자로 하는 「특정범죄 가중처벌 등에 관한 법률」 개정 및 도로교통법 개정이다. 윤창호법의 개정 주요내용은 다음과 같다.

1) 2022년 5월 26일 헌법재판소는 음주운전과 음주측정 거부를 혼합해 두 차례 이상하거나, 음주측정 거부를 두 차례 이상 한 이에게 2~5년의 징역형이나 1천만 원~2천만 원의 벌금형에 처하도록 규정하는 도로교통법 제148조2의 제1항을 위헌이라고 판단하여 윤창호법은 효력을 잃게 되었다.

〈표 11-2〉 특정범죄 가중처벌 등에 관한 법률 개정(제1윤창호법, 2018. 12. 18. 시행) 및 도로교통법 개정(제2윤창호법, 2019. 6. 25. 시행)

구 분	개정 전	개정 이후
음주운전 사망사고	1년 이상 징역	최고 무기징역, 최저 3년 이상 징역
음주운전 적발 기준	음주운전 3회 이상 적발 시 징역 1~3년 또는 벌금 500만~1,000만 원	음주운전 2회 이상 적발 시 징역 2~5년 또는 벌금 1,000만~2,000만 원
운전면허 정지 기준	혈중알코올농도 0.05~0.10% 미만	혈중알코올농도 0.03~0.08% 미만
운전면허 취소 기준	혈중알코올농도 0.10% 이상	혈중알코올농도 0.08% 이상
운전면허 취소 시 면허 재취득이 제한되는 기간 (결격기간)	3년 적용되는 기준 : 3회 이상	3년 적용되는 기준 : 2회 이상

개정안의 주요 내용을 보면 사망사고 시 최고 무기징역까지 처벌을 받을 수 있으며 음주운전 적발 기준, 정지 기준, 면허취소 기준, 면허 재취득 제한 기간이 강화된 점이 주요한 변화이다. 그러나 법이 강화되었음에도 불구하고 음주운전이 근절되지 않고 사고가 계속 발생하고 있어, 법의 강화도 중요하지만 국민들의 교통사고에 대한 의식 변화가 먼저 선행되어야 사고를 줄일 수 있을 것으로 본다.

2) 민식이법

민식이법은 2019년 9월 11일 충청남도 아산의 어린이 보호구역 건널목에서 교통사고로 숨을 거둔 고 김민식(당시 9세) 어린이의 이름을 따서 붙인 법률 개정으로 도로교통법과 「특정범죄 가중처벌 등에 관한 법률」이 개정되었다.

도로교통법에 신설된 제15조 제4항과 제5항은 어린이 보호구역에 무인 교통단속용 장비 설치, 어린이의 안전을 위하여 횡단보도의 신호기 설치, 속도 제한 및 횡단보도에 관한 안전표지, 과속방지시설 및 차마(車馬)의 미끄럼을 방지하기 위한 시설을 설치하도록 하는 법률이다.

「특정범죄 가중처벌 등에 관한 법률」 제5조 제13항(어린이 보호구역에서 어린이 치사상의 가중처벌)은 어린이 보호구역 내에서 만 12세 미만 어린이를 사망에 이르게 한 경우에는 무기 또는 3년 이상의 징역에 처하며, 어린이를 상해한 경우 1년 이상 15년 이하의 징역 또는 500만 원 이상 3,000만 원 이하의 벌금에 처하도록 하고 있다. 2021년 5월에는 어린이보호구역 과태료를 인상하기도 하였다. 또 민식이 법의 보완 대책으로 어린이 보호구역 교통안전 대책도 마련되었다. 스쿨존 내 모든 도로에서 자동차는 30km 이하로 낮추고, 보도가 없는 공간인 경우는 20km 이하로 낮춘다. 또 신호등이 없는 횡단보도에서는 의무적으로 멈추고, 주정차 위반 범칙금·과태료를 일반도로의 2~3배인 8만 원에서 12만 원으로 강화했다. 이에 더하여 2018년 스쿨존 어린이 사망자 수를 3명에서 2022년까지 0명으로 줄이겠다는 대책을 발표했다. 민식이법 시행 후 2020년 스쿨존에서 발생한 사고는 2019년에 비하여 사고의 건수가 줄었으며 사망자 수도 50%가 감소하는 효과가 있었다. 참고로 어린이 보호구역에서 속도, 신호, 주차 위반 시 부과되는 과태료는 다음과 같다.

〈표 11-3〉 어린이 보호구역 과태료(2022년 기준)

구 분		승용차	승합차
속도위반	20km/h 이하	7만 원	7만 원
	20~40km/h	10만 원	11만 원
	40~60km/h	13만 원	14만 원
	60km/h 초과	16만 원	17만 원
신호위반		13만 원	14만 원
주정차 위반		12만 원	13만 원
2시간 이상 주차 및 정차 위반		13만 원	14만 원

3) 하준이법

하준이법은 주차장에 세워둔 차량이 굴러 와서 최하준 군을 치어 사망한 사건을 계기로 주차장법과 도로교통법을 개정한 법이다. 개정된 주차장법은 제6조 제

3항이 신설되고, 도로교통법 개정안은 아파트 내 주차장도 도로에 포함시키는 내용을 담고 있다.

신설된 주차장법 제6조(주차장설비기준 등) 제3항에 의하면 국토교통부령으로 정하는 경사진 곳에 주차장을 설치하려는 자는 국토교통부령으로 정하는 바에 따라 고임목 등 주차된 차량이 미끄러지는 것을 방지하는 시설과 미끄럼 주의 안내표지를 갖추어야 한다(신설 2019. 12. 24). 이 법을 뒷받침하기 위한 주차장법 시행규칙 제4조의2(고임목 등의 설치)는 다음과 같다.

> ① 법 제6조 제3항에서 "국토교통부령으로 정하는 경사진 곳"이란 주차제동장치가 작동되지 않은 상태에서 자동차의 미끄러짐이 발생하는 곳을 말한다.
>
> ② 제1항에 따른 경사진 곳에 주차장을 설치하려는 자는 법 제6조 제3항에 따라 주차된 차량이 미끄러지는 것을 방지하기 위해 고정형 고임목을 설치해야 한다. 다만, 다음 각 호의 어느 하나에 해당하는 경우에는 이동형 고임목, 고임돌, 고무, 플라스틱 등 차량의 미끄러짐을 방지하기 위한 물건을 비치할 수 있다.
>
> 1. 고정형 고임목을 설치할 경우 주차장의 형태·위치 등으로 인하여 주차단위구획으로의 진출입이나 주차가 현저히 곤란한 경우
> 2. 고정형 고임목을 설치할 경우 보행자 안전 또는 교통 흐름 등에 지장을 초래할 특별한 사정이 있다고 시장·군수·구청장이 인정하는 경우
>
> ③ 법 제6조 제3항에 따른 미끄럼 주의 안내표지에는 다음 각 호의 사항이 모두 포함되어야 하며, 자동차 운전자가 잘 볼 수 있는 곳에 설치되어야 한다.
>
> 1. 주차장이 경사진 곳이라는 사항
> 2. 차량이 미끄러짐을 방지하기 위해 다음 각 목의 조치가 필요하다는 사항
>   가. 자동차의 주차제동장치를 작동시킬 것
>   나. 주차장에 비치된 이동형 고임돌 등으로 차량의 미끄럼을 방지하기 위한 조치를 할 것
>   다. 조향장치를 가장자리 방향으로 돌려놓을 것[본조신설 2020. 6. 25.]

어느 법이나 마찬가지로 제정하는 것도 중요하지만 지키는 것이 우선되어야 그 법이 효과를 발휘할 수 있다.

4) 노인 및 장애인을 위한 도로교통법

고령인구의 증가로 고령운전자도 증가하고 있어 교통사고 역시 증가하고 있다. 연령별 교통사고 현황자료(2020)에 의하면 60대 이상 운전자에 의한 사고건수는 54,820건으로 어느 연령층보다 높고 사망자도 1,089명으로 치사율이 1.99나 되어 이 수치 역시 가장 높다(교통안전정보관리시스템, 2021). 고령운전자는 운전능력도 우수하고 교통규칙도 잘 지킨다고는 하나 급할 경우 신체의 반응 능력 저하로 교통사고의 위험률이 높아진다. 해외에서는 고령운전자 사고를 방지하기 위하여 운전면허 갱신주기 단축, 운전면허 적성검사 강화, 고연령운전자 인지능력 검사, 면허 반납제도 실시, 고령운전자들이 잘 식별할 수 있도록 교통표지판 설치 등을 시행하고 있다. 우리나라에서도 65세 이상 고령운전자를 대상으로 운전면허증 자진 반납제도를 운영하고 있으나 호응도가 낮다. 우리도 이제는 고령운전자 안전 운전을 위한 다양한 대책을 마련해야 할 때이다. 65세 이상 운전자의 사고도 문제이지만 보행자의 사망사고도 다른 연령대에 비하여 월등하게 높다. 보행 중인 고령자의 사망자를 줄이기 위해서는, 안전하게 길을 건널 수 있도록 보행 환경을 변화시키는 일이 중요하다. 교통사고로부터 자유로운 사람은 아무도 없다. 고령자를 위한 대책이 아닌 운전자·보행자·시민 등 모두를 위한 안전대책이 필요하다. 이를 위해 도로교통법 제12조의2에서는 노인 및 장애인 보호구역을 지정 및 관리하도록 하고 있다.

도로교통법 제12조의2(노인 및 장애인 보호구역의 지정 및 관리)는 다음과 같다.

① 시장 등은 교통사고 위험으로부터 노인 또는 장애인을 보호하기 위하여 필요하다고 인정되는 경우에는 제1호부터 제3호까지 및 제3호의2에 따른 시설의 주변도로 가운데 일정 구간을 노인 보호구역으로, 제4호에 따른 시설의 주변도로 가운데 일정 구간을 장애인 보호구역으로 각각

지정하여 노면 전차의 통행을 제한하거나 금지하는 등 필요한 조치를 할 수 있다. 노인 및 장애인 보호구역 지정은 다음에 근거하고 있다.

1. 노인복지법 제31조에 따른 복지시설
2. 자연공원법 제2조 제1항 제1호에 따른 자연공원 또는 도시공원 및 녹지공원에 관한 법률 제2조 제3호에 따른 도시공원
3. 「체육시설의 설치 및 이용에 관한 법률」 제6조에 따른 생활체육시설
   3의 2. 그 밖에 노인이 자주 왕래하는 곳으로 조례로 정하는 시설
4. 장애인 복지법 제58조에 따르는 장애인 복지시설

5) 이륜차 교통사고

생활방식의 변화에 따라 음식을 배달하여 먹는 경우가 증가하고 있다. 요즈음 코로나 19의 영향으로 그 빈도는 더 늘어나고 있다. 이에 따라 배달을 위한 이륜차가 증가하게 되었고 이륜차에 의한 교통사고도 증가하고 있다. 이륜차 관련 교통사고는 다른 일반 교통사고보다 치사율이 훨씬 높기 때문에 안전사고 예방에 더 많은 노력이 요구된다. 2018년부터 2020년까지 이륜차에 의한 교통사고 발생 건수가 이를 뒷받침하고 있다.

〈표 11-4〉 이륜차 교통사고 현황

연도	발생건수	대형사고	사망자	치사율
2018	15,032	3	410	2.73
2019	18,467	0	422	2.29
2020	18,280	0	439	2.40
합계	51,779	3	1271	

출처 : 한국교통안전공단 교통사고 통계.

이륜차 교통사고, 주말 및 야간 시간 집중(2020. 9. 10)

최근 5년간(2015~2019년) 이륜차로 인해 94,975건의 교통사고가 발생했고, 이로 인해 2,829명이 사망했으며 115,929명이 부상당했다. 이륜차 사고는 주말과 야간 시간에 집중됐다. 요일별로는 금·토요일에 각각 15.6%로 가장 많이 집중됐고, 전체 교통사고와 대비해서는 토·일요일 비중이 평소보다 높았다. 시간대별로는 18~22시에 사고가 집중되어 저녁 식사 및 야식 배달이 많은 시간대가 위험한 것으로 나타났다.
이륜차 교통사고는 20대 이하 운전자의 사고가 가장 많으며 사고의 41%가 20대 이하(20대 22.3%, 20대 미만 18.7%)에 집중됐고, 20대 이하의 전체 사고 중에서도 이륜차 사고는 22.4%로 높았다.

출처 : 한국교통신문(http://www.igyotongs.com/article.php?aid=1599987798207740l6).

전동킥보드 사고 1년 만에 2배… 절반 이상 운전미숙·과속 탓(2020. 12. 20)

올해 전동킥보드로 인한 사고가 지난해보다 2배 이상 늘어난 것으로 나타났다.
20일 한국소비자원과 공정거래위원회에 따르면 2017년부터 지난 11월까지 소비자위해감시시스템(CISS)에 접수된 전동킥보드 안전사고는 총 1,252건이었다. 이 가운데 올해 1~11월에 접수된 안전사고는 571건으로 지난해 같은 기간보다 135% 급증했다. 연령별로는 20대가 전체 안전사고의 34.8%를 차지해 가장 많았고, 30대가 24.2%로 뒤를 이었다.

출처 : 경향신문(www.khan.co.kr).

이륜차 교통사고 예방을 위한 위해 도로교통법 제50조(특정 운전자의 준수 사항)에서 이륜차 운전자는 다음 사항을 지킬 것을 법으로 규제하고 있다. 도로교통법 제50조(특정 운전자의 준수 사항) 내용은 다음과 같다.

③ 이륜자동차와 원동기장치자전거(개인형 이동장치는 제외한다)의 운전자는 행정안전부령으로 정하는 인명보호 장구를 착용하고 운행하여야 하며, 동승자에게도 착용하도록 하여야 한다. <개정 2013. 3. 23., 2014. 11. 19., 2017. 7. 26., 2020. 6. 9.>

④ 자전거 등의 운전자는 자전거도로 및 도로법에 따른 도로를 운전할 때에는 행정안전부령으로 정하는 인명보호 장구를 착용하여야 하며, 동승자에게도 이를 착용하도록 하여야 한다. <개정 2013. 3. 23., 2014. 11. 19., 2017. 7. 26., 2018. 3. 27., 2020. 6. 9., 2021. 1. 12.>

⑦ 자전거 등의 운전자는 행정안전부령으로 정하는 크기와 구조를 갖추지 아니하여 교통안전에 위험을 초래할 수 있는 자전거 등을 운전하여서는 아니 된다. <개정 2013. 3. 23., 2014. 11. 19., 2017. 7. 26., 2020. 6. 9.>

⑧ 자전거 등의 운전자는 약물의 영향과 그 밖의 사유로 정상적으로 운전하지 못할 우려가 있는 상태에서 자전거 등을 운전하여서는 아니 된다. <개정 2018. 3. 27., 2020. 6. 9.>

⑨ 자전거 등의 운전자는 밤에 도로를 통행하는 때에는 전조등과 미등을 켜거나 야광띠 등 발광장치를 착용하여야 한다. <신설 2015. 8. 11., 2020. 6. 9.>

4. 교통안전 내비게이션! 이것이 답이다

지금까지 교통사고 발생 원인과 이를 막기 위한 법률에 대해서 알아보았다. 교통사고의 원인은 다양하다. 어떻게 해야 교통사고를 줄일 수 있을지를 사례를 통하여 교통사고가 발생할 수 있는 상황과 사고의 예방 방법을 알아보면 다음과 같다.

1) 교통사고 발생 시 대처 요령(국민재난안전포털, safekorea.go.kr)

(1) 교통사고가 발생했을 때

- 위험물질 수송차량 사고 시 사고지점에서 빠져 나와 대피해야 한다.
- 화재가 발생한 경우 외에는 부상자를 건드리지 말아야 한다.
- 구조대의 활동이 본격적으로 시작되면 구조에 참여하지 말고 사고 현장에서 물러난다.

- 사고현장에서는 유류나 가스가 누출되어 화재가 발성할 위험성이 있으니 담배를 피우지 말아야 한다.

(2) 자동차가 물속에 빠졌을 때

- 안전벨트를 푼 다음 신발과 옷을 벗어 수영이 가능하도록 한다.
- 물에 뜨는 물건이 주위에 있으면 움켜쥐고 출입문을 통해 빠져나오거나, 망치를 이용해 유리창을 깨고 탈출해야 한다.
- 바로 탈출하지 못한 경우에는 차내에 물이 어느 정도 들어와 수압 차이가 없어져 출입문을 열 수 있을 때까지 침착하게 기다렸다가 탈출한다.
- 차에서 나오기 전에 3~4회 심호흡을 하고 숨을 크게 들이쉰 다음 숨을 멈추고 나오면 물속에서 더 오래 견딜 수 있다.

(3) 안전한 도로 횡단을 위한 방법

- 우선 멈추어 좌우를 살피는 습관을 가져야 한다.
- 횡단보도가 아닌 곳을 무단으로 횡단하는 일이 없도록 해야 한다.
- 횡단보도에서 신호가 바뀌더라도 차량의 진행 여부를 반드시 확인해야 한다.
- 어린이나 노약자는 보호자와 함께 건너야 한다.
- 처음부터 건너기 시작한 사람이 아니면, 파란 신호가 끝나지 않았더라도 건너지 않아야 한다(특히 어린이나 노인은 절대 금지).
- 신호등이 없거나 점멸신호가 있는 횡단보도에서는 차량이 완전히 멈추었거나 운전자의 수신호가 있을 때 건너도록 한다.
- 운전자는 사람이 내리고 있는 차량 옆으로 지나가거나 추월하지 않도록 해야 한다.
- 차에서 내리는 사람은 지나가는 자전거, 오토바이, 차량에 주의해야 한다.
- 사람은 인도로 다니고 차는 차도로 다녀야 한다.

- 인도와 차도가 구분되지 않은 도로의 경우 '길 가장자리', 즉 한쪽으로 다니도록 한다.
- 운동은 운동장이나 놀이터와 같은 안전한 장소에서 하도록 한다.
- 비가 오는 날에는 우산을 숙여 쓰면 앞을 살필 수 없으니 똑바로 쓰고 차도에서 떨어진 길의 가장자리로 걷도록 한다.
- 운전자의 눈에 잘 띄게 하기 위해 밝은 색 옷을 입는다.
- 좁은 길이나 골목길에서 넓은 도로로 나올 때에는 아무리 급한 일이 있더라도 일단 멈추어 서서 좌우를 잘 확인하고 나와야 한다.

2) 음주운전 절대 안 돼요! 운전자 · 피해자 모두 불행한 음주운전

최근 음주운전으로 인한 교통사고를 예방하기 위하여 윤창호 법이 만들어지는 등 처벌 규정이 강화되었지만, 여전히 음주운전 사고는 발생하고 있다. 운전자가 음주한 경우, 알코올이 운전자의 중추신경계에 작용하여 공간지각능력이 현저하게 떨어지게 된다. 따라서 음주운전자는 앞차와의 안전거리 확보, 차선 준수, 속도 조절이 불안정할 수 있으며 갑자기 장애물을 발견했을 때 비음주자에 비해 제동시간이 많이 걸려 큰 사고를 초래할 확률이 높아지게 된다. 음주운전은 운전자가 자신의 운전 실력을 과신하거나 한두 번의 음주운전이 사고를 유발하지 않게 될 경우, 습관적으로 음주운전을 하는 경우가 있다. 이러한 음주운전 행위는 '도로 위 살인'이 될 수 있다는 점을 명심해야 한다.

음주운전뿐만 아니라 숙취 운전도 문제다. 사람에 따라 알코올을 분해하는 능력은 차이가 있지만 소주 1병을 마셨을 경우 최소 6시간에서 최대 10시간 잠을 자고 일어나야 하고, 소주 2병은 최소 15시간에서 최대 19시간 정도 잠을 자고 일어나야 숙취가 완전히 해소된다고 한다. 하지만 대부분의 운전자는 잠을 자고 나면 숙취가 해소된 것으로 생각하여 운전을 하다가 사고를 내는 경우도 많다. 따라서 운전자가 음주운전이라고 감지하지 못하는 숙취 운전이 더 위험할 수도 있으므로 과음을 하고 난 다음 날 운전을 해야 할 경우는 세심한 주의가 필요하다.

미국의 경우 미시간과 오하이오 등 일부 주에서는 밀봉되지 않은 주류를 주행중인 차에 두는 것 자체가 금지되어 있고, 승객이 차내에서 음주하는 것도 금지하고 있다. 음주운전의 원인이 되는 요인 자체를 허용하지 않음으로써 음주운전을 강력하게 예방하고자 하는 의도가 반영된 것으로 볼 수 있다. 순간의 방심과 잘못된 판단으로 인한 음주운전은 소중한 인명 희생과 피해를 불러올 수 있으므로 음주운전은 우리 주변에서 하루 빨리 사라져야 한다. 이런 노력에도 불구하고 최근 3년간 음주운전 교통사고는 하루에 47.8건 발생하여 사망자도 다수 발생하고 있으나 다행인 것은 해마다 사망자의 수가 감소하고 있다는 점이다.

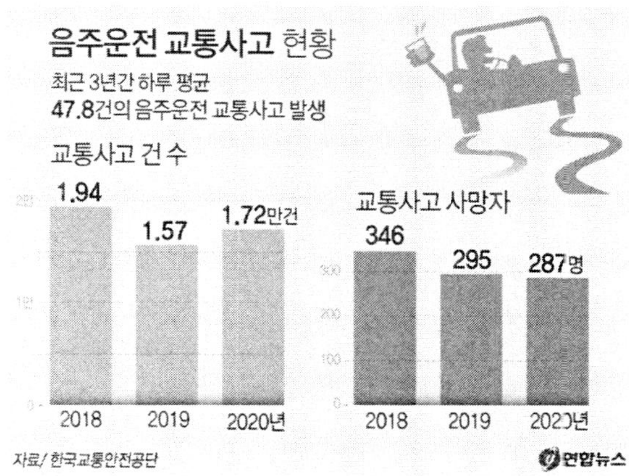

|그림 11-4| 교통안전공단, 2018~2020년 음주운전 사고 분석

출처 : 연합뉴스(2021. 5. 28).

3) 어린이 교통사고 ZERO

어린이는 보행이나 횡단보도 통과 시 어른과 달리 예측이 불가능한 경우가 많다. 어린이 교통사고의 유형을 보면 정차된 차 뒤에서 놀다가 운전자가 출발이나 후진 시 확인하지 않아 발생하기도 하고, 횡단보도에서 초록불로 바뀌었을 때 주행하는 차의 정차 여부를 확인하지 않거나 뛰거나, 친구와 장난을 치면서 건너기, 휴대폰을 보며 주위를 살피지 않고 도로를 건너는 경우 발생한다. 그 외에도 신호등이 없는 횡단보도를 뛰어가다 나는 사고가 있는데 이는 눈높이가 낮아 시야가 제한적인 어린이의 특성상 주변 교통상황 관찰이 어렵기도 하고 속도와 거리에 대한 개념이 명확하지 않기 때문에 발생한다. 때로는 모방심리가 강한 어린이가 가족이나 주변 어른이 무심코 무단 횡단한 것을 모방하여 행동하다가 사고가 발생하기도 한다. 따라서 운전자 또는 어린이와 동행하는 가족, 주변 사람들은 이와 같은 어린이의 특징을 잘 인지하여 어린이 교통사고 발생에 각별히 주의해야 한다.

운전자는 어린이가 주로 다니는 어린이 보호구역 등을 운행할 때 전방에서 갑작스러운 어린이의 돌출행동에 대응할 수 있도록 최대한 속도를 줄이고 방어운전을 하는 자세가 필요하다. 어린이의 가족이나 주변 사람들은 어린이가 안전하게 도로 주변에서 보행하거나 횡단할 수 있도록 동행하여 안전 수칙을 체득하도록 하거나 어린이가 이해하기 쉽도록 구체적으로 설명하여 안전 수칙을 안내할 필요가 있다. 영유아의 경우 횡단보도의 신호가 바뀌었을 때 주변의 차 진행 상황을 살펴보지 않고 뛰어서 횡단하려고 할 수도 있으므로 이때 보호자는 이러한 행동에 제재를 가하기 쉽도록 손목을 잡고 건너는 것이 좋다.

민식이법 시행 이후, 일부 학생들이 어린이보호구역 내 차량에 고의적으로 부딪히는 일명 '민식이 놀이'를 하는 사안이 발생하기도 하여 사회적으로 파장을 일으키기도 하였다. 어린이들의 잘못된 놀이로 인하여 교통사고가 발생하지 않도록 가정과 학교에서 충분한 교육이 이루어져야 한다.

4) 노인 교통사고 ZERO

노인은 전반적으로 신체 기능이 저하되어 있어 교통사고에 아주 취약하다. 노인들의 교통사고 비율이 높아지는 것이 이를 증명한다. 노인들은 정지물에 대한 시력은 20% 이하로 떨어지나 동작물에 대한 시력은 50% 이하로 기능이 저하되며 반사체로부터 시력의 회복 속도는 성인에 비하여 2배 느려진다. 또한 청력도 30% 이상 손상되며 청력 기능 상실 또는 약화로 정보 획득 및 지각이 느려지게 되어 운동 반응속도가 늦어진다. 근육도 신경계에서 근육계로 정보를 전달하는 속도가 2배 느려지며, 목·머리 등의 회전 반경에 제한이 많아지고 보폭이 50%

느려진다. 그 외에도 뼈, 인대, 관절, 연골 등의 약화로 운전 및 보행 시 요구되는 운동능력에 한계가 있으며 동작물체 간 거리 판단 오차율이 2배 많아진다(지우석, 2009).

운전자의 정지 시력은 40세부터 저하되기 시작하여 60세 이상부터는 30대 시력에 비해 80% 수준으로 감소한다. 동체 시력은 정지 시력에 비해 약 30% 낮게 측정되며 나이가 들수록 안구 운동 조절 능력이 감퇴하므로 정지 시력에 비해 급격하게 감소하게 된다. 야간 시력은 75세 운전자가 시각 정보를 얻기 위해서는 25세 운전자보다 32배의 빛이 필요하며 섬광 회복력과 명도 대비능력도 감소된다(채찬들 · 정연식, 2011). 따라서 급격하게 진행되고 있는 우리나라의 인구 고령화를 고려한 교통 시스템을 마련하고 노인 보행자를 배려하는 사회적 공감대가 필요하다. 또한 고령 운전자는 이와 같은 기능의 저하를 인지하여 스스로 운전면허증을 반납할 필요가 있다.

5. 교통사고의 역사

1) 우리나라 최초 교통사고

1899년 5월 26일 서울에서 우리나라 최초의 교통사고가 발생했다. 1898년 봄 서대문~청량리 간 운행을 개시한 지 얼마 안 된 '전차'가 동대문에서 서대문 노선을 따라 가고 있는데 종로2가 정류장 근처에서 건너던 5살짜리 아이를 전차가 치어 숨지게 하는 사고가 발생했다. 이에 격분한 아이 아버지와 주변 사람들이 도끼, 몽둥이, 돌멩이를 들고 전차로 달려들자 운전수와 차장이 도망가고 사람들은 마구 차를 부순 뒤 기름을 끼얹고 불태웠다고 한다. 그래도 분이 풀리지 않아 사람들은 전차를 운영하는 회사인 '한성전기회사'로 쳐들어갔다. 이때부터 외출하는 아이들에게 '길조심 하라'라는 당부가 있었다고 한다(나무위키).

2) 세계 최초 교통사고

1770년 프랑스의 죠셉 퀴뇨가 만든 증기자동차는 최초의 증기자동차이면서 최초의 자동차 사고를 낸 차이다. 이 차는 무거운 보일러와 2개의 실린더가 앞바퀴에 얽혀 구동되어 운전하는 중에 조향하기 어려웠고, 보일러도 15분마다 물을 보충해야 했으며, 브레이크 장치도 갖추지 않아 결국 파리 교외의 언덕길에서 세우지 못하고 벽에 부딪혀 화재를 일으키게 되어 제1호 교통사고를 내고 말았다(naver.com).

6. 공유시대 GOGO-토론

[토론 1]

차는 인간의 삶의 질을 향상시키고 국가사회 발전에 크게 이바지하였다. 하지만 교통사고로 인한 희생자가 많이 발생하는 것이 큰 문제이다. 최근에 우리나라는 교통사고를 막기 위하여 희생자의 이름을 딴 다양한 법을 제·개정하여 처벌을 강화하였다.
이와 같이 법을 만들어 규제하는 것으로 어느 정도 교통사고를 막을 수 있는지 의논해 보고, 법률 이외의 방법으로 교통사고 Zero를 위한 대책을 찾아보자.

[토론 2]

음주운전은 피해자 운전자 모두에게 불행한 일이다. 처벌도 강화되고 음주운전자에 대한 사회적인 비난도 증가하고 있다. 음주운전은 안 된다는 것은 누구나가 아는 사실인데 음주운전 사고가 줄어들지 않는 원인이 무엇인지 찾아보고 대책을 의논해 보자.

제12장
누구나 실천할 수 있다!! 응급처치

2011년 1월 21일 소말리아 인근 아덴만 해상에서 해적에게 피랍된 삼호주얼리(Samho Jewelry)호 구출 작전에서 석해균 선장이 불행하게도 복부에 관통상을 입어 생명이 위험한 상황에 처했다. 그러나 석 선장은 오만에서 응급처치를 받고 바로 우리나라로 이송되어 치료를 받아 생명을 구했다. 반면 서울 강동구 한 도로에서 택시와 사설구급차가 접촉하는 사고가 발생했고, 택시기사가 구급차를 가로막는 바람에 구급차에 있던 응급환자가 응급조치를 받을 기회를 놓쳐 숨지는 안타까운 일이 벌어졌다. 석 선장의 경우는 복부에 치명적인 관통상을 입어 대단히 위험한 상태였지만 제때에 응급처치가 이루어지고 치료를 받아 생명을 구했으나, 두 번째 사건은 응급조치를 할 수 있는 시간이 있었음에도 불구하고 치료를 받지 못해 사망한 것을 보면서 응급처치가 위급한 환자에게 얼마나 중요한지 알 수 있다. 응급처치의 여부에 따라 사람의 생사가 좌우되기도 하며, 치료기간을 단축할 수도 있다. 응급처치는 완전한 치료가 아니고 가장 기초적인 치료이며 생명을 연장시켜 다음 치료를 받을 수 있도록 도와주는 것이다. 따라서 온 국민이 응급처치의 중요성을 알고 관심을 가진다면 응급 상황이 발생했을 때 지금보다 더 많이 피해를 줄일 수 있다. 이에 본 장에서는 응급처치의 의미와 요령, 그리고 주변에서 일어난 응급상황에서 대처할 수 있는 방법을 알아보고자 한다.

1. 죽음 열차를 멈추게 하는 응급처치

1) 응급처치의 의미

사람이 살다 보면 위급한 상태로 인하여 신속하고 적절한 응급처치를 받아야 할 경우가 있다. 이에 국가에서는 응급환자의 생명과 건강을 보호하기 위해 「응급의료에 관한 법률」을 제정하여 응급처치가 적시에 이루어질 수 있도록 노력하고 있다. 「응급의료에 관한 법률」에 의하면 응급환자는 질병, 분만, 각종사고 및 재해로 인한 부상이나 그 밖의 위급한 상태로 인하여 즉시 필요한 응급처치를 받지 않으면 생명을 보존할 수 없거나 심신에 중대한 위해가 발생할 가능성이 있는 환자 또는 이에 준하는 사람으로 보건복지부령으로 정한 사람을 말한다. 응급처치(first aid)는 의료행위의 하나로서 응급환자의 기도를 확보하고 심장박동의 회복, 그 밖에 생명의 위험이나 증상의 현저한 약화를 방지하기 위하여 긴급히 필요로 하는 처치이다(응급의료에 관한 법률 제17968호 2021. 3. 23). 이 법률에 의해 응급환자가 발생하면 환자가 생명의 위험에서 벗어나거나 심신상의 중대한 위해가 제거되기까지 상담, 구조, 이송 등의 응급처치 및 진료 등의 응급의료를 받을 수 있다. 이와 같이 응급처치는 갑작스럽게 발생한 질병이나 재해 그리고 상처로 생사의 갈림길에서 촌각을 다투는 환자에게 빠른 시간에 가장 기초적인 조처를 취하는 것으로 병원 치료를 받을 때까지 일시적으로 도와주는 임시적인 조치이다.

2) 응급처치, 왜 필요한가?

우리나라 2020년 사망자 사망 원인을 보면 악성신생물(암), 심장 질환, 폐렴, 뇌혈관 질환, 고의적 자해(자살), 당뇨병, 알츠하이머병, 간 질환, 고혈압성 질환, 패혈증 순이다(김수진, 2021). 10대 사인으로 사망하는 사람이 67.9%를 차지하고 암, 심장 질환, 폐렴으로 인한 사망자는 전체 사인의 44.9%를 차지하는 것으로 나타났다(통계청 보도자료, 2021. 9. 28). 통계에 의하면 요즈음은 순환기계 질환으로 인한 사망과 각종 사고로 사망하는 비율이 전체적으로 증가하는 추세이다. 응급처치는 순환기계 질환과 각종 사고로 인해 생명이 위협받는 긴박한 사람들이 주요 대상이다. 병원에 도착하기 전에 응급처치 실시 여부에 따라 사망률과 후유증에 차이가 있다. 사람은 심장마비로 발작한 후 4~6분 이내에 적당한 조치를 취하지 않는다면 죽음에 이르거나 치명적인 후유증으로 고생을 한다. 따라서 급작스럽게 발생하는 환자에게는 응급상황에 맞는 신속·정확한 치료가 이루어져야 한다. 모든 환자에게 응급처치가 필요한 것은 아니지만 나 자신이나 가족 중 누군가에게 언제 어떻게 닥쳐올지 모르는 사태를 예방하기 위해서 응급처치 방법을 알아두어야 한다. 비정상적 심장 박동으로 인한 심정지는 응급처치를 배우기만 하면 누구나 실시할 수 있으며 죽어가는 생명을 구할 수 있다. 초등학생이 자기 아버지가 심장에 문제가 생긴 것을 인지하고, 119에 연락한 후 직접 심폐소생술을 실시하여 목숨을 구한 사례가 보도되어 많은 사람들에게 공감을 받았다. 누구나 응급처치에 관심을 가지면 이와 같이 귀한 생명을 구할 수 있다는 것을 보여준 사례이다. 하지만 누구나 할 수 있다고 해서 마구잡이식 응급처치를 실시하면 환자의 상태를 더 악화시킬 수 있기 때문에 반드시 소정의 교육을 이수한 사람이 실시해야 한다.

일반적으로 일반인들은 환자를 보고 응급환자인지 아닌지 정확히 구별하기 쉽지 않다. 따라서 환자의 상태가 급하다고 생각되면 응급환자로 생각하고 119에 먼저 연락한 후 응급처치를 실시하는 것이 좋다. 이때 만일 아무런 처치도 하지 않는다면 대부분 사망하게 된다. 따라서 생존율을 최대로 보장하기 위해서는 신고, 심폐소생술, 제세동술, 전문소생술의 이 네 가지 과정이 연쇄적으로 신속하게 이루어져야 한다(daum.net).

3) 응급처치 이렇게 해야 한다

우리는 언제 발생할지 모르는 응급상황에 대비하여 필요한 준비를 해두어야 한다. 첫 번째, 가장 중요한 준비는 응급처치 교육을 받는 것이다. 두 번째는 응급물품을 구비하고 항상 점검하여 예기치 못한 상황에 대비해야 함은 물론 응급상황을 신고할 전화번호도 알아두어야 한다. 응급 시 필요한 준비물은 전화기, 구급함, 반창고, 핀셋, 거즈, 방부제, 거즈패드, 손전등, 건전지, 일회용 장갑, 마스크 등이다. 이런 물품을 한 곳에 두지 않고 아무데나 놓아두면 위급한 상황에 대처하기가 불편하므로 구급함에 넣어, 품목에 대한 목록을 붙여 급할 때 바로 들고 갈 수 있도록 해놓아야 한다. 또 당황하면 알던 연락처도 생각이 안 날 때를 대비하여 구급함에는 비상시 연락할 수 있는 연락처를 적어 놓으면 도움이 된다. 우리나라에서 응급의료 정보 도움을 주는 곳은 1339이고 환자 이송은 119로 연락한다. 이 외에도 사고 시 도움을 줄 수 있는 의료기관, 동료, 친지 등의 연락처도 기록해두면 급할 때 유용하게 쓸 수 있다.

4) 응급처치 교육을 받았으면 잘 활용해야 보배

할머니와 시내버스를 타고 가던 6살 어린이가 갑자기 의식을 잃고 쓰러지자 버스를 운전하던 기사는 차를 멈추고 응급처치를 실시하였고 승객들은 버스 기사를 도와 119에 신고하여 어린이를 구한 일이 있었다. 응급처치를 실시한 버스 기사는 평소에 회사에서 응급처치 교육을 받았다고 한다. 만약에 버스 안에 응급처치 교육을 받은 사람이 없었거나 버스기사나 승객이 어린이를 방치했다면 사망했을지도 모른다. 이와 같이 응급환자를 살리기 위해서는 현장에서 누군가가 즉시 응급처치를 실시하고 신속히 전문적 처치와 연계되도록 해야 한다. 나와는 관계없는 일이라고 할 수 있지만 이러한 위급한 상황은 누구나 겪을 수 있다. 따라서 응급처치 교육을 받는 것은 필수이며 배운 지식을 이용하여 다른 사람을 응급상황에서 구해주고자 하는 시민정신(citizenship)이 필요하다. 버스 기사의 시민 정신이 6세 어린이의 생명을 구했듯이 주변에서 발생하는 위급환자를 보호하려는 시민 정신이 길러지면 앞으로 순환기나 각종사고로 인하여 위급한 처지에 있는 사람들을 더 많이 구할 수 있을 것으로 본다. 응급처치 교육은 지역 소방서, 중앙소방학교 또는 지방소방학교(서울, 부산, 광주, 경기, 충청, 경북)에서 받을 수 있다.

2. 응급의료체계(중앙응급의료센터)

우리나라 응급의료체계는 다음과 같다.

1) 응급의료체계란

일정 지역 내에서 발생한 응급환자가 양질의 응급의료 서비스를 받도록 필요한 인력, 시설, 장비, 자원 등의 모든 요소가 효과적으로 운영되도록 재배치하는 것을 말한다. 즉, 응급환자가 발생했을 때 현장에서 적절한 조치를 취하고, 신속하고 안전하게 환자의 치료에 적합한 병원으로 이송하며, 병원에서 집중적인 치료를 받도록 지원하는 체계를 말한다. 간단한 상처인 경우는 개인이 스스로 소독하고 지혈을 하면 응급의료체계가 필요 없지만 응급환자가 발생하여 이를 해결하려면 응급의료체계가 필요하고, 이를 이용하는 방법을 국민이라면 누구나 알아야 한다.

2) 응급의료체계의 구성요소(중앙의료응급센터, 응급의료체계)

응급의료체계 구성요소는 필요나 의료 환경의 변화에 따라 가감될 수 있으며, 운용에 대한 평가 및 분석을 통해 특정 구성요소를 보강할 수 있다. 우리나라의 경우는 응급의료체계의 구축단계를 벗어나 각 구성요소에 대한 평가와 취약요소에 대한 보강이 이루어지고 있는 단계이다. 이와 관련하여 응급의료체계의 구성요소를 살펴보면 다음과 같다.

(1) 인력

인력은 병원 전 단계에서 활동하는 최초반응자, 응급구조사와 병원단계에서 활동하는 응급의학 의사, 응급전문 간호사 등 응급센터에서 근무하는 의료진이다.

(2) 신고접수 및 반응

응급의료체계의 이용을 위한 접근방법은 신고이며 접수는 전화로 한다. 전화번호는 나라마다 고유 번호를 지정하여 운영하고 있는데 미국은 911번, 영국은 999번, 러시아는 02번, 이탈리아는 114번, 일본은 119번, 우리나라는 119번과 경찰(112번)에서 담당하고 있다.

신고에 대한 반응은 구급대 출동지시, 병원알선, 응급처치에 대한 상담이나 구급대 도착 전까지의 행동요령을 지도하는 의료지도업무이다.

(3) 교육 및 훈련

환자를 처음 접하는 사람은 주변에 가까이 있는 사람이나 환자의 가족이므로 이들에 대한 기본심폐소생술 및 외상소생술 교육, 응급의료 관련 업무에 종사하는 공무원(경찰, 응급의료정보센터 및 보건직 종사자), 응급의료종사자 양성을 위한 교육과정 및 보수교육이 이루어져야 한다. 교육이 효율적으로 이루어지기 위해서는 교육훈련대상자의 수준에 적합한 교육 프로그램 개발과 강사 확보가 있어야 한다.

(4) 정보 · 통신체계

응급의료체계의 각 구성요소와 관리자들을 하나의 유기체로 만들어 주기 위해서는 정보 · 통신망이 그 역할을 담당한다. 통신체계 구성요소는 접근, 신고접수 및 전화상담, 의료지도이다. 정보시스템의 구축은 통신으로 가능한 업무의 영역을 확대할 수 있고, 응급의료서비스의 질을 한 단계 높일 수 있는 계기도 될 수 있다.

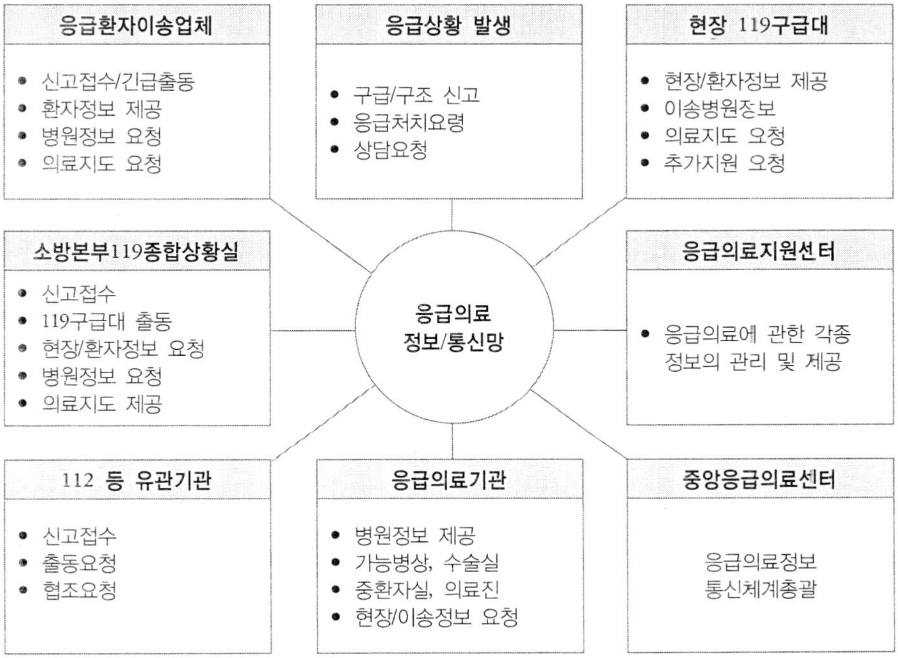

|그림 12-1| 우리나라 응급의료 정보・통신체계

(5) 이송체계

응급환자의 이송은 병원 전, 병원 간으로 구분할 수 있고 이송수단과 탑승인력, 응급의료기관, 정보・통신으로 구성된다. 이송수단은 육로, 항공, 해상 이송 등이다. 병원 전 단계의 환자이송은 119구급대가 전담하고 병원 간 이송은 대부분 병원 자체의 구급차나 민간이송업체에서 유료로 운행하는 구급차를 이용하고 있다.

(6) 응급의료기관

응급의료기관은 기본적으로 24시간 응급환자를 진료할 수 있는 인력과 시설 및 장비를 갖추어야 한다. 이 외에도 구급차, 응급의료정보센터와 공유할 수 있는 정보・통신장비, 전원에 필요한 구급차 등을 구비해야 한다.

국가에서는 각 병원의 응급실을 평가하여 응급의료기관으로 지정하고, 여기에 지역의 인구나 인근지역과의 균형 등을 고려하여 합당한 업무를 부여하고 있다. 2022년 8월 1일 기준 응급의료기관 수는 중앙응급의료센터 1개소 권역응급의료센터 40개소, 지역응급의료센터 124개소, 지역응급의료기관 244개소, 그 밖의 의료시설 1개소이다.

(7) 전문응급의료시설

보건복지부장관은 응급의료에 관한 법률 제29조 제1항에 의거하여 소아환자, 화상환자 및 독극물중독환자 등에 대한 응급의료를 위하여 중앙응급의료센터, 권역응급의료센터, 지역응급의료센터 중에서 분야별로 전문응급의료센터를 지정하여 운영하고 있다.

(8) 대중교육 및 정보제공

대중교육은 응급의료서비스의 올바른 이용을 위한 접근법과 구급대가 도착하기 전까지의 응급처치 요령과, 예방이 가능한 외상이나 질병에 대한 예방법이다. 이 교육은 불필요한 응급의료서비스의 이용을 줄여 응급의료체계의 효율을 극대화하는 매우 중요한 요소이다. 정부에서 질병에 대한 예방법, 응급의료 정보 등을 언론매체를 이용하여 국민들에게 제공하는 것도 하나의 방법이다.

(9) 감독 및 질 개선

응급의료체계를 발전시키기 위해서는 모든 구성요소에 대한 응급의료수행의 의무와 적절성, 효율성에 대한 질 평가와 질 개선활동이 정기적으로 이루어지도록 하고 있다.

(10) 업무지침

업무지침은 특수한 상황에서 필수적으로 수행되어야 할 표준을 설정하는 것으로 응급의료에서 업무지침은 응급환자의 중증도 분류, 응급처치, 환자이송 및 전원에 대한 기준이 주가 된다. 응급의료지침서는 한 항목의 응급처치를 수행하기 전에 지도의의 허락을 득해야 하나 현장 응급처치수행 지침서는 지드의의 사전허락 없이 곧바로 지침서의 단계별 응급처치를 수행할 수 있다. 그러나 현장 응급의료제공자가 지도의와 통신이 두절된 상황이라면, 프로토콜이나 현장 응급처치수행 지침서에 따른 단계별 응급처치를 스스로 판단해서 즉시 수행해야 하며, 이런 권한은 법으로 보장되어 있어야 한다.

(11) 의료지도

법 테두리 안에서 일정한 권한과 책임을 부여받아 응급의료의 질을 향상시키기 위해 수행되는 업무로 응급의료에 경험이 많은 의사나 응급의학전문의, 고참 응급구조사나 간호사가 의사의 감독하에 이루어지는 것이 보통이며, 현장 응급의료제공자가 수행한 응급처치에 대해서 법적인 책임을 지게 된다. 의료지도는 직접의료지도와 간접의료지도로 분류할 수 있다. 직접의료지도란 의료지도의가 응급구조사나 구급대원과 함께 직접 현장에 출동하여 응급처치를 수행하거나 유무선통신상으로 의료지시를 하는 것을 말하고, 간접의료지도는 직접의료지도가 아닌 모든 의료지도를 말한다.

(12) 재정

응급의료에 대한 자금 조성방법과 운용은 법으로 규정하고 있으며 우리나라는 「응급의료에 관한 법률」 제20조에 의거하여 재원을 확보하고 있다.

(13) 상호지원체계

한 지역의 응급의료자원으로 해결할 수 없는 재해나 대형사고 또는 응급구조에 특수 장비가 필요하면 인접한 지역의 인적·물적 자원을 지원받을 수 있는 상호협조체계(계획)를 갖추도록 하고 있다.

(14) 재해대책과의 연계

응급의료기관은 해당지역이나 기관 내 사고를 대비한 비상계획을 수립하고 지역합동 혹은 자체적인 대비훈련을 하는 것은 물론 재해에 대비한 물자, 특히 약품이나 의료장비에 대한 비축계획을 수립하여 정부의 지원 및 관리하에 준비되어 있어야 한다.

3. 응급의료체계를 알면 도움이 된다

응급상황이 발생하면 1339나 119로 전화하여 도움을 요청한 후 누구라도 간단한 응급처치를 시행한다. 우리가 잘 아는 것과 같이 119에 전화를 하면 환자이송 및 응급처치의 도움을 받을 수 있다(ksidi.co.kr). 응급의료정보센터 1339에 연락하면 응급처치 요령, 병원안내, 질병상담 등을 전화로 도움을 받을 수 있다. 응급상황이 발생하면 종합병원을 찾기보다는 증상을 살펴보아 경미한 경우에는 인근의 의료기관을 방문하며, 증상이 매우 심하다고 판단되면 119 구급대에 즉시 연락하여 도움을 요청해야 한다. 119로 전화가 연결되면 통신근무자(전화상담원)에게 기본적인 사항을 이야기하고, 구급차가 도착할 때까지 연락체계를 계속 유지하여 응급처치법 등에 조언을 받아가며 위급한 상황에 대처해야 한다.

응급상황 발생 시 대처방법을 살펴보면 다음과 같다.

1) 구조요청 시 꼭 알려야 할 정보

- 언제 어디에서 무슨 일이 발생했는지?
- 부상자의 수와 상태
- 신고자의 이름, 연락처(전화번호, 주소 등)
- 응급처치 상태 등 구조에 도움이 될 수 있는 내용

2) 위급상황 시 3C를 확인하고 움직여라

3C란 Check, Call, Care의 앞 자를 딴 것이며 Check는 현장과 안전, Call은 연락, Care는 처치 및 도움을 말한다. 좀 더 자세하게 살펴보면 다음과 같다.

현장과 안전(Check)이란 현장은 안전한지, 무슨 일이 일어났는지, 얼마나 많은 사람들이 다쳤는지, 도움을 받을 사람이 있는지를 확인하는 것을 말하며, 연락(Call)이란 응급의료기관에 즉시 전화, 상대방에게 필요한 정보 주기, 상대방이 전화를 끊을 때까지 기다리기, 전화 후 돌아와서 처치를 계속 하는 것을 말한다. 처치 및 도움(Care)이란 응급처치원에 대한 신분을 밝히고, 도움에 대한 사전 동의를 구하며, 장갑 착용 등 감염예방에 대한 대처를 한 후 응급처치를 실시하는 것을 말한다(naver.com).

3) 부상자 구조와 응급처치 요령

의식확인 → 호흡확인 → 맥박확인 → 출혈확인 → 얼굴색 → 체온 → 피부상태 → 골절확인 → 구토 등 주변상황 확인 → 응급처치 → 기도개방 → 구조호흡 → 심폐소생술 → 충격예방처치 → 지혈 → 상처처치 → 골절처치

4) 응급처치원이 지켜야 할 사항

- 응급처치원임을 밝힌다.

- 응급처치원 자신의 안전을 확보한다.
- 환자의 생사판단을 하지 않는다.
- 의약품은 사용하지 않는다.
- 응급처치로 그치고, 전문 의료 요원에게 처치를 맡긴다.

5) 동의 받기

허락이나 동의 없이 타인의 신체에 접촉하는 행위는 위법이고 잘못하면 폭행으로 간주되기도 하므로 반드시 응급처치 전 사전 동의가 필요하다. 동의는 의식이 있는 경우는 명시적 동의를 받아야 하고 의식이 없는 경우에는 묵시적 동의가 필요하다.

6) 위급상황 시 행동 원칙

위급한 상황이라고 해서 함부로 행동을 해서는 안 된다. 현재 위험하거나 잠재적인 위험이라도 해가 될 수 있으므로 여러 여건을 확인하고 행동해야 한다. 주변에 위험한 요소는 없는지, 구조자가 위험에 노출되지 않았는지, 다른 사람에게 위험이 노출되지 않는지 등을 살펴 위험 요소를 제거할 수 있으면 안전하게 제거한다. 화재 현장같이 위험한 상황이 아니면 환자를 옮기지 않는다. 위급 시 행동 요령을 순서대로 살펴보면 다음과 같다(https://www.e-gen.or.kr).

① 반응 정도를 확인해야 한다.

환자가 의식이 없거나 혼미한 경우에는 환자에게 크게 소리쳐서 반응을 확인한다. 만약 크게 불러도 환자의 반응이 없으면 양 어깨를 두드려 보고, 영아(1세 미만)는 발바닥을 때려 확인한다.

② 지나가는 사람이나 동료에게 소리쳐서 신고를 위한 도움을 요청한다. 가능하면 아는 사람을 지목하도록 하며, 눈을 맞추어 현재의 상태를 이해했는지 확인해야 한다.

③ 적절한 호흡을 위하여 문제가 없는지 확인해야 한다.

입을 열고 기도를 막고 있는 물질이 있다면 제거하되, 앞쪽에 잘 보이는 경우만 제거한다.

④ 호흡 환자가 호흡을 하고 있는지 확인하고 호흡이 없다면 보조한다.

가슴이 오르락내리락 하는지, 환자의 호흡음이 있는지, 호흡이 느껴지는지, 기타 살아있는지를 알 수 있는 증거(몸의 자발적 움직임, 침을 삼킴, 기침함)를 확인한다. 그러고 난 후 2번의 인공호흡을 실시한다.

⑤ 전화로 119에 신고하여 응급 서비스에 도움을 받는다.

⑥ 전화로 도움을 요청할 때는 신고자의 이름과 응급상황에서 도움을 주려는 사람임을 밝힌다. 신고 시에는 신고자 전화번호, 장소(주소나 거리 이름, 큰 건물이나 유명한 장소)를 기준으로 설명한다. 예를 들면, "교통사고인데요, 차가 충돌하여 도로는 막혔으며, 차 안에 사람이 타고 있습니다" 등을 이야기한다.

그 외에도 희생자 수, 성별 및 대략의 나이 등 희생자들의 상황에 대한 가능한 정보, 현장의 상황을 알아볼 수 있는 정보(가스 유무, 현장의 기후)를 알린다.

☞ 반드시 119 또는 1339에 연락하여 빨리 도움을 받아야 하는 응급 상황들 (daum.net)

① 기도폐쇄 ② 호흡곤란이나 숨을 쉬지 않는 경우(무호흡) ③ 심장마비 ④ 심장

질환이나 흉통 ⑤ 의식이 없는 경우 ⑥ 심한 출혈 ⑦ 척수 손상이 의심되는 경우 ⑧ 경련 환자 ⑨ 마비 환자 ⑩ 중독 환자 ⑪ 물에 빠졌을 때(익수) ⑫ 중등도 이상의 화상 ⑬ 전기손상 ⑭ 자살기도 ⑮ 분만

☞ 증상이 경미하더라도 반드시 응급진료가 필요한 경우의 예(daum.net)

① 기침 시 혹은 가래에 피가 섞여 나오는 경우
② 소량이라도 피를 토하는 경우
③ 흉통(가슴에 갑자기 통증을 느낀 경우)이 발현한 경우
④ 잠시라도 의식을 잃은 경우
⑤ 신체에 마비증상이 일시적이라도 나타났던 경우
⑥ 기타(갑자기 숨이 찬 경우)

4. 심장을 다시 뛰게 하는 심폐소생술

1) 생존율을 높이는 심폐소생술

심정지는 발생 후 4~6분이 지나면 뇌에 혈액 공급이 끊기면서 뇌 손상이 급격히 진행되며 시간이 길어질수록 뇌손상이 심각해져 사망에 이른다. 설상가상으로 살아나도 계속적인 치료를 받거나 타인의 도움을 받아야 살 수 있다.

심정지 후 응급조치를 받으면 생존율이 3배까지 높아진다. 하지만 우리나라는 심폐소생술 교육을 받은 사람의 비율이 미국보다 높은 수준임에도 미국보다 심폐소생술을 직접 실시하는 경우가 낮으며 심폐소생술 시행률은 3%에 불과하여 골든 타임을 놓치고 있다고 한다. 또한 급성심정지가 가장 많이 발생하는 장소는 가정(전체 발생장소 중 57.4%)이지만 심폐소생술을 받은 경우는 10%도 안 된다고 하니, 심폐소생술에 대해 교육을 받아 응급상황 발생 시 적절히 대처해야 피해를 최소화할 수 있다(naver.com).

2) 심폐소생술이란

기본 소생술은 심정지가 의심되는 의식이 없는 사람을 발견하였을 때, 구조를 요청하고 가슴압박을 시행하며 심장충격기를 적용하는 심폐소생술의 초기 단계를 말한다. 기본 소생술의 목적은 환자 발생 시 전문 소생술이 시행되기 전까지 가슴압박과 제세동 처치를 시행하여 환자의 심박동을 가능한 한 빨리 정상화시키는 것이다(naver.com).

하지만 응급처치를 실시하다가 잘못되는 경우 발생하는 법적 문제와 윤리적 문제의 예방을 위해 응급처치자는 반드시 부상자로부터 사전에 명시적 동의를 얻어야 한다. 부상자의 동의 없이 신체를 접촉하는 행위는 위법이며, 폭행으로 간주되어 법적 소송에 휘말릴 수 있기 때문이다. 또한 처치자는 부상자에게 자신의 이름을 대고 응급처치 교육을 받았음을 밝히고 앞으로 실시할 응급처치에 대해 설명을 해야 한다. 심폐소생술의 순서는 다음과 같다(국민재난안전포털).

① 심정지 확인(반응 및 호흡 확인)하기 : 쓰러진 사람의 반응 및 호흡 상태를 확인한다.

② 119 신고와 도움 요청하기 : 119에 빠르게 신고하고 발견 장소 및 현 상황을 알린다.

③ 가슴압박 위치 잡기 : 양손을 깍지 끼어 손꿈치로 가슴 중앙(명치를 피해)을 압박하되, 손가락 끝이 몸에 닿지 않도록 한다.

④ 가슴압박 30회 시행하기 : 팔꿈치를 펴서 팔이 바닥에 수직을 이룬 상태로 체중을 이용하여 가슴을 압박한다.

⑤ 기도 유지 후 인공호흡 2회 시행하기 : 기도를 확보(머리를 젖히고 턱 들기)한 후 인공호흡을 시행하되 가슴이 부풀어 오르는지 확인하면서 1회/ 1초로 총 2회 시행한다.

⑥ 가슴압박과 인공호흡 병행하기 : 가슴압박과 인공호흡의 시행비율은 가슴압박 30회, 인공호흡 2회로 번갈아서 시행한다(네이버 지식백과).

환자의 반응 확인	119 신고	호흡 확인	가슴압박 30회 시행
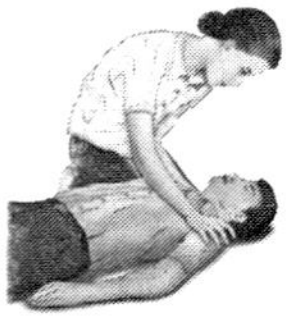			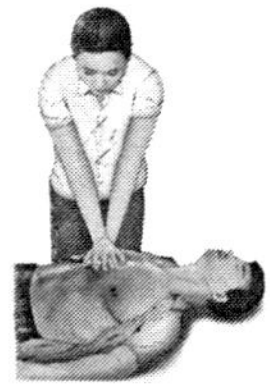
어깨를 가볍게 두드리며 "여보세요, 괜찮으세요?"를 외치면서 환자의 반응을 확인합니다.	환자의 의식(반응)이 없으면 큰 소리로 주변 사람에게 119 신고를 요청하고, 자동심장충격기를 가져오도록 부탁합니다.	환자의 얼굴과 가슴을 10초 이내로 관찰하여 호흡이 있는지를 확인합니다. 호흡이 없거나 비정상적이라면 즉시 심폐소생술을 준비합니다.	깍지를 낀 두 손의 손바닥으로 환자의 가슴 압박점을 찾아 30회 가슴압박을 실시합니다. 압박깊이는 약 5cm(소아는 4~5cm). 압박속도는 분당 100~120회를 유지합니다.
인공호흡 2회 시행	**가슴압박과 인공호흡의 반복**	**회복자세**	
	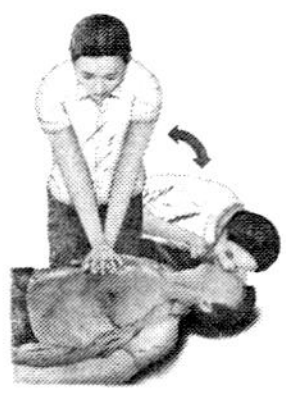		
환자의 코를 막은 다음 구조자의 입을 환자의 입에 밀착시킨 후 환자의 가슴이 올라올 정도로 1초 동안 숨을 불어넣습니다. 인공호흡 방법을 모르거나, 꺼리는 경우에는 인공호흡을 제외하고 지속적으로 가슴압박만을 시행합니다.	30회의 가슴압박과 2회의 인공호흡을 119구급대원이 도착할 때까지 반복해서 시행합니다.	환자의 호흡이 회복되었으면 환자를 옆으로 돌려 눕혀 기도가 막히는 것을 예방합니다.	

출처 : 보건복지부 질병관리본부 · 대한심폐소생협회.

자동심장충격기(AED)란 심실세동(심장의 박동에 의해서 심실의 각 부분이 불규칙적으로 수축하는 상태)과 심실 빈맥으로 심정지가 된 환자들에게 극히 짧은 순간에 강한 전류를 심장에 통과시켜서 정상적인 심장 활동이 이루어지도록 하는 도구로 일반인도 쉽게 사용할 수 있다. 자동심장충격기 사용법은 다음과 같다(daum.net).

① 전원 켜기 : 전원이 켜지면 자동심장충격기에서 나오는 안내에 따라 행동한다.

② 패드 부착 : 상의를 벗긴 후 안내문구와 같이 상체에 패드를 부착한다.

③ 심장리듬 분석 : "모두 물러나세요"라고 외치며 환자와 접촉하지 않는다.

④ 심장 충격(제세동) : "모두 물러나세요"라고 외치며 버튼을 눌러 심장 충격을 한다.

⑤ 심폐소생술 재시행 : 심장 충격을 시행한 뒤 지체 없이 가슴압박을 시행한다.

⑥ 반복 : 자동심장충격기는 2분마다 심전도를 자동으로 재분석하므로, 그 사이 심폐소생술을 시행한다.

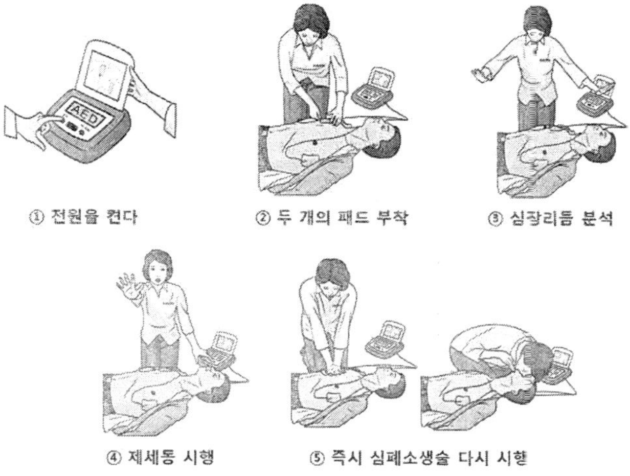

|그림 12-2| 자동심장충격기(AED) 사용방법

5. 상황별 응급처치

우리 주변에서 갑자기 발생하는 사고에 대비하여 상황별 응급처치 요령을 알고 있으면 도움이 된다. 상황별 응급처치 요령을 살펴보면 다음과 같다(행정안전부 재난대비 국민행동요령).

상황별	원 인	처치 방법
화 상	뜨거운 증기, 기름, 물, 주방기구 등에 의해 발생	- 화상 부위를 흐르는 깨끗한 찬물로 10~15분 차갑게 함 - 상처 부위는 깨끗하고 가능하면 멸균 처리된 거즈로 덮기 - 얼굴에 난 화상은 환자가 숨을 쉴 수 있도록 구멍을 낸 거즈로 덮기 - 물집은 터뜨리지 말고, 화상 부위에 딱 붙어있는 물질들은 떼어내지 않고 병원에서 제거 - 응급처치 후 빨리 병원으로 옮기기
열사병	더운 곳에서 열심히 운동을 하였거나 장시간 햇볕을 쬐어 발생	- 시원한 장소로 옮김 - 편안한 자세로 뉘어두고 옷을 벗겨줌 - 찬물, 이온음료, 물수건, 선풍기 등을 이용하여 체온을 낮춤(의식이 없으면 입으로 아무것도 주지 않음) - 신속하게 병원으로 옮김
뱀독에 중독	산이나 들에서 독사에게 물려 발생	- 뱀에게 물린 부위를 심장보다 낮게 위치, 민간요법 지양, 가능한 한 빨리 도움을 요청하고 의료기관으로 이송 - 물린 부위를 비누와 물로 씻음 - 물린 지 15분 이내인 경우에는 물린 부위의 10cm 위쪽(심장에 가까운 쪽)을 폭 2cm 이상의 넓은 끈이나, 천으로 묶음. 절대로 꽉 조이지 않도록 해야 함 - 병원까지의 거리가 먼 경우(1시간 이상)에는 진공흡입기를 이용하거나, 입으로 독을 빨아냄(입에 상처가 있거나, 치아에 결손이 있는 사람은 금지) - 하지 않아야 할 처치 · 상처를 칼로 절개하지 않음 · 상처에 담뱃재, 된장 등을 바르지 않음 · 뱀을 잡으려고 시도하지 않음 · 상처에 얼음을 직접 대지 않음. 냉찜질은 통증을 어느 정도 완화할 수 있으나, 독의 흡수를 지연시키는 효과는 없으며, 오히려 상처 부위의 손상을 가중시킬 수 있음
기도폐쇄	이물질을 흡입하다가 음식물이 기도에 넘어가 기도를 막아 발생	- 환자 뒤에 발을 벌리고 섬 - 두 손을 환자의 명치와 배꼽 중앙에 놓고 주먹을 감싸 쥐고 세게 밀어올림 - 말을 하거나 이물질이 나올 때까지 반복하여 실시

상황별	원 인	처치 방법
벌 독에 중독	벌에 쏘임으로 인해 발생	- 벌침이 남아 있으면 바늘이나 칼 등으로 제거, 없으면 신용카드로 긁어서 제거 - 2차 감염 방지 위해 비누와 물로 씻을 것 - 환자를 벌이 없는 안전한 곳으로 옮기고, 119 또는 1339에 연락 - 통증이 심한 경우 얼음을 주머니에 넣어 냉찜질(피부에 직접 닿지 않도록) 함. - 알레르기 반응이 나타나는 경우, 신속하게 병원으로 이송
약물, 독극물 중독	약물이나 독극물을 잘못 복용하여 발생	- 약물의 종류, 섭취량, 섭취시간을 알고 바로 병원으로 이송 ※ 억지로 구토를 유발하게 하다가는 부작용이 발생할 수 있음
과호흡증후군 응급처치	신체적·정신적 원인이 있음 - 신체적 원인은 질환이나 합병증으로 인해 발생 - 정신적 원인은 스트레스에 의해 발생	- 환자가 천천히 심호흡을 하도록 유도 · 코로 숨을 들이쉬고 입을 오므려 천천히 숨을 쉬게 함 · 똑바로 눕힌 후, 꽉 조이는 옷은 느슨하게 하는 등 심신의 안정을 취하도록 함
개에게 물린 경우	개에게 물림으로 인해 발생	- 출혈이 심하지 않으면 흐르는 물에 10~15초 정도 씻음 - 상처를 비비지 말고 약간의 피가 흐르도록 하여 상처 내에 있는 세균이 흘러 나오도록 함 - 거즈나 깨끗한 수건으로 덮은 후 병원으로 이송
식도에 이물질이 걸렸을 경우	이물질을 잘못하여 삼킴으로 인해 발생(어린이에게 많이 발생함)	- 삼킨 물질의 모양에 따라 식도에 구멍이 나거나 상처를 낼 수 있음 - 24시간 이내 내시경 수술이 가능한 병원으로 이송

6. 공유시대 GOGO-토론

[토론 1] 응급환자 대처 시 행동요령과 심폐소생술

우리 주변에서 화재가 발생하여 응급조치를 실시해야 한다고 가정해 보자. 응급환자 발생 시 대처 요령에 따라 본인의 생각을 정리해 보고 심폐소생술 사용 방법을 실습을 통하여 숙달되도록 익혀보자.

[토론 2] 응급조치가 제때 잘 이루어지지 않는 이유

우리나라가 일부 선진국에 비하여 심폐소생술 교육을 받은 사람의 수는 많은데도 실제 소생술 비율이 떨어진다고 한다. 그 이유에 대하여 원인과 대책을 찾아보고 그런 상황에서 본인이 대처한다면 어떻게 할 것인지 자신의 의견을 써보자.

참고문헌

고용노동부(2021. 4. 15). 보도자료.

과학기술정보통신부(2020). 인터넷 이용실태 조사 요약보고서.

교육부(2016). 교육의 핵심역량.

_____(2020). 실생활기반 체험중심안전교육연구.

_____(2020). 안정정책연구보고서.

권혜진 외(2021). 아동안전관리. 창지사.

김경희 외(2020). 학교안전종합관리 지원방안 연구. 성신여자대학교연구소.

김병년(2013). 청소년의 스마트폰 중독이 사회성 발달에 미치는 영향. 한국콘텐츠학회논문지, 13(4), 208-217.

김수진(2021). 한국 의료시스템의 혁신 성과 6년차. 한국보건의료질보고서.

김윤승(2015). 싱크홀 방지를 위한 환경영향평가 개선 방안 연구. 한국환경정책평가연구원.

김윤희(2017). 아동학대와 아동권리 및 아동학대 예방교육 필요성에 대한 부모의 발전방향. 숙명여자대학교 임상약학대학원 석사학위논문.

김지나(2017). 스마트폰 중독 아동의 자기조절능력 향상을 위한 미술치료 프로그램 연구. 한양대학교 교육대학원 석사학위논문.

김창현(2014). 생활안전교육 및 지도법. 동문사.

김학주(2021). 사이버폭력의 실태 및 대응방안에 관한 연구. 생명연구, 59(1), 43-68.

김현자 · 김성은 · 강경민(2020). 영유아 안전교육. 공동체.

노영희 · 홍현진(2009). 건강의 정의. 건강보건관련 국제기구 지식정보원.

데이비드 콰먼(강병철 역)(2020). 인수공통 모든 전염병의 열쇠. 꿈꿀자유.

도로교통공단(2019). 2019년 전국 기초자치단체별 교통안전지수.

류영아 · 김대욱(2014). 안전문화 활성화 방안 연구. 서울지방행정연구원.

문용린 외(2012). 학교폭력예방과 상담. 학지사.

미래 2030 시리즈(2019). 미래 2030(FUTURE 2030) 시리즈(NIA). 한국정보화진흥원.

박성은 · 임선아(2016). 인터넷 중독에 영향을 미치는 요인들의 메타분석. 교육심리연구, 30(3), 497-534.

박소연 · 이홍직(2007). 미국의 알코올 및 약물 남용자에 대한 처벌과 치료에 관한 고찰. 한국교정학회, 34(34), 109-131.

박승진 · 최혜라 · 최지혜 · 홍진표(2010). 한글판 우울증선별도구(Patient Health Questionaire-9,

PHQ-9)의 신뢰도와 타당도. 대한불안의학회지, 6.
박현숙(2019). 가정폭력발생원인과 인식정도에 관한 연구. 예술인문사회융합멀티미디어논문 9(8), 611-620.
보건복지부(2013). 아동학대예방을 위한 부모교육 제도화 및 활성화 방안 연구. 한국여성정책연구원.
_________(2019. 12. 26). 감염병 위기에 보다 신속하게 대응하기 위하여 내년부터 감염병 체계를 바꿉니다!. 보도자료.
_________(2020). 2020 아동학대 주요통계.
_________(2020. 8. 30). 자기혈관 숫자! 아는 것이 건강의 시작입니다. 보도자료.
_________(2021. 8. 19). 아동학대 대응체계, 예방 및 회복지원까지. 보도자료.
_________(2021. 9. 15). 체벌 없는 긍정 양육, 함께 만들어 가요. 보도자료.
보르빈 반텔로(김태희 역)(2011). 우리가 알아야 할 마음의 병 23가지. 교양인.
서웅찬 · 김기일 · 정준석(2013). 스마트 시대에서의 실감 미디어 기술동향. 정보와 통신, 30(5), 79-87.
서효정(2019). 가정폭력범죄 유형에 따른 위험성 평가 문항에 대한 평가자 간 신뢰도 분석. 경기대학교 대학원 석사학위논문.
소방청(2019). 국민행동 요령.
_____. 국가화재정보센터 생활소방 상식.
송준화(2007). 보육교사의 아동학대 예방교육이 아동학대 인식 및 신고의도에 미치는 영향. 경기대학교 사회복지대학원 석사학위논문.
송창현(2020). 고령운전자 운전능력에 대한 전문가의 인식에 관한 연구. 한밭대학교 산업대학원 석사학위논문.
신의진(2013). 디지털 세상이 아이를 아프게 한다. 북클라우드.
안세진 · 성효현(2017). GIS를 활용한 카르스트 지역의 싱크홀 민감성 분석 : 삼척시를 중심으로. 한국지형학회지, 24(4), 75-89.
안양시정신건강복지센터(2020). 마음과 웰빙(vol. 17).
안정미(2020). 돌봄교육실무론 : 보건교육의 급간식지도의 실제. 한국방송통신대학교 프라임칼리지.
안정민(2010). 교통안전정책 개선방안에 관한 연구. 영남대학교 대학원 석사학위논문.
안태형(2013). 악성댓글의 범위와 유형. 우리말연구, 32(32), 109-131.
양순녀(2020). 직장인의 직무 스트레스가 스마트폰중독에 미치는 영향. 건신대학원대학교 박사학위논문.
어수미 · 조석주 · 안미진(2016). 황사와 미세먼지. 한국방재학회지, 16(2), 50-54.
여성가족부 · 한국언론학회(2013). 청소년의 건강한 스마트폰 이용문화조성을 위한 토론회 자료집.

이내영(2020). 집단따돌림 관련 온라인기사 빅데이터 의미연결망 분석. 학습자중심교과교육연구, 20(3), 951-966.

이영현(2018). PPT : Primary and Secondary Care. 한신교육연구소.

이태영 · 송병호(2017). 스마트폰 중독 실태와 대응방안. 한국범죄심리연구, 13(1), 195-226.

임부영(2021). 하루는 살 만하고 하루는 죽고 싶었다. (주)부크럼.

장경하(2011). 서울지역 약사의 약물 교육 실태와 약물교육 강사 양성 프로그램의 발전. 숙명여자대학교 대학원 석사학위논문.

장승옥 · 전호선(2015). 스마트미디어중독 예방체계 실태와 융복합 정책연구. 디지털컨텐츠저널, 13(8), 33-41.

재레드 다이아몬드(김진준 역)(2005). 총균쇠. 문학사상.

정명순(2014). 초기청소년의 자기통제력과 학교생활적응이 스마트폰 중독에 미치는 영향. 대구한의대학교 대학원 석사학위논문.

정선영(2021). 가정폭력이 성인의 자아상태에 미치는 영향. 청소년상담학회지, 2(3), 43-53.

정성록(2019). 생활과 안전. 인터비전.

정진우(2018). 안전관리론. 청문각.

제니퍼 라이트(이규원 역)(2020). 세계사를 바꾼 전염병 13가지. 산처럼.

조상현(2020). 데이트폭력의 발생원인에 관한 연구. 한국범죄심리연구, 16(3), 165-175.

지우석(2009). 노인 교통안전 개선 방안. 경기개발연구원.

채 진(2020). 화재예방에 영향을 미치는 요인에 관한 연구. 한국화재소방학회논문지, 34(3), 100-109.

채찬들 · 정연식(2011). 고령운전자 교통사고 감소 방안. 한국교통연구원.

천명선 · 박재현 · 강희철(2014). 사스는 어떤 질병인가요? 재미있는 미생물과 감염병 이야기. 가나출판사.

최 강(2020). 아픈 마음들의 시대. 바다출판사.

최명기(2021). 4차 산업혁명, 포스트코로나시대 스마트 건설과 안전. 지우북스.

클라라 프론탈리(임희연 역)(2015). 세상을 바꾼 전염병의 역사. 봄나무.

통계청(2021). 근로자 사망원인 통계.

한국산업안전보건공단(2021). 안전보건(6월호) 통권 382호.

한국소비자보호원(2011). 가정 내 안정사고 위해정보분석.

한국아동청소년안전교육협회(2016). 학교안전교육. 공동체.

한국언론진흥재단(2020). 가짜뉴스와 미디어 리터러시 교육.

한국여성정책연구원(2019). 2019년 성폭력안전실태조사연구. 여성가족부.

한국정보화진흥원(2015). 스마트미디어 청정학교 우수사례집.

한국학교폭력상담협회(2013). 학교폭력상담이론과 실제. 양서원.

한부식 · 황인옥(2017). 약물중독자의 회복 및 사회복귀에 관한 사례연구 : 서울 · 부산지역

NA모임을 중심으로. 사회과학담론과 정책, 10(1), 91-16.
현성호 외(2009). 초등학생 소방안전교육의 활성화 방안에 관한 연구. 한국화재소방학회논문지, 23(2), 67-77.
황현주(2019). 미래 2030 시리즈. 미래전략센터.
함평군 보건소(2018). 한국생활 가이드북-응급처치.

<신문기사>
고양신문(2017. 12. 11). 미디어 비판적 읽기, 이젠 교육으로.
국민일보 한마당(2020. 8. 26).
금강일보(2017. 9. 7). 유전자변형체 GMO, 당신은 얼마나 알고 계십니까?
뉴스1(2020. 7. 30). '길 한복판 10살 아들 흉기 위협 친모 입건'…"훈육하다 흥분"
뉴시스(2021. 12. 15). '조카 물고문 학대' 용인 이모 항소심도 무기징역 구형
비욘드포스트(2021. 12. 20). 아동학대 사건, 유형에 따른 처벌 수위는
인천뉴스(2019. 11. 29). GMO식품, 국민건강 위협한다.
조선일보(2020. 1. 1). 촘촘히 보완한다.
한국일보(2000. 6. 20). 청소년 약물중독 이제 남의 나라 얘기가 아니다.
KBS NEWS(2022. 1. 11). 학대피해나 장애아동 돌봄…전문가정위탁사업 전국으로 확대

<웹사이트>
가짜뉴스 시사상식사전, pmg 지식엔진연구소
가짜뉴스 http://www.google.com
건강보험심사평가원 https://www.hira.or.kr
경기도정신건강복지센터 https://www.mentalhealth.or.kr/HnC/MHInfo2.asp
경기일보 www.kyeonggi.com
경향신문 www.khan.co.kr
국가건강정보포털 아동학대 https://health.kdca.go.kr/healthinfo/index.jsp
국가건강정보포털(질병관리청)-약품/식품정보/약물중독 https://health.kdca.go.kr
국가정신건강정보포털-질환별정보/중독(의존) https://www.mentalhealth.go.kr
국립부곡병원(보건복지부)-약물중독 http://www.bgnmh.go.kr
국립정신건강센터 http://www.ncmh
국민재난안전포털 safekorea.go.kr
굿네이버스 아동학대 예방 캠페인 : 아동학대 국민감시단 참여하기 www.goodneighbors.kr
글로벌 뉴스 미디어 채널 데일리포스트 http://www.thedailypost.kr
김한송(2020). 커피 - 커피의 유래와 기원(푸드스토리) https://terms.naver.com/entry.nhn?docId=3572338&cid=58988&categoryId=58988 2020. 08. 31.

나무위키 http://blog.naver.com/janju8425/220816910469

네이버 https://www.naver.com

네이버 SNS 중독 심각

네이버 나무위키-아동학대 https://namu.wiki/w/%EC%95%84%EB%8F%99%20%ED%95%99%EB%8C%80#s-3.1

네이버 두산백과-아동학대 https://terms.naver.com/entry.naver?docId=3407427&cid=40942&categoryId=31531

네이버 두산백과, 안전교육

네이버 미디어

네이버 사회적 거리두기 [social distancing] (한경 경제용어사전)

네이버 신종 인플루엔자 A(H1N1) [novel swine-origin influenza A(H1N1), Influenza A(H1N1) pdm09] (서울대학교병원 의학정보, 서울대학교병원)

네이버 실감미디어

네이버 심폐소생술, 당신의 작은 행동이 생명을 살립니다. (삼성서울병원 건강상식)

네이버 지식백과 https://terms.naver.com

네이버 지식백과/심리학용어사전(2021). 아동학대의 유형 https://terms.naver.com/entry.naver?docId=2094315&cid=41991&categ oryId=41991#TABLE_OF_CONTENT2

네이버 질병 [disease, 疾病] (두산백과)

네이버 질병의 역사와 면역체계 (EBS 동영상) 2009.9.30

네이버 청소년 SNS 중독, 원인과 해결 방안

네이버 코로나 19 가짜뉴스, 인포데믹

농식품안전정보서비스-식품안전이야기 http://www.foodsafety.go.kr

다음백과-약물 https://100.daum.net/encyclopedia/view/v10403911301 2020. 07. 16.

다음어학사전-식품 https://search.daum.net/search?nil_suggest=btn&w=tot&DA=SBC&q=%EC%8B%9D%ED%92%88 2020. 08. 31.

대구광역시정신건강복지센터 https://www.dgmhc.or.kr/dgmhc/index.php?gt=business/business0402

더위키 thewiki.kr

두산백과 www.doopedia.co.kr

두산백과-HACCP https://terms.naver.com/entry.naver?docId=1254326&cid=40942&categoryId=32826 2022. 01. 13.

두산백과-식품 https://terms.naver.com/entry.nhn?docId=1118588&cid=40942&categoryId=32097 2020. 08. 31.

두산백과-약의 역사 https://terms.naver.com/entry.nhn?docId=1187232&cid=40942&categoryId=32818 2020. 07. 18.

마인드 링크 http://www.mindlink.or.kr/?sid=45
마인드힐정신건강의학과(2020). 약물의존 진단기준 https://blog.naver.com/mindheal2010/30170832963 2020. 07. 18.
마인드힐정신건강의학과 https://blog.naver.com/mindheal2010/220394487175
보건복지부 http://www.mohw.go.kr
보건복지부 블로그(2021). 아동학대 https://blog.naver.com/mohw2016
서울대학교병원 http://www.snuh.org/
서울아산병원 https://www.amc.seoul.kr
서울특별시아동복지센터(2021). 아동학대의 징후 https://child.seoul.go.kr/archives/146
소방청 국가화재정보시스템 http//www.nfds.go.kr
스마트정보의 문제점과 예방법 다음 https://no1class.tistory.com/775
식품안전나라(식품안전정보포털)-식품・안전-GMO/식품안전정보포털-위해・예방-식중독 https://www.foodsafetykorea.go.kr
식품의약안전처 https://www.mfds.go.kr
아동권리보장원(구 중앙아동보호전문기관, 2021). 아동학대 https://www.ncrc.or.kr/ncrc/main.do
아동학대예방 캠페인 누리집(2021) https://www.imaum-idaum.com/Intro
아이마음 아이다음(2021) 아동학대예방 캠페인 https://www.imaum-idaum.com
위키백과 http://ko.wikipedia.org
위키백과 - 약물사용 검토 https://ko.wikipedia.org/wiki/%EC%95%BD%EB%AC%BC_%EC%82%AC%EC%9A%A9_%EA%B2%80%ED%86%A0#cite_note-:02-7 2020. 07. 18.
의약품협업시스템 nedrugcoop.mfds.go.kr
이덕난(2014). 일본학교에서 안전교육 동향 및 시사점 blog.daum.net/ckkkimssy
인터넷 중독의 새 유형 http://www.google.com /구글 스토킹, 블로그 스트리킹
전남대학교 의과대학 정신과학교실 http://www.drchoi.pe.kr/dep_adol.htm
중앙교육연수원(2021). 아동학대 신고의무자 교육 https://www.neti.go.kr/index.go
중앙아동보호전문기관 페이스북(2021) https://www.facebook.com/korea1391
지식백과-식품이란 : 파워푸드 슈퍼푸드 https://terms.naver.com/entry.nhn?docId=777150&cid=48160&categoryId=48160 2020. 08. 31.
지식백과-커피 : 악마의 유혹에 기꺼이 손 내밀다 https://terms.naver.com/entry.nhn?docId=1051990&cid=48181&categoryId=48261 2020. 08. 31.
지식백과-커피 : 커피의 유래와 기원 https://terms.naver.com/entry.nhn?docId=3572338&cid=58988&categoryId=58988 2020. 08. 30.
창원대신문모바일사이트(2017.5.15) 가짜뉴스와 전쟁.
포항중독관리통합지원센터-약물중독 https://www.pohang.go.kr
표준국어대사전-식중독(食中毒) https://ko.dict.naver.com/#/entry/koko/36a73d04f0314a08b669

85b93f26fe6d 2022. 01. 13.

표준국어대사전-식품중독(食品中毒) https://ko.dict.naver.com/#/entry/koko/45bf886970c47eca5c043d4278729c1 2022. 01. 13.

한국교육개발진흥원(2021). [보건복지부 제공] 아동학대 예방 및 신고의무자교육 http://www.egnet.kr/content.php?co_id=process_info&s_id=kedwc

한국교통신문 http://www.igyotongs.com/article.php?aid=1599987798207740l6

한국식품안전관리인증원 https://www.haccp.or.kr

한민족문화대백과(2020)-식품 https://terms.naver.com/entry.nhn?docId=559869&cid=46672&categoryId=46672 2020. 08. 31.

한양대학교구리병원-약물중독 https://guri.hyumc.com

함께해요, 한국식품연구원(2020). 생활에 유용한 식품이야기 https://blog.naver.com/kfripr/221555047320 2020. 09. 01.

DRINKEAT https://dk.asiae.co.kr/article/2021011517282722006

h01919790k(2022). 악명높은 트랜스지방, 이런 음식에 많다. https://blog.naver.com/h01919790k/222421150888 2022. 01. 13.

YOONISO(2020). 커피 부작용-효능 총정리 블로그 https://blog.naver.com/angelo9902/222065962004 2020. 08. 31.

<법령>

응급의료에 관한 법률(제17968호, 2021. 3. 23)

저/자/약/력

■ **양애경 교수**

현재 한서대학교 융합교양학과 교수로 교육학박사이며 한국방과후학교학회 회장이다. 한국교육개발원(KEDI) 연구위원을 역임하였고 오렌지 Montessori어린이집/ 유치원장, 학습컨설턴트 전문가 등 교직생활 33년을 지냈다. 교육부장관상 수상 및 『사람중심리더십』, 『부모교육』, 『창의인성론』, 『교육학개론』 외 다수의 저서가 있다. 교육부 대학평가위원 및 한국교육개발원 정책자문위원과 평가위원, 전국시도교육청 전문위원, 서울시연구원 심사위원, 서산시청 업적평가위원으로 활동 중이다.

■ **김진국 교육학 박사**

현재 시흥고등학교에 근무하고 있다. 지표 위에서 발생하는 각종 지리적 현상에 대하여 남다른 관심을 가지고 있다. 지리 교육과정에 대한 심도 깊은 연구로 교육학박사 학위를 받았다. 한국지리환경교육학회 및 한국방과후학교 학회에서 이사로 활동하고 있다. 경기도 역곡중, 광남중, 부천고, 송호고, 경기도교육청에서 전문직 및 교원으로 교직 생활 29년째이다. 교육부장관상 수상 및 『학교구성원 간 갈등 어떻게 해결하세요』, 『학교 밖 진로가이드북』을 집필하였다.

■ **양윤이 겸임교수**

현재 한세대학교 휴먼서비스대학원 생애돌봄정책학과 지도교수이며 사회복지학박사이다. 한국방송통신대학교 외 여러 대학 강사를 역임하였고, 사)초등돌봄교사연합회 발족 및 초대 이사장으로 활동하였다. 1998년부터 초등돌봄에 몸담고 있다가 돌봄 관련 연구 · 집필 및 강의 · 학회활동 등을 24년째 지속하고 있다. 석박사 등 대표논문으로는 「초등 방과후교사의 직무만족도 분석」, 공동저자로 활동한 대표저서로는 『방과후아동지도』, 『현장중심 방과후학교 교육개론』 등이 있다.

■ **김경희 경기도교육청 장학사**

현재 경기도교육청 학생건강과 장학사이다. 경기도교육연구원의 「학교 안전교육 진단을 통한 효율적 안전교육 방안 연구」에 참여, 경기도교육청 안전정책과 안전정책 수립 업무 담당, 융합교육정책과 학생안전교육 업무 담당으로 유 · 초 · 중 · 고 · 특수학교 안전교육과정을 개발하였다. EBS 미래교육플러스의 안전교육, 교통안전, 보건안전 주제에 패널로 출연하기도 하였으며 현재 경기도교육청 학생건강과에서 스포츠 영양 보건 분야를 융합하여 학생의 건강을 지원하는 건강드림정책을 추진하고 있다.

■ **김주섭 전)교육장**

교육자로 재직하는 동안, 안산시곡초등학교·안양안양부안초등학교 교장, 경기도교육청 방과후학교장학관, 경기도부천교육지원청 교수학습국장, 경기도김포교육지원청 교육장을 역임하였다. 현재는 다문화교육연구원이사장, 수원고등검찰청 영장심의위원, 수원검찰청 안산지청 형사조정위원, 안산검찰청 검찰시민위원으로 활동하고 있다. 저서로는 『4차산업혁명시대의 사람중심리더십』, 『방과후학교교육개론』, 『엄빠는 낀세대 자녀는 깬세대』가 있다.

안전교육 내비게이션

|공저자| 양애경 · 김진국 · 양윤이 · 김경희 · 김주섭

|1판 1쇄| 발행 2022년 8월 30일
|1판 2쇄| 발행 2022년 12월 30일

|발행인| 김 동 훈
|발행처| 공 동 체

|주소| 경기도 고양시 일산동구 호수로 358-39, 동문타워Ⅰ 905호(백석동)
|전화| 031) 814-3000(대표)
|팩스| 031) 814-3100
|홈페이지| http://www.compub.co.kr
|전자우편| compub@naver.com
|출판등록| 2005년 10월 6일
|등록번호| 제396-2005-36호

|ISBN| 979-11-6725-151-0
정가 17,000원